Sabine Bredemeyer

HAPPY LEADERS
HAPPY PEOPLE
GREAT RESULTS

Über die Kunst, ausgeglichen und erfolgreich zu führen

BusinessVillage

Sabine Bredemeyer
Happy Leaders – Happy People – Great Results
Über die Kunst, ausgeglichen und erfolgreich zu führen
1. Auflage 2019
© BusinessVillage GmbH, Göttingen

Bestellnummern
ISBN 978-3-86980-452-1 (Druckausgabe)
ISBN 978-3-86980-453-8 (E-Book, PDF)

Direktbezug www.BusinessVillage.de/bl/1066

Bezugs- und Verlagsanschrift
BusinessVillage GmbH
Reinhäuser Landstraße 22
37083 Göttingen
Telefon: +49 (0)5 51 20 99-1 00
Fax: +49 (0)5 51 20 99-1 05
E–Mail: info@businessvillage.de
Web: www.businessvillage.de

Layout und Satz
Sabine Kempke

Autorenfoto
Gabriele Niehaus

Abbildungen im Buch
Inga Petermann: Seite 32, 42, 82, 124, 146, 206, 211 und 267
Genuine Contact™ Program: Seite 234

Druck und Bindung
www.booksfactory.de

Inhalt

Über die Autorin

Sabine Bredemeyer ist Mentorin, Coach und Beraterin für Unternehmer und Führungskräfte. Sie begleitet ihre Kunden und deren Mitarbeiter durch komplexe persönliche und unternehmensweite Veränderungsprozesse. Der kontinuierliche Austausch mit ihren weltweit arbeitenden Kollegen und ihren internationalen Kollegen der Genuine Contact™ Organization ermöglicht ihr eine immer aktuelle Perspektive auf die Herausforderungen heutiger Führungskräfte und deren Lösungen.

Sie studierte Philologie und Jura, arbeitete mehrere Jahre als Führungskraft in Werbung und Industrie, gründete 1987 ihre eigene PR-Agentur und machte damit ihre Erfahrungen als Unternehmerin. Nach profunden Ausbildungen in den Bereichen Persönlichkeitsentwicklung, Coaching, Changemanagement und Großgruppen-Moderation inspirierte sie seit den Neunzigerjahren als Pionierin in der Arbeit mit Großgruppen-Interventionen als Beraterin, Facilitatorin, zertifizierte Genuine Contact™ Trainerin und Coach mit ihren Mentoring-Programmen, Vorträgen und Konferenzen bereits Tausende von Teilnehmern und gibt ihre Erfahrungen in Train-the-Trainer-Workshops an ihre Kollegen weiter.

Kontakt:
E-Mail: info@bredemeyerandfriends.de
Web: www.happy-leaders.de

Einleitung: Ein Buch als Roadmap

Ich habe dieses Buch für Menschen geschrieben, die wie ich nirgends das »Menschsein in der Rolle als Chef oder Vorgesetzter« gelernt haben und nach einem machbaren Weg suchen, um in dieser Rolle glücklicher, erfüllter und erfolgreicher zu werden. Dass das Glücklichsein, das Sie hiermit erreichen können, auf Ihre Mitarbeiter und Lieblingsmenschen abfärbt, ist ein gewollter Nebeneffekt.

Warum eine Roadmap? Stellen Sie sich einmal vor, Sie wollen von Frankfurt nach München fahren. Sie kennen den Weg nicht und benutzen daher ein Navigationssystem. Dieses kann Ihnen nur dann helfen, wenn es ihre genaue Ausgangsposition bestimmen kann und Sie den Ort, den Sie erreichen wollen, präzise eingeben. Und außerdem brauchen Sie ein Fortbewegungsmittel, das Sie sicher zu Ihrem Ziel bringt.

Ähnlich ist es im Leben. Wenn wir etwas erreichen wollen, müssen wir zunächst einmal alle Parameter kennen. Ausgangssituation, gewünschtes Ziel und unser Vehikel: unseren Körper. Oder besser: Körper, Geist und Seele.

Wenn nur einer dieser Parameter fehlt, ungenau oder fehlerhaft ist, werden wir nicht ankommen. Ein Navigationssystem im Auto kann stets seine Position bestimmen. Das Navigationssystem für unser Leben sind unser Instinkt und unsere Intuition. Es ist ein hochsensibles, hochintelligentes Wahrnehmungssystem, nur leider funktioniert die persönliche Positionserkennung nicht so eindeutig. Das liegt vor allem daran, weil die Intuition als Teil des Unbewussten sich oft unserem direkten Zugang verschließt.

Gerade wenn wir uns in einem verantwortungsvollen Job befinden und viel Stress zu bewältigen haben, verdrängen wir gern alle Warnzeichen, die Impulse unserer Intuition, da wir unsere Aufmerksamkeit auf die Dinge im Außen richten, die nicht funktionieren oder auf mögliche Lösungen, die dringend benötigt werden. Wir wollen dann nicht sehen, nicht fühlen oder hören, was uns unsere innere Stimme zuflüstert »Hallo, stopp, innehalten hier stimmt was nicht. Kurskorrektur vornehmen«.

Gerade wenn Sie nur noch funktionieren, sich unwohl fühlen und alle Warnsignale, die Sie eigentlich deutlich wahrnehmen könnten, verdrängen, weil Sie Wichtigeres zu tun haben oder weil Sie schließlich eine Verantwortung tragen und weil gerade sonst in ihrem Unternehmen keiner ihren Job macht, dann sollten Sie unbedingt dieses Buch weiterlesen. Es wird Ihnen helfen, Ihre aktuelle Situation richtig einzuordnen, den Blick auf ein Ziel, auf Ihr Lebensziel, (wieder-)zugewinnen und ihre Lebensfreude zurückzubekommen. Und das alles klar strukturiert und vergleichsweise einfach umzusetzen. Das Resultat einer solchen bewussten Lebensführung, nämlich Gesundheit, Zufriedenheit, Glück, Lebensqualität und die Erfüllung Ihrer Wünsche, mag Ihnen vielleicht als Ansporn dienen.

Und hier der wichtigste Hinweis: Setzen Sie um, was in den Kapiteln vorgeschlagen wird. Allein vom Lesen dieses Buches verändert sich nichts – außer, dass Ihre Selbstvorwürfe anwachsen, da Sie deutlich erkennen werden, womit Sie Ihr Lieblingsleben verhindern.

Vielleicht sind Sie ein Schnellleser und können nach einem Wochenende Lektüre den Inhalt in wesentlichen Punkten erfassen. Doch seien Sie versichert, kein Mensch kann sich oder sein Leben von jetzt auf gleich verändern. Dazu braucht es Willen und Disziplin. Es spielt keine Rolle, ob Sie zwei Wochen oder zwei Monate benötigen, einen für Sie wichtigen Schritt zu gehen. Einige Schritte werden Ihnen sehr leicht fallen und Sie werden schnell verblüffende Erfolge erzielen. Andere kennen und berücksichtigen Sie vielleicht schon. Für den einen oder anderen werden Sie Unterstützung von außen, Experten oder Coaches brauchen. Dieses Buch erhebt nicht den Anspruch Ihnen alleine helfen zu können. Sie werden darin aber im Sinne einer Roadmap wertvolle Hinweise finden und Tipps, wo Sie weitere Unterstützung finden können.

Der Erfolg, den Sie erzielen werden wird ungleich höher sein als diese Investitionen. Versprochen! Nehmen Sie sich die Zeit, die Sie brauchen und machen Sie in dieser Zeit das Buch zu Ihrem Wegbegleiter und ihrem Kompass.

Ich wünsche Ihnen viel Erfolg bei der Gestaltung Ihres Lieblingslebens.

Anmerkung

Ich benutze übrigens der Einfachheit halber durchgehend die männlich Form, meine aber in jedem Fall Männer ebenso wie Frauen. Als Frau empfinde ich die unbeholfenen Versuche, in denen Autoren beide Geschlechter gleichberechtigt ansprechen wollen mit den Anhängseln (in) oder (innen) als ungeheuer störend. Deshalb lasse ich diese weg und entschuldige mich bei denjenigen, die das möglicherweise als respektlos empfinden. Es ist nicht so gemeint!

Chef sein hat viel mit dem Selbst und wenig mit anderen zu tun

In meiner Zeit als Unternehmerin und dann später auf meinem zweiten Karriereweg als Beraterin und Coach, also in immerhin gut dreißig Berufsjahren, habe ich viele getroffen, die vom Wunsch beseelt waren, führen zu wollen. Und ich habe viele gesehen, die damit scheiterten. Auch ich selbst bin fast gescheitert und das zu einem Zeitpunkt, an dem ich nach allgemeinen Maßstäben sehr erfolgreich gewesen bin. Ich durfte am eigenen Leib erfahren, dass Führen nicht immer einfach ist und vor allem, dass es keine angeborene Fähigkeit ist. Als ich mich mit dreiunddreißig Jahren selbstständig machte, weil ich glaubte mit einer guten Idee und fähigen Mitarbeitern sei das Führen eines Unternehmens für mich ein Kinderspiel, hat mich diese Blauäugigkeit fast in den Burn-out getrieben.

Heute kann ich im Bewusstsein meiner eigenen Fehler, aber auch durch die Beobachtungen von vielen Menschen, die ich begleiten durfte, sagen: Das Führen von Menschen setzt nicht weniger Verantwortungsbewusstsein und Fachkenntnisse voraus als der Beruf eines Herzchirurgen. Fehler führen bei beiden Tätigkeiten zu ernsthaften Komplikationen oder gar zum Tod. Beim Herzchirurgen liegen die Folgen von Fehlern auf der Hand. Bei einer Führungskraft ist es nicht ganz so offensichtlich: Führungsfehler beschädigen aber nachhaltig die Lebensfunktionen der anvertrauten Abteilung oder des erfolgreich zu führenden Unternehmens. Sie können zum Scheitern, zum Aufgeben oder zur Insolvenz und Auflösung der betroffenen Organisation führen. Herzchirurgen studieren ihr Fach an der Universität und assistieren später jahrelang, bevor sie erfolgreich operieren können. Führungskräften steht kein gleichwertiger Ausbildungsweg zur Verfügung, was der Grund für die oft tragischen Folgen ist.

Keine Angst, mein Unternehmen ging nicht pleite. Im Gegenteil, ich habe es erfolgreich verkaufen können, aber ich habe am eigenen Leib die Folgen meiner mangelnden Vorbereitung auf die Rolle als Führungskraft durchlitten. Ich bin selbst den Weg der Tränen gegangen von einer erfolgreichen, aber ausgebrannten Agenturchefin zu einem Menschen, der erkannte, dass Chef sein sehr viel mit dem eigenen Selbst und viel weniger mit irgendwelchen tollen Methoden oder den anderen zu tun hat, als man sich eingestehen möchte. Doch ich möchte diese Zeiten nicht missen. Sie haben mich letztlich dahin geführt, wo ich heute stehe: in mein Lieblingsleben. Und gerade meine eigenen Misserfolge und Niederlagen ermöglichen mir heute anderen Menschen auf deren Wegen zur Seite zu stehen.

Ich habe selbst erlebt und verstanden, dass die Wurzeln für echten Erfolg von Unternehmen und Organisationen in den Personen und Persönlichkeiten liegen, die die Mitarbeiter darin begleiten und beflügeln können, ihr Bestes zu geben. Und hierbei gilt eine grundlegende Erkenntnis: Von einer unzufriedenen, ungesunden und unausgeglichenen Führungspersönlichkeit gehen selten Impulse und Anregungen aus, die andere Menschen mit Freude zu Höchstleistungen inspirieren. Es mag gelingen, durch Druck, Angst und Misstrauen kurzfristig gute Ergebnisse zu erzielen. Wer aber will, dass sein Unternehmen nachhaltig erfolgreich wird und bleibt, dass Menschen ihr höchstes Potenzial entwickeln und sich wirklich einbringen, der muss bei sich selbst beginnen. Nur wer ehrlich zu sich sagen kann, dass er glücklich ist, mit dem was er tut, wird offen, vertrauenswürdig und empathisch sein können. Erst als in sich gefestigter und zufriedener Mensch kann man erreichen, dass Mitarbeiter einem vertrauen, sich wohl fühlen, mit Freude große Herausforderungen annehmen und so das Unternehmen erfolgreich machen.

Natürlich spielen auch fachspezifische Kompetenzen eine gewichtige Rolle. Doch viel wichtiger sind in der Rolle der Führungskraft die Fähigkeiten, sich selbst zu managen. Diese finden allerdings leider auf Führungskräfteseminaren aber auch an Hochschulen noch wenig Beachtung. Ohne die Fähigkeit, für sich selbst zu sorgen und sich selbst zu verstehen, ohne die Fähigkeit zu erkennen, was einen selbst antreibt, wird es schwer gelingen andere wirklich zu verstehen und nachhaltig zu inspirieren. Scheitern in der Führungsaufgabe ist dann die Folge.

Auch sind die Zeiten vorbei, in denen sich ein Chef alles erlauben konnte, denn die gesuchten kompetenten Mitarbeiter, von denen heute der Erfolg eines Unternehmens abhängt, können sich ihren Arbeitgeber aussuchen. Wer nicht als attraktiver Arbeitgeber mit einer wertschätzenden Führungskultur gilt, wird gesuchte Spezialisten frustrieren und verscheuchen, doch ohne sie kann heute fast kein Unternehmen mehr überleben.

Ich habe aber auch erleben dürfen, dass Menschen beide Qualifikationen – die fachliche und die menschliche Seite – entwickelt haben. Diese Menschen führen nicht nur besser, sie sind auch zufriedener. Solche Führungskräfte und Unternehmer führen ihr Lieblingsleben und eine solche Doppel-Qualifikation führt fast automatisch zu einem Engelskreis:

> Glückliche Führungspersönlichkeiten
> = engagierte, zufriedene Mitarbeiter
> = herausragende, großartige Unternehmensergebnisse.

Die erfreulichen Unternehmensergebnisse tragen dann wiederum zum Wohle aller bei. So schließt sich der Kreis und generiert aus sich selbst heraus die notwendige Energie, um über sich hinaus zu wachsen.

Wie ich das erste Mal Chef in meinem Leben wurde

Auch ich habe gerne Menschen geführt und war zumindest am Ende meiner Unternehmerkarriere sehr zufrieden mit dieser Aufgabe, dennoch bin ich heute keine Unternehmerin mehr, sondern Beraterin und Coach. Denn so habe ich mein Leben bewusst gestaltet, aber lesen Sie selbst: Vor etwa fünfundzwanzig Jahren war ich eine erfolgreiche, aber eine unglückliche Unternehmerin. Ich hatte das vermeintliche Privileg, als Unternehmerin ein selbstbestimmtes, freies Leben zu führen. Meine PR-Agentur in Düsseldorf mit mehreren festen und vielen freien Mitarbeitern lief gut. Von außen sah alles perfekt aus: wir hatten interessante Kunden, ich hatte gut zu tun, reiste viel, wurde zu attraktiven Events eingeladen und von vielen Mitmenschen bewundert und beneidet. Keiner ahnte, dass mein Strahlen und meine positive Art nur aufgesetzt waren und ich mich unter dieser äußeren Schale kreuzunglücklich fühlte.

Immer wieder ging ich über meine Grenzen, verbrachte viele Stunden im Büro, lange nachdem meine Mitarbeiter gegangen waren. Ich stolperte immer wieder über Personalprobleme oder rieb mich an administrativen Herausforderungen auf. Ich war hyperaktiv, hypernervös und hatte ein sehr eingeschränktes Privatleben. Ich funktionierte nur noch. An eine wirklich freie Zeitgestaltung, tatsächlichen Luxus oder ein harmonisches Zusammenleben mit meinem Partner war gar nicht zu denken. Ich lebte dafür, dass mein Unternehmen funktionierte und meine Mitarbeiter sich wohl fühlten. Punkt.

Von wegen selbstbestimmt ... Der Druck wurde immer größer, aber es dauerte noch eine ganze Weile, bis ich begriff, dass ich im falschen Film war.

Zunächst versuchte ich mir zu helfen, indem ich Workshops und Seminare zu den Themen Führung, Kommunikation, Personal- und Organisationsentwicklung besuchte. Hier bekam ich Methoden und Anleitungen, die mir helfen sollten, betriebswirtschaftlich sinnvoller und strategisch fokussierter zu planen, motivierender zu führen, sinnvoller zu delegieren, klarer zu kommunizieren und meine Zeit besser einzuteilen. In diesen Weiterbildungen erhielt ich viele interessante und wertvolle Tipps. So mancher davon erschien mir wie eine Offenbarung. Allerdings ließen sich nur wenige dieser so wohlklingenden Tipps tatsächlich umsetzen. Die Gründe waren vielfältig: meine Tagesarbeit überrollte mich, meine gewohnte Umgebung stand den guten Vorsätzen entgegen. Besonders die Anliegen und Gewohnheiten meiner Mitarbeiterinnen ließen mich ganz schnell immer wieder in den alten Trott zurückfallen. Die vielen Weiterbildungen, die ich besucht habe, machten mir das Führen nicht leichter – im Gegenteil: Jetzt machte ich mir sogar noch Vorwürfe, weil ich nun ja wusste, wie es eigentlich besser gehen könnte und zu dem Stress kam dann auch noch das schlechte Gewissen.

Aus heutiger Sicht denke ich, dass ich damals schon im Burn-out oder kurz davor gestanden habe. Meine beiden Eltern erkrankten kurz nacheinander an Krebs und neben meinem Job als Unternehmenschefin mit einer nicht kleinen Arbeitsbelastung betreute ich sie über fast zwei Jahre im zweihundert Kilometer entfernten Osnabrück regelmäßig.

Ein Glück für mein Leben war ein Freund, ebenfalls Unternehmer. Er kannte mich gut und beobachtete meinen Zustand voller Sorge und sagte mir, ich müsse etwas für mich tun. Er empfahl mir damals ein Seminar zur Persönlichkeitsentwicklung. Obwohl ich mehr als skeptisch war, ging ich hin. Ich konnte nicht ahnen, dass diese drei Tage mein Leben grundlegend verändern und in die richtige Richtung lenken würden.

Die drei Seminartage halfen mir zu verstehen, warum ich so unglücklich war, aber auch, wie ich aus der Nummer wieder rauskommen konnte. Ich entdeckte meine persönlichen Verhinderer. Es waren all die falschen Glaubenssätze, die mich davon abgehalten hatten, mein Lieblingsleben zu leben. Die falschen Konditionierungen ließen mich wie eine Reiz-Reaktionsmaschine in die falsche Richtung laufen. Mein Problem waren die Überzeugungen, die ich von Eltern und anderen Menschen übernommen hatte. Sie machten mir mein Leben schwer, weil sie nicht zu dem passten, wie ich war und wo ich hin wollte. Es waren Überzeugungen wie, dass man das zu Ende machen sollte, was man angefangen hat oder dass ein Mensch nur durch harte Arbeit und Durchhalten zu etwas kommen konnte.

Damals wurde mir klar, wenn ich zufriedener werden wollte, musste ich herausfinden, was ich wollte und nicht tun, was andere von mir erwarteten. Ich hatte einiges zu verändern, denn ich hatte einen Weg eingeschlagen und eine Rolle angenommen, die so nicht zu mir passten. Auch ohne dieses Seminar hatte ich schon gemerkt, dass etwas nicht stimmte, vielleicht hatte ich mich auch deshalb zur Teilnahme von meinem Bekannten überzeugen lassen. Doch ich hatte meine Probleme nicht wahrhaben wollen.

Nun wusste ich aber, woran es lag und noch wichtiger, dass ich es ändern konnte. Damals konnte ich an mir noch etwas beobachten, was noch bis heute meine Arbeit als Coach prägt. Nach diesem Persönlichkeitsseminar ging mir meine Arbeit als Chefin und vor allem die Zusammenarbeit mit meinen Mitarbeitern deutlich leichter von der Hand. Dabei hatte die Veranstaltung gar nichts mit Führen und geschäftlichen Dingen zu tun. Dennoch war ich viel selbstbewusster, trat klarer auf, konnte vertrauensvoller delegieren, selbstbewusster kommunizieren und schaffte es endlich, mir meine Zeit sinnvoller einzuteilen.

Ich machte mich im weiteren Verlauf daran, mir alles anzusehen, was ich mir tagtäglich antat, und begann, Dinge zu machen, die ich mir vorher nie gegönnt hatte. Meine fixe Idee war, dass nur harte Arbeit Erfolg bringt. Doch diese Überzeugung hatte mich davon abgehalten, auf mich und meine eigenen Bedürfnisse zu achten. Das erste, was ich änderte, war, dass ich von da an bewusst auf meine Bedürfnisse achtete. Sofort nach dem Seminar begann ich daher auch, mich gesünder zu ernähren, regelmäßig Sport zu treiben und meine alten Freundschaften aufzufrischen. Das tat mir enorm gut. Ich schlief besser, war ausgeglichener und hatte trotz neuer Lieblingsbeschäftigungen neben meiner Arbeit mehr Zeit als vorher.

Ich war unbeschwerter und auf wundersame Weise fiel es mir jetzt leichter, viele gute Tipps, die ich auch schon vorher in dem einen oder anderen Seminar mitgenommen hatte, auch umzusetzen. Offenbar hatte die Fähigkeit etwas umzusetzen weniger mit den äußeren Umständen als vielmehr mit mir selbst, mit meinen Glaubenssystemen und Konditionierungen zu tun. Ich war fasziniert davon, was mir plötzlich alles gelang. Meine Mitarbeiterinnen reagierten auch anders auf mich. Als ich sie fragte, was passiert sei antworteten sie: »Du bist mit einem Mal so anders. Viel lockerer. Du hast viel bessere Laune und es kommt uns so vor, als traust du uns jetzt viel mehr zu. Das ist toll und so macht es auch mehr Spaß.«

So einfach ist das also!

Eigentlich hatte ich mir nur vorgenommen, nicht mehr so viel selbst zu machen und meinen Mitarbeitern mehr Verantwortung zu übertragen. Das Ergebnis waren eifrige, kompetente Menschen, die mir beweisen wollten, dass Sie mein Vertrauen auch verdienten. Sie arbeiteten mit mehr Freude und dabei auch noch effektiver. Unsere PR-Agentur konnte sogar innerhalb kurzer Zeit etliche neue Kunden akquirieren. Es lief alles plötzlich wirklich rund.

Ich hatte engagiertere Mitarbeiterinnen, neue Kunden und tatsächlich mehr Zeit für mich. Und so machte ich weitere Workshops, Seminare und Retreats zum Thema Persönlichkeitsentwicklung. Damit eröffneten sich mir völlig neue Perspektiven auf die Welt, auf das Menschsein und insbesondere auf meine Rolle als Unternehmerin und Geschäftsführerin.

»Das Unternehmen gehört mir. Meine Mitarbeiter sind mir wertvoll und teuer und ich entscheide, wohin wir gehen. Meine Mitarbeiter sind eingeladen, an allem mitzugestalten und: Ich gebe die Ziele vor. Ich gestalte mir mein Unternehmen, meine Lebens- und Arbeitsbedingungen so, dass nicht nur meine Mitarbeiter sich wohlfühlen, sondern ich selbst auch.«

Das war meine neu erworbene Überzeugung und ich konnte endlich eine meiner Führungsschwächen ablegen: Ich hatte immer mehr auf das Wohl meiner Mitarbeiterinnen und meines Unternehmens geachtet, als auf mein eigenes.

Ich hatte zutiefst verstanden, dass jeder Mensch anders ist, dass jeder Mensch viele Seiten hat – gute und solche, mit denen er selbst und andere vielleicht nicht so gut zurecht kamen – und dass ich selbst durch meine Art, die Welt wahrzunehmen, in entscheidendem Maße dazu beitragen konnte, wie die Welt, also die anderen Menschen, auf mich reagierte. Dass ich es selbst es in der Hand hatte, mein Leben zu gestalten. Dass ich selbst entscheiden konnte, ob ich Opfer der Umstände sein oder die Umstände in meinem Leben selbst gestalten wollte.

Auf den Seminaren lernte ich die unterschiedlichsten Menschen kennen und zu manchen habe ich heute noch Kontakt. Daher kann ich sagen, dass ich keine Ausnahme bin, auch andere Menschen gingen einen ähnlichen Weg. Sie änderten teilweise ebenso drastisch ihr Leben – zum Positiven. Befreit von falschen Glaubenssätzen konnten sie erkennen, was sie liebten und setzten genau das um.

Diese oft tief greifenden Veränderungen – zum Beispiel Jobwechsel, Sabbaticals, Trennungen oder lange vor sich hergeschobene Heiratsanträge – erschienen den Angehörigen oft so unwirklich, dass sie glaubten, ihre Familienmitglieder oder Freunde seien in einer Sekte gelandet. Aber nichts dergleichen war passiert. Wenn Menschen mit dem in Berührung kommen, was ihnen wirklich wichtig ist im Leben, dann bleibt das oft nicht ohne nachhaltige Wirkung. Wer sich selbst begegnet und den Mut findet, das umzusetzen, was er insgeheim schon so lange ersehnt, aber nur immer wieder vor sich hergeschoben hat, der hat meist ziemlich gute Chancen es auch zu schaffen.

Wenn wir erst erkennen, dass wir fast nie die Umstände ändern können, aber immer uns selbst und darüber zu einem besseren erfolgreicheren Leben finden können, dann entsteht daraus eine große Kraft.

Mit einem weiteren Workshop, in dem es darum ging, meinen Lebenssinn zu finden, wurde mir klarer, welcher Bestimmung ich eigentlich schon immer gefolgt war – ohne es aber bewusst wahrzunehmen – und welche Aufgaben in meinem Leben wirklich zu mir passten. Die Verbindung zu meinen Kindheitsträumen war wieder hergestellt.

Was bedeutet Menschsein eigentlich und wie funktioniert das Menschsein im Umgang miteinander? Diese Fragen hatten mich schon von klein auf interessiert. Ich ging mein Leben lang der Frage nach, warum Menschen sich streiten, die sich eigentlich mögen, wie Menschen friedlich miteinander auskommen und gemeinsam etwas erschaffen können oder wie ein Mensch es schafft, mit sich selbst bewusster und liebevoller umzugehen.

Mir wurde schließlich mehr und mehr klar, dass es meine Bestimmung ist, Menschen – und ganz besonders Führungskräften im Business – zu helfen, bewusster und selbstbestimmter ihr Lieblingsleben zu leben. Damit kann ich zu einem friedvolleren Zusammenleben beitragen, in dem mit einer gemeinsamen Ausrichtung und konzentrierten Kräften alles möglich sein kann.

Noch wusste ich nicht wie, war aber überzeugt davon, dass ich einen Weg finden würde. Meine Intention war stark und ich ließ mich auf alles ein, was sich mir bot, um mich auf meinem neuen Weg voranzubringen.

Einer Intuition folgend machte ich als PR-Unternehmerin eine Ausbildung zur Moderation von Zukunftskonferenzen. Das ist ein spezielles Veranstaltungsformat, in dem ein repräsentativer Querschnitt von Mitgliedern einer Organisation oder Gemeinschaft mit gleichen Zielen ihre gemeinsame Zukunft planen kann. Die Absicht ist, die kollektive Intelligenz aller Beteiligten zu nutzen und so zu großartigen Antworten zu kommen, die den gemeinsamen Weg in die Zukunft ebnen. Ein weiterer Vorteil des Formates ist die hohe Beteiligung der Betroffenen. Da alle bei der Zukunftskonferenz dabei waren und an ihren Wegen in die Zukunft gearbeitet haben, stehen die Teilnehmer viel mehr hinter erarbeiteten Lösungen. Das erleichtert die Umsetzung sehr und garantiert fast schon den Erfolg.

Wie kam es zu dieser Intuition? In der Zusammenarbeit mit meinen PR-Kunden hatte ich immer wieder erfahren müssen, dass Organisationen oft keine Vorstellungen von ihrer Zukunft hatten, nicht wussten, was sie als Unternehmen ausmachte, was sie so besonders machte, dass es berichtenswert wäre. Völlig unbewusst hofften meine Kunden also darauf, dass ihre PR-Agentur ihnen Antworten für ihre Zukunft und damit ihre Kommunikationsstrategie oder sogar ihre Corporate Identity erarbeiten würde. Aber so funktionierte das nicht für mich.

Auf der Suche nach einer Möglichkeit, mit der ich meinen Kunden helfen konnte, selbst eine Identität zu finden, hinter der auch alle Mitarbeiter stehen konnten, hatte ich die Zukunftskonferenzen entdeckt und mich gleich zur Ausbildung angemeldet, der ersten dieser Art in Deutschland übrigens. Ich war begeistert von dem Instrument. So tingelte ich mit Vorträgen zu dem Thema übers Land und war überglücklich zwei Jahre später im Juni 1998 die erste Zukunftskonferenz für eine Stadt – es war Viersen – in Deutschland durchführen zu können. Die Konferenz war ein großer Erfolg. Auch der Bundespräsident, damals Roman Herzog, wurde aufmerksam und lud die Bürgermeisterin der Stadt Viersen und mich zum Tag der deutschen Innovationen ins Schloss Bellevue ein. Dort wurde eine Filmdokumentation, die von dieser Konferenz gedreht worden war, vor allen Besuchern vorgeführt und ich hatte von Stund an viele Anfragen.

So kam es, dass ich nicht nur meine PR-Agentur leitete, sondern mehr und mehr zur Trainerin, Moderatorin und zum Coach wurde. Ich war zwar oft mit meinem neuen Weg, der Arbeit mit Menschen beschäftigt, machte weitere Ausbildungen und lernte weitere Großgruppen-Methoden und Coaching-Ansätze kennen, aber gleichzeitig war ich eine glückliche Agenturchefin. Denn die Agentur lief auch ohne mich gut. Ich hatte gelernt meinen Mitarbeitern zu vertrauen und diese arbeiteten sehr engagiert und eigeninitiativ.

1999 flog ich zu einer Konferenz nach Acapulco mit dem Namen »Business & Consciousness«. Ich lernte dort vor allem amerikanische Kollegen kennen, die von der gleichen Leidenschaft geleitet wurden wie ich: Menschen im Business auf die Herausforderungen der neuen Zeit, des digitalen

Zeitalters, vorzubereiten um sie erfolgreich durch heftige Change-Prozesse zu führen. Patricia Aburdene, Richard Barrett, Don Beck, Jack Canfield, Steven M. R. Covey, Hazel Henderson, Barbara Marx-Hubbard, Judi Neal, John E. Renesch, Martin Rutte, Lance Secretan, Neale Donald Walsch, Cindy Wigglesworth ..., all diese und viele weitere wunderbare Menschen traf ich auf dieser Konferenz, die ich von 1999 bis 2008 zunächst in Acapulco, später in Santa Fe regelmäßig besuchte.

Uns war klar, dass Führung künftig umdenken musste und wir beschäftigten uns mit Fragen, die sich darum drehten, wie wir die Führungskräfte auf die großen Herausforderungen der folgenden Jahrzehnte vorbereiten und sie darin sinnvoll unterstützen konnten.

Wir ermutigten uns gegenseitig auf diesem neuen Weg, der von den meisten Außenstehenden damals noch nicht verstanden, ja sogar belächelt oder verteufelt wurde. Wir gaben uns wertvolle Tipps, tauschten Materialien und Erfahrungen aus, lernten von- und miteinander und mir wurde immer klarer, dass dies mein neuer Weg sein würde.

Dankbar bin ich besonders auch meinen Lehrern, bei denen ich viele Coaching-Ansätze und Methoden erlernte: Birgitt und Ward Williams, Diana Whitney, David Cooperrider, Harrison Owen, Marvin Weisboard, Sandra Janoff, Juanita Brown, Matthias zur Bonsen. Meine Freunde aus Acapulco und Santa Fe sowie meine internationalen Genuine Contact Kollegen wurden mir Weggefährten, mit denen ich mich bis heute austausche, um Menschen im Business durch Dick und Dünn zu begleiten. Sie alle haben mir einen neuen Blick auf die Businesswelt ermöglicht und die Art wie Unternehmen auf der ganzen Welt heute Change meistern und Menschen über die Maßen erfolgreich miteinander arbeiten können.

Inspiriert von meinen amerikanischen Kollegen bot ich damals auch den Kunden meiner PR-Agentur Zukunftskonferenzen, Coaching und Trainings an. Doch meine Angebote stießen auf Unverständnis. »Frau Bredemeyer!

Glauben Sie, wir passen noch zueinander? Sie sind eine PR-Agentur und was Sie uns da anbieten kommt uns doch sehr seltsam vor. Sagen Sie: sind Sie Scientologin?« Natürlich nicht. Aber solche Mutmaßungen schmerzten mich. Es war eine schwierige Zeit.

Ich liebte meine Arbeit als Führungskraft und Agenturleiterin, doch was ich noch mehr tun wollte, war Menschen weiterzuhelfen. PR und Coaching aus einem Haus, das passte damals noch nicht zusammen und so musste ich mich entscheiden.

Im Jahr 2000 verkaufte ich schweren Herzens meine PR-Agentur. Die doppelte Identität – PR-Agentur und Begleiterin für Führungs- und Organisationsentwicklung – war damals nicht miteinander zu vereinbaren. Ich hatte verstanden und erfolgreich praktiziert, wie Führung im 21. Jahrhundert funktionierte und hatte mich, nachdem ich meinen Lebenssinn zutiefst verstanden hatte, auf meine neue Aufgabe ausgerichtet.

Vier Jahre nachdem ich fast vor dem Burn-out gestanden habe und erkannte, dass ich mich und meine Bedürfnisse genauso wichtig nehmen musste, wie meinen Job, verkaufte ich mein Unternehmen an eine Werbeagentur. Das war ein Schritt nicht ohne Risiko, denn ich hatte nur einen Kunden für meine neue Beratertätigkeit und der Erlös aus dem Verkauf würde nur etwa zehn Monate meine monatlichen Kosten für Lebensunterhalt und Start meiner neuen Tätigkeit decken. Aber ich war grundlos zuversichtlich, dass mein neuer Lebensabschnitt als Coach und Beraterin kein Irrweg sein würde.

Fast genau achtzehn Jahre später kann ich sagen: Es hat geklappt! Ich habe mein Lieblingsleben gefunden und darf es leben. Ich habe meine Entscheidung nicht einen einzigen Tag bereut. Ich habe erfahren, dass ich, wenn ich glücklich und zufrieden bin, alles erreichen kann.

Ich bezeichne mich heute nicht als Unternehmerin, aber ich habe erfolgreich und eine lange Zeit eine nicht kleine Zahl an Mitarbeitern geführt. Dadurch kenne ich so gut wie alle Höhen und Tiefen des Führens. Ich kann mit Unternehmern auf Augenhöhe sprechen, weil ich selbst Unternehmen gegründet und geleitet habe. Ich kenne die Vorzüge und auch die Nachteile und Risiken, die eine Selbstständigkeit mit sich bringen. Inzwischen habe ich viele Unternehmer und viele Führungskräfte auf allen Hierarchie-Ebenen in ihr Lieblingsleben begleitet. In den meisten Fällen waren deren Lieblingsleben durchaus deckungsgleich mit der Position als Führungskraft und ich konnte ihnen beistehen, wenn sie ihre Abteilungen und Unternehmen erfolgreich gemacht haben. In manchen Fällen, auch dieser Weg ist ok, erkannten die Menschen, mit denen ich gearbeitet habe, dass Ihr Weg in Zukunft ein anderer sein würde.

Wenn Sie wollen, vermittle ich Ihnen in diesem Buch, wie Sie im Idealfall zu ihrem Lieblingsleben finden können. Und wenn es nicht gleich das Lieblingsleben ist, dann kommen Sie vielleicht zumindest ein Stück näher an das heran, was Ihre Lieblingsleben sein könnte. In jedem Fall werden Sie ganz neue Seiten an sich entdecken. Versprochen!

Bevor Sie beginnen: Noch ein letzter Augenöffner

Glauben Sie, wie ich damals, dass Sie noch alle Zeit der Welt haben und sich Ihr Lieblingsleben schon irgendwie einstellen wird? Ich kann Ihnen versichern: Abwarten und nichts tun stellt keine gute Strategie dar. Ich lebte in einer aufgesetzt tröstenden Haltung von »Na ja, jetzt ist es zwar alles nicht so prickelnd, eigentlich auch eher erdrückend ... und wirklich nicht so, wie ich es mir mal vorgestellt habe. Aber ich halte das jetzt mal durch, ich habe ja noch Zeit, das zu ändern. Irgendwann wird es sicher wieder besser.« Und ich tat nichts dafür, es zu ändern. Ich ließ es einfach so laufen ... unbewusst litt ich still vor mich hin.

Als mir mit fünfundvierzig Jahren, in meiner Zeit als unglückliche Unternehmerin klar wurde, dass seit Christi Geburt erst etwa 730.000 Tage vergangen waren, bekam ich eine neue Perspektive auf die Zeit im Allgemeinen, auf Zeitspannen und auf mein Leben. Ich hatte in meinem Leben, wenn ich fünfundachtzig Jahre alt werden würde, nur etwa 31.000 Tage zu Verfügung, von denen ich zum damaligen Zeitpunkt aber schon 16.400 Tage gelebt hatte. Mir blieben also etwa noch 14.600 Tage oder 350.400 Stunden. Diese Zeit konnte ich noch gestalten, wie ich wollte. Mehr nicht. Das Erschreckende für mich war, dass ich schon 393.600 Stunden, also deutlich mehr Zeit verlebt hatte. Verlebt mit falschen Glaubenssätzen und verlebt mit Abwarten und der Hoffnung auf irgendetwas.

Als mir diese Zahlen richtig bewusst wurden, schnürte es mir die Kehle zu. Mein verbleibendes Zeitkonto erschien mir extrem kurz. Ohne jemals vorher diese Rechnung angestellt zu haben, hatte ich irgendwie in dem Bewusstsein gelebt, dass ich Millionen von Tagen und Stunden zur Verfügung hatte. Ich hatte aber nur noch 14.600 Tage. Wenn ich mit dreiundsiebzig Jahren sterben würde wie meine beiden Eltern, waren es nur noch 10.220 Tage.

Bei dieser Betrachtung bekamen Stunden und Tage eine größere Bedeutung für mich und die Veränderung hin zu meinem Lieblingsleben eine hohe Dringlichkeit. Ich jedenfalls nahm mir vor, aus dem Rest meines Lebens das Beste zu machen, was mir möglich war. Die Konsequenz war eine drastische Veränderung meines Lebens-Drehbuches.

Wie viele Stunden bleiben Ihnen noch?

Und vielleicht reicht es Ihnen, allein die Jahre bewusst vor Augen zu haben, die Ihnen vielleicht noch zur Verfügung stehen, um zu erkennen, dass Sie von Ihrem Zeitkonto schon einen großen Betrag abgebucht haben. Ob Sie an die Möglichkeit von Wiedergeburt glauben oder nicht: dieses Leben haben wir nur ein einziges Mal und vielleicht sind Sie wie ich der Meinung, dass es sich lohnt, das Beste daraus zu machen und das beste Leben nicht auf ein anderes zu verschieben, das möglicherweise niemals stattfinden wird.

Außer der Dringlichkeit, die das Aufstellen meiner Zeitbilanz in mir ausgelöst hatte, führten damals einige Fragen und Beobachtungen dazu, die Wichtigkeit für die Suche nach der eigenen Bestimmung neu zu bewerten. Es waren Fragen und Beobachtungen, die ich bis dahin einfach verdrängt hatte. Wieso sollte ich sie mir auch stellen: Andere beneideten mich um mein Leben. Ich hatte eine gut gehende PR-Agentur, warum sollte ich daran etwas ändern? Was sollte daran so falsch sein?

Vielleicht haben Sie sich diese lästigen Fragen ja auch schon mal gestellt. Es sind die typischen Midlife-Crisis-Fragen, denen sich jeder, auch der erfolgreichste Mensch, im Leben irgendwann gegenüber sieht. Sie lauten:

- Soll das nun mein Leben sein?
- Habe ich bisher aus meinem Leben das Beste gemacht?
- Bleibt mir noch genügend Zeit, all das zu tun, was ich mir als Kind doch immer so gewünscht habe?
- Waren meine kindlichen Wünsche einfach nur naiv – oder war vielleicht doch was dran?
- Ist in meinem Leben noch mehr drin als die Steigerung der Marktanteile, der Umsätze und Gewinne, das Einhalten von Fristen und Budgets, das Mithalten oder Überholen der Mitbewerber und der Ehrgeiz, immer besser zu werden?
- Wie kann ich meine Mitarbeiter dazu bewegen, mehr mitzudenken und Verantwortung zu übernehmen?
- Warum muss ich *alles* selbst machen?
- Wann kann ich endlich mal wieder eine Nacht durchschlafen?
- Was sollen mir diese unguten Symptome signalisieren und wieso scheint mein Körper plötzlich schneller zu altern?
- Wie wird das enden, wenn ich weiterhin so viele Überstunden mache und meine Familie mich kaum zu Gesicht bekommt?

- Was ist aus meiner Partnerschaft geworden? Wieso lässt mein Partner/meine Partnerin immer wieder anklingen, dass er/sie unzufrieden ist?
- Kann ich jemals wieder Urlaube machen, wie früher?

Vielleicht verdrängen Sie diese Fragen ja noch, vielleicht sind Sie aber schon, wie ich damals, kurz davor, alles hinzuschmeißen. Vielleicht kann Ihr Leben nicht so weitergehen, wie es gerade läuft. Wahrscheinlich wollen Sie auch einfach niemals zugeben, dass Sie mit einigen Themen im Job vollkommen überfordert sind. Wir leben schließlich in einer Leistungsgesellschaft und da ist man besser nicht überfordert. Das kenne ich gut. Ein typisches Symptom.

Kurz: Sie fragen sich vielleicht nicht nur wie Sie ihren Job als Chef oder Führungskraft besser machen können, sondern Sie fragen sich auch wie Sie Ihr gesamtes Leben wieder oder überhaupt besser auf die Reihe kriegen können. So, dass es wieder etwas mehr Spaß macht. Vielleicht haben Sie schon über Ausstieg nachgedacht, überlegen sich, wie Sie es finanziell stemmen können.

Dann verwerfen Sie aber diesen Gedanken ganz schnell und suchen nach Wegen, die einfach nur etwas Entlastung in den Joballtag bringen. Sie buchen vielleicht Führungsseminare und Coachings nur um festzustellen, dass die guten Tipps allesamt nichts bringen. Wenn der Alltag Sie wieder einholt, machen Sie genau die gleichen Fehler wie vorher und es warten genau die gleichen Mitstreiter auf Sie in Ihrer Organisation.

Sollten Sie sich in dieser Beschreibung nur ein wenig wiederfinden, dann ist es Zeit, sich mit ihrem Lieblingsleben zu beschäftigen und es zu gestalten. Denn außer Ihnen kann das niemand für Sie tun.

Zu einem zufriedenen und auf längere Sicht erfolgreichen Happy Leader werden Sie, wenn Sie sich Ihr Leben einmal genau ansehen und korrigieren, wo etwas in die falsche Richtung läuft. Das kann durchaus unangenehm sein. Doch so ganz ohne Mut und vor allem ohne den Willen ein wirklicher Happy Leader des eigenen Lebens zu werden, wird sich weder für Sie noch für Ihr Unternehmen oder Ihr Team etwas ändern.

Die Happy-Leading-Formel:
Persönliche Entwicklung mit Struktur

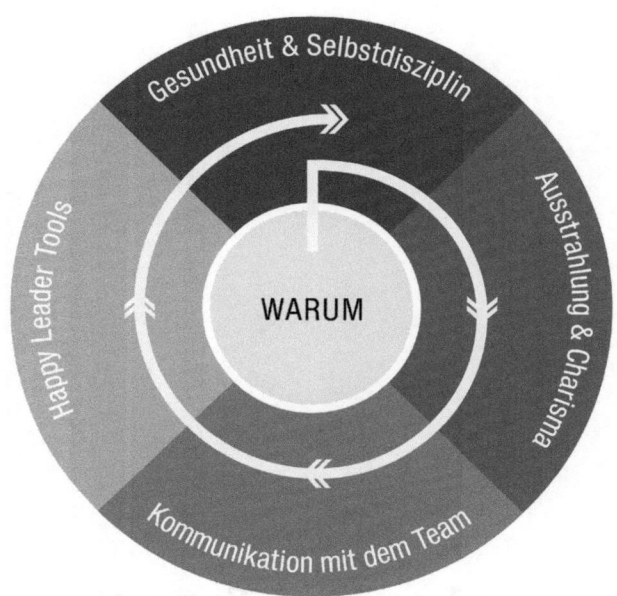

Abbildung 1: Die Happy-Leading-Formel© Sabine Bredemeyer (abgeleitet aus dem Organisationskompass© des Genuine Contact™ Program)

Jeden Tag werde ich überflutet mit E-Mails, Anzeigen überall im Internet und auf allen Social-Media-Plattformen darüber, was Führungskräfte alles tun sollten, um gelassener, effektiver und erfolgreicher zu werden und wie sie ihre Mitarbeiter zu Bestleistungen inspirieren können. Hochinteressante, gut geschriebene Artikel zu Themen wie Burn-out, Stress, Ernährung, Entspannung, Achtsamkeit, Wertschätzung, Kommunikation, Mitarbeiterzufriedenheit und so vieles mehr. Eigentlich steht alles in diesen Artikeln, was es einer Führungskraft ermöglicht, gesund, entspannt, beliebt und super erfolgreich zu sein. Umfrageergebnisse scheinen jedoch zu belegen, dass die meisten Führungskräfte niemals solche Artikel lesen oder aber daraus nicht schlauer werden.

Eine Befragung im Jahre 2017 von der Ruhr-Universität Bochum, an der viertausend Arbeitnehmer und fünfhundert Vorgesetzte teilgenommen haben, fand heraus, dass der Chef der Unzufriedenheitsfaktor Nummer eins in Unternehmen ist: sechsundfünfzig Prozent der befragten Mitarbeiter äußerten sich negativ über ihren Vorgesetzten. Das gibt zu denken, denn unzufriedene Mitarbeiter sind der Hauptgrund dafür, dass Unternehmen in ihrer gesunden Entwicklung gebremst oder sogar gestoppt werden.

Es stellen sich also zwei Fragen. Zum einen die Frage: Was zeichnet gute Führung aus? Was wird benötigt an Wissen, Talenten und Fähigkeiten, um in den Augen der Mitarbeiter ein guter Leader zu sein. Denn nur mit guten Chefs wollen Mitarbeiter auch gute Leistungen erbringen, so jedenfalls die Erkenntnisse aus Wissenschaft und Forschung. Was macht also einen Führenden zum Happy Leader, dem dann Menschen gerne folgen und – ganz wichtig – auch herausragende Resultate schaffen.

Sie merken schon, es geht nicht um die Etikette mal einfach nett zu sein. Happy Leading geht tiefer und ist auch nicht nur etwas für die Sonnenscheintage. Genau genommen zeigt sich die Qualität eines Happy Leaders mit seinem Happy-People-Team sogar erst in Krisenzeiten. Doch dazu später mehr.

Führung, wie sie heute gebraucht wird, ist für mich geprägt durch eine dienende Haltung gegenüber anderen Menschen, die deren Entfaltung und Wachstum inspiriert und dazu beiträgt, die Welt zu einem besseren Ort zu machen.

Führungspersönlichkeiten, die mit einem hohen Grad an Glaubwürdigkeit, Wertschätzung und Resilienz andere Menschen anleiten können, die Herausforderungen des digitalen Zeitalters anzugehen sind heute gefragt. Reines Command-And-Control-Denken ist überholt und kann nicht funktionieren.

Damit kommen wir zur zweiten Frage: Wie kann ich feststellen, ob ich eine solche Führungskraft oder ein solcher Mensch bin und wie kann ich mich als Mensch entwickeln, wenn ich feststelle, dass mir vielleicht die eine oder andere Kompetenz noch fehlt, um bei meinem Team oder in meinem Unternehmen wirklich das ganze Spektrum der vorhandenen Potenziale freizusetzen?

Typischerweise entsteht dann im Kopf ein Leitbild über Führung und Führungsfähigkeiten, das stark vom Taylorismus und dem Streben nach Effektivität und Effizienz geprägt ist. Und in unserer Leistungsgesellschaft wird dieses Denken auch immer noch gefördert. Wer viel leistet darf oder soll viel verdienen. So das Versprechen, das Wirtschaft und Politik den Menschen machen, um den sozialen Frieden zu gewährleisten.

Doch wozu führt uns das? Menschen, die in der Wirtschaft etwas erreichen wollen, fokussieren sich stark auf Dinge wie Zeitmanagement, Selbstorganisation und Zielfindung. Wenn ich weiß, wo ich hinwill, dann habe ich ein Ziel. Ich muss dann nur noch mich und mein Team dahin bringen. Natürlich klappen Dinge oft nicht so, wie man es sich vorstellt. Kein Problem. Wozu gibt es Zeitmanagement und Selbstorganisation? Ich muss dann nur ein wenig effektiver und schneller arbeiten. Vielleicht noch ein wenig mehr delegieren und schon läuft es. So jedenfalls ist die langläufige Denke und diese ist leider vollkommen falsch.

Menschen sind keine Maschinen, die sich mit einem mechanistischen Verständnis optimieren lassen. Unser Gehirn funktioniert so leider oder zum Glück nicht. Wenn ich eines in den dreißig Jahren meiner Berufspraxis verstanden habe, dann das: Wenn der Mensch, der die Verantwortung für andere Menschen und Unternehmen trägt, nicht ausgeglichen, zufrieden und glücklich ist, dann kann er auch als Führungskraft nicht erfolgreich werden. Es kommt gerade heute in unserer multioptionalen, schnelllebigen Zeit stark darauf an, das Innere, das eigene Selbst zu stabilisieren, wenn ich eine Wirkung im Außen erzielen möchte. Nur wenn ich als Mensch stark bin, wenn ich meine Mitte gefunden habe und mich in meiner Haut wohl fühle, kann ich auch andere dauerhaft zu guten Leistungen anleiten.

Was zeichnet also einen Happy Leader aus? Auch wenn der Begriff es nahe legt, Happy Leader sind keine Feelgood-Manager, die ganz im Sinne einer modernen, aber falsch verstandenen Mitarbeiterzentrierung, dafür sorgen, dass in der Firma oder in der Abteilung eine gute Stimmung herrscht. Die Qualität des Happy Leaders liegt nicht darin, dass er einfach nur zu allen nett ist. Ein echter Happy Leader hat erkannt, dass er sich nicht nur um seine Firma, um die Erreichung seiner Unternehmensziele und um seine Mitarbeiter zu kümmern hat, sondern zunächst einmal um den wichtigsten Menschen in seinem Leben. Um sich selbst. Das klingt egoistisch, aber es ist meiner Beobachtung nach eine sehr heilende, verantwortungsvolle Haltung sich selbst und seinen Mitmenschen gegenüber. Und diese ist sehr stark mit der Sinnfrage, also der Frage nach dem WARUM verbunden. Warum macht mein Unternehmen, was es macht? Warum bin ich als Führungskraft dort? Warum mache ich eigentlich das, was ich mache und wie ich es mache?

Ein Betriebswirt wird nun sagen, das ist doch alles vollkommener Quatsch. Die Aufgabe des Unternehmens ist die Gewinnerzielung und ich bin hier um mit meinem Unternehmen möglichst viel Geld zu verdienen. Kapitalismus eben.

Die Zusammenarbeit mit zahlreichen Führungskräften und ihren Unternehmen, der kontinuierliche Austausch mit meinen internationalen Kollegen, die Führungskräfte auf allen Kontinenten begleiten, haben mir aber gezeigt, dass die Frage nach dem Sinn, nach dem WARUM, zunächst einmal nichts mit Geld oder Gewinnmaximierung zu tun hat. Geld macht nicht glücklich und ausschließlich auf Gewinnmaximierung orientierte Führungskräfte sind weder glücklich noch bewirken sie gute Ergebnisse. Oft kommen sie irgendwie zurecht und der eigene Laden läuft so leidlich, aber herausragend erfolgreich sind sie nie.

Wirklich herausragende Ergebnisse erzielen die Menschen – und das gilt für alle Kulturen –, die ihrer eigenen Bestimmung folgen, die Ihren Lebenssinn gefunden haben und spüren, dass sie ihren ganz persönlichen Weg gehen. Einen Weg, der zu ihnen und ihren Werten und Bedürfnissen passt, sodass sie sagen können, dass sie ihre Rolle als Führungskraft lieben und den damit verbundenen Kernaufgaben gerne nachgehen: Selbstführung und die Führung der Menschen, für die sie die Verantwortung übernommen haben.

Eine weitere Basis um überhaupt Erfolg haben zu können, sei es als Einzelner oder als Team und Organisation, wird erst in jüngerer Zeit seiner Bedeutung entsprechend erkannt: Es ist die eigene psychische wie physische Gesundheit. Genaugenommen besteht hier eine Wechselwirkung, was die moderne Medizin unzweifelhaft bewiesen hat. Ist der Körper angegriffen sinkt auch die psychische und damit die kognitive Leistungsfähigkeit und umgekehrt. Falls es noch nicht geschehen ist: Denken Sie daher endlich um, und lassen Sie Dinge wie Gesundheit, eigenes Körpergewicht und persönliche Fitness nicht einfach außer Acht.

Wenn Sie mit sich fit und kerngesund fühlen, dann müssen Sie natürlich nichts tun. Auch ich bin mir bewusst, dass jeder Mensch anders ist und für den einen Sport schon fast die Erfüllung ist während es für den anderen nur eine zusätzliche Marterung zum ohnehin stressigen Arbeitsalltag darstellt. Sie werden noch erfahren, dass es sehr individueller Wege im Umgang mit diesem Faktor bedarf, aber ignorieren können Sie diesen Bereich nicht.

Der dritte Erfolgsfaktor ist die Frage der eigenen Ausstrahlung und Wirkung auf andere. Ich habe diesen Bereich deshalb in meine Ausbildungen aufgenommen, weil viele Führungskräfte den Wunsch verspüren, souveräner und durchsetzungsstärker zu wirken. Diesem Bedürfnis entsprechen viele Angebote im Weiterbildungsmarkt. So gibt es zuhauf Präsentations- und Rhetorikseminare und auch Angebote zur Ausbildung der eigenen (Unternehmer-)Souveränität treffen auf eine dankbare Nachfrage. Doch hier meine frappierende Feststellung: Die meisten Anbieter wie Nachfrager unterliegen hier ganz typischen Denkfehlern. Diese möchte ich Ihnen ersparen, daher erfahren Sie hier wie Happy Leader mit dem Thema Ausstrahlung umgehen und so sicherstellen, dass sie wirklich Wirkung und Resonanz erzielen und darauf kommt es schließlich an.

Der vierte Erfolgsbaustein auf dem Weg zum Happy Leader ist die Kunst, wirkungsvoll zu sprechen. Nicht nur im Vortrag. Einem Happy Leader ist klar, dass wirkungsvolle Kommunikation den größten Einfluss darauf hat, wie zwischenmenschliche Beziehungen funktionieren. Und die Qualität dieser Beziehungen ist maßgeblich für die eigene geistige und physische Gesundheit sowie generell für jeglichen Erfolg. Der Happy Leader weiß, wie er beste Resultate in der Kommunikation mit Mitarbeitern, in Meetings, bei Feedbacks und besonders auch in Konfliktklärungen erzielen kann. Er weiß, dass wahre Führung um Wirkung und nicht um Macht ringt. Echte Happy Leader sind nicht über die Maßen harmoniebedürftig oder fahren einen Kuschelkurs mit Ihren Mitarbeitern. Sagte ich schon, dass ein Happy Leader kein Feelgood-Manager sein muss? Doch echte Happy Leader haben eine innere Haltung entwickelt, die ihnen ermöglicht, Sprache so einzusetzen, dass echter zwischenmenschlicher Kontakt und damit letzten Endes die besseren Resultate für das Unternehmen zu erzielen sind.

Der fünfte Erfolgsbaustein ist ein neues den Erkenntnissen der Zeit entsprechendes Verständnis für die Abläufe in Gruppenprozessen und die Verwendung hilfreicher Tools oder Techniken zur nutzbringenden Einbeziehung der kollektiven Intelligenz. Wenn wir uns eingestehen, dass Befehl und Gehorsam als Steuerungsinstrumente in modernen Arbeitswelten nicht funktionieren, dann benötige ich als Happy Leader ein alternatives Steuerungsrepertoire. In immer mehr selbstorganisierten Arbeitswelten sind neue Tools gefragt. Diese sind gar nicht sehr kompliziert, aber eben anders. Andere Menschen wirkungsvoll einzubinden und mitzunehmen ist ebenso wirkungsvoll wie echte Wertschätzung. So machen Happy Leader aus Mitarbeitern Happy People, die gerne mehr als nur die bloße Pflichterfüllung in die Firma einbringen. Klingt einfacher als es ist, darum ist die Arbeit an den eigenen Kompetenzen auch immer wieder spannend.

Diese fünf Bereiche bilden die Happy-Leading-Arbeitsformel. Es ist deshalb eine Arbeitsformel, weil niemand – und hier kann ich aus eigenem Erleben sprechen – zum Happy Leader geboren wird.

Happy Leading ist keine Frage von Talent und hat auch wenig mit Bespaßung seiner Mitmenschen zu tun. Es ist vielmehr eine Umsetzungsformel, mit der das, was wir heute darüber wissen, wie Menschen ticken und Menschen miteinander interagieren, in Unternehmen erfolgversprechend umsetzbar wird. Es ist auch kein Wochenendprogramm, denn so funktioniert das Leben nicht. Happy Leading ist die Anleitung zu einem Dauerlauf. Denn im Gegensatz zu einer Sportart, in der ich mich auf einen Wettkampf, auf einen besonderen Leistungspunkt vorbereiten kann, ist das Führen eines Unternehmens und das Anleiten von Menschen eine Vierundzwanzig-Stunden-Aufgabe. Es ist deshalb eine Vierundzwanzig-Stunden-Aufgabe, weil es nicht nur auf die reine Arbeitszeit ankommt, sondern vor allem darum geht sich selbst zu führen und auf das eigene Wohlergehen zu achten.

Wenn es einen Denkfehler bei Machern und Entscheidern in Unternehmen gibt, auf den ich immer wieder treffe, dann ist es die Tatsache, dass viel zu oft geglaubt wird, dass Erfolg dadurch zu erzielen ist, dass der Hauptfokus auf das Erreichen von Ergebnissen zu richten ist und das Anleiten und Bewegen der Mitarbeiter dazu, ihre Arbeit zu machen. Übersehen wird dabei, dass unser Wirken in der Welt, die Ergebnisse, die wir erzielen und unser Einfluss auf andere Menschen vor allem damit zu tun hat, wie wir mit uns selbst umgehen und mit welcher Haltung wir uns selbst und anderen gegenüber agieren.

Zu einem echten Happy Leader meines Lebens bin ich auch nicht durch einen linearen Prozess geworden. Die Happy-Leading-Formel ist daher auch kein lineares Modell, das aus fünf Stufen besteht und nach erfolgreichem

Durchlauf abgeschlossen ist. Es ist ein iteratives Modell, das zu einem Lebenslauf in Schleifen einlädt. Dennoch wird es Ihnen vermutlich die Odyssee und Achterbahnfahrten ersparen, die ich selbst und viele andere durchlaufen haben, die sich ohne Anleitung aufmachten, das Menschsein in der Rolle als Führungskraft zu lernen.

Die Reihenfolge, in der die fünf Bereiche hier dargestellt werden, hat sich für die meisten meiner Klienten als ideal erwiesen, deswegen empfehle ich sie auch Ihnen. Es macht wenig Sinn, an Ihren Kommunikationsfähigkeiten als Leader zu arbeiten, solange Sie sich nicht ganz sicher sind, dass Sie das, was Sie tun auch wirklich gern tun möchten, dass es Ihrem Lebenssinn entspricht. Und es ist auch vollkommen sinnlos, mit Ihren Mitarbeitern Gruppenprozesse zur Nutzung der kollektiven Intelligenz zu durchlaufen, solange es Ihnen nicht gelungen ist, das Vertrauen Ihrer Mitarbeiter durch eine glaubwürdige innere Haltung und wertschätzende Kommunikation zu gewinnen. Die Formel hilft Ihnen, Ihren Weg zu finden. Sie werden die Entwicklungsbereiche erkennen, in denen Sie dazu lernen können um sich in Ihrer Rolle wohler zu fühlen. Und dann legen Sie einfach los.

Führung ohne Fundament ist wie ein Marathonlauf im Moor

Seit mehr als zwanzig Jahren begleite ich Unternehmen, Organisationen, Verbände und Non-Profit-Unternehmen darin, unternehmensweite Veränderungsprozesse zu konzipieren, zu begleiten und zu implementieren. Strategie-, Führungs- und Teamentwicklung sind Bestandteile meiner Arbeit ebenso wie Großgruppen-Interventionen und Implementierungsprozesse.

Im Mittelpunkt all dieser Aufträge steht in all den Jahren die Begleitung der Führungskräfte, die diese Prozesse zu verantworten haben. Keine Maßnahme hätte greifen können, wenn nicht die Führungskräfte einen persönlichen Reifeprozess durchlaufen hätten, der ihnen neues Selbstvertrauen und eine neue Vertrauenswürdigkeit – also die Fähigkeit, das Vertrauen anderer Menschen verdientermaßen zu gewinnen gegeben hätte. Ein solides Fundament, auf dem sie auch in schwierigen Situationen nicht aus der Balance gerieten. Manche brauchten nur wenig begleitendes Coaching, andere wären ohne ein persönliches Coaching und Mentoring in den umfangreichen Change-Prozessen vollkommen ausgebrannt.

Vor allem durch das Arbeiten am eigenen Selbst konnten sie es schaffen, auch in kräftezehrenden Prozessen stark zu bleiben, eine hoch motivierte Belegschaft immer wieder mitzunehmen und zu inspirieren. Die Happy-Leading-Formel nimmt ganz bewusst das eigene Leben in den Fokus. Denn wenn ich mein WARUM gefunden habe, dann wird damit, so kann ich es immer wieder beobachten, eine Energie freigesetzt, die auch große Herausforderungen bewältigen kann.

Wer sich und sein Leben bewusst führt, der wird zum Happy Leader. Er wird nicht nur wirkungsvoller in seinem Tun, er sorgt auch für ein glückliches Privatleben und genügend Zeit, um sich immer wieder zu regenerieren. In diesem Sinne verhilft die Happy-Leading-Formel uns auch dazu, zu wirklich resilienten Menschen zu werden. Denn machen wir uns nichts vor, es gibt immer Probleme, Herausforderungen und Konflikte zu bewältigen, die viel Kraft kosten können. Andere führen ist aus sportlicher Sicht betrachtet immer ein Dauerlauf. Wer ankommen möchte, muss wissen wie und womit er sich regenerieren kann, wie er mit Rückschlägen umgehen kann und wie er die Kraft zum Wiederaufstehen finden kann. Dabei entsteht in Organisationen dann der von mir sogenannte Engelskreis: Eine Organisation, die von einem gesunden Mensch geführt wird, von einem Menschen der klare Ziele hat und begeistern kann, hat auch immer Mitarbeiter, die voll hinter dem Chef oder der Chefin stehen und kann damit eine gebündelte Kraft entstehen lassen, mit der Ziele auch unter schwierigsten Bedingungen erreicht werden können. Das führt zu einem Zusammenhalt, einer Begeisterungsfähigkeit und einer enormen Leistungswilligkeit aller Beteiligten, die einen Erfolg bei Change-Prozessen fast schon vorprogrammiert. Darüber hinaus entsteht noch etwas anderes: Solche Unternehmen ziehen neue Mitarbeiter an wie Motten das Licht.

Der unterschätzte Kern: Erkenne dein WARUM!

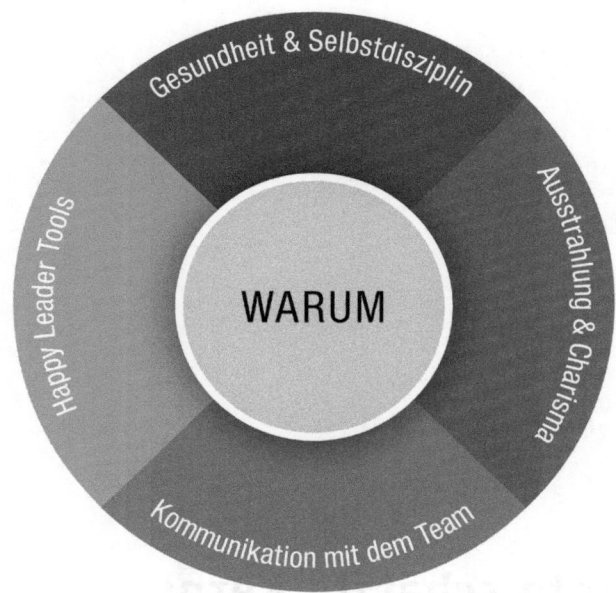

Abbildung 2: Phase 1 der Happy-Leading-Formel. © Sabine Bredemeyer
(abgeleitet aus dem Organisationskompass © des Genuine Contact™ Program)

Wenn Ihnen klar ist, warum Sie tun, was Sie tun und was es ist, das Sie mit Freude, Brillanz und Leidenschaft machen, dann ist das die beste Voraussetzung für Ihr Lieblingsleben. Dann folgen Sie Ihrem Herzen und können damit gar nicht scheitern.

Haben Sie sich schon mal gefragt, ob das, was Sie tun, das womit Sie sich täglich beschäftigen, das ist, was Sie wirklich machen möchten? Macht es Sie zufrieden? Gibt es Ihnen das gute Gefühl, etwas wirklich Großartiges zu leisten oder Sinnvolles mit Ihrem Leben anzufangen. Strahlen Sie, wenn Sie Ihren Freunden, Ihrer Familie oder neuen Bekanntschaften über Ihre Erfolge erzählen, darüber, was Sie mit Ihrer Arbeit bewirken?

Oder kommen Ihnen manchmal solche Gedanken wie »Das halte ich keinen einzigen Tag mehr aus!« Vielleicht haben Sie sogar schon mal eine Zwischenbilanz gezogen und sind zu einem recht frustrierenden Ergebnis gekommen »Wenn ich mal sterbe wird nichts von mir übrig bleiben – ich habe bisher noch nichts Sinnvolles mit meinem Leben angefangen.« Und anstatt dann inne zu halten um herauszufinden, warum das so ist und wie Sie das grundlegend ändern könnten, folgen Sie der Überzeugung, dass Sie nur besser und härter arbeiten müssten, um zu besseren Ergebnissen und damit zu mehr Zufriedenheit zu kommen. Nur um dann festzustellen, dass Sie noch frustrierter sind. Sie peitschen sich weiterhin zu Ihrer ungeliebten Arbeit und bei all dem Stress hören Sie nicht mehr die deutlichen Signale Ihrer Intuition und Ihres Körpers, die Sie zum Innehalten und Einlenken bewegen wollen.

Stellen Sie sich einmal vor, Sie wüssten genau, was Ihnen guttut und hätten herausgefunden, was Ihnen wirklich Freude macht, worin Sie damit vermutlich auch besser sind als andere, was Ihnen leicht fällt, womit Sie sich und anderen echten Nutzen schaffen können und sogar noch mehr Geld verdienen würden als bisher: Wie wäre das?

Menschen die das herausgefunden haben und genau diesem Lustprinzip folgen, sind unstoppable in ihren Vorhaben. Als Führungskraft strahlen sie in ihrer Rolle als Chef Stärke, Klarheit und Zuversicht aus. Sie wissen genau, welche Ziele sie verfolgen, begeistern mit ihren Ideen und sind meist sehr erfolgreich.

Beispiele für solche charismatischen Leader sind Steve Jobs, Mark Zuckerberg oder Bill Gates. Die Menschen in der Umgebung derartiger lustorientierter Überflieger sind wie angezogen von deren Lebensfreude und Leidenschaft und es fällt ihnen leicht, ihnen zu folgen und als Mitarbeiter ihr Bestes für die hoch gesteckten Ziele zu geben.

Das erste Modul, das WARUM der Happy-Leading-Formel betrifft das Fundament, die drei Grundpfeiler für das Gelingen Ihres Lieblingslebens. Dieses Modul erhellt den Kern Ihrer Persönlichkeit, die Komponenten in Ihrem Leben, die alles was Sie tun, wie Sie denken und sich verhalten durchdringen und Ihre Wirkung im Außen bestimmen:

Ihr Lebenssinn, Ihre Lebensaufgabe und Ihre Berufung: Die Gewissheit dass Ihr Lebensweg Sinn (für Sie) macht. Dass das, was Sie tun Ihnen Erfüllung bringt, dass Sie Ihre wertvolle Lebenszeit nicht mit Aufgaben verplempern, die weder Ihnen noch anderen Menschen dienen.

Ihre individuelle Gebrauchsanweisung: Die Kenntnis Ihrer individuellen Bedürfnisse, um als Mensch und Führungskraft alles zu haben, was die beste Version von Ihnen als Mensch und Führungskraft in allen Facetten begünstigt. Was brauchen Sie, welche ihrer ganz individuellen Bedürfnisse müssen erfüllt sein, um ihr Lieblingsleben führen zu können?

Ihre Grundwerte: Ihre persönlichen Werte – die eng mit Ihren Bedürfnissen zusammenhängen – wirken ebenso wie Ihr Lebenssinn und ihre Bedürfnisse wie ein innerer Kompass. Sie geben Ihnen Halt und Ausrichtung. Wenn Sie Ihre Werte kennen, finden Sie in entscheidenden Situationen schneller Ihre richtige Lösung.

Ihnen wird vermutlich ebenso wie mir niemand beigebracht haben, wie Sie Ihre Potenziale, Ihre herausragenden Fähigkeiten und Ihre eigenen Bedürfnisse und Werte herausfinden. Ich vermute auch, dass den wenigsten Lesern vermittelt wurde, wie Sie Ihren Lebenssinn entdecken und umsetzen können oder wie Sie Ihre Bedürfnisse erforschen und erfüllen können, ohne als egoistischer Mensch dazustehen.

Dieses sind aber grundlegende Voraussetzungen dafür, dass ein Mensch ein glückliches, erfülltes Leben lebt und anscheinend unbegrenzte Energie dafür hat, seine Ziele unbeirrt und leidenschaftlich zu verfolgen.

Ob Sie ihren Lebenssinn tatsächlich ganz genau kennen oder nicht, spielt dabei weniger eine Rolle. Wenn Sie sich aber als Mensch unwohl oder im falschen Leben fühlen, ist zu vermuten, dass Sie sich auf einem Holzweg befinden. Vermutlich leben Sie dann gerade an Ihrem Lebenssinn vorbei und lassen Ihre wahren Potenziale brach liegen. Dann lohnt es sich umso mehr, danach zu forschen. Denn das eigene WARUM, das können wir immer nur selbst für uns finden. Diese Aufgabe kann uns niemand abnehmen. Genauso wenig kann uns niemand die Aufgabe abnehmen, dann auch den ersten Schritt in ein Leben zu tun, das unserem Selbst entspricht.

Dein Lebenssinn – Warum ist er so wichtig?

Wenn Menschen ihren Lebenssinn kennen, das zentrale Element Ihres WA-RUM, und damit intuitiv oder ganz bewusst das tun, was sie wirklich zutiefst erfüllt und zufrieden macht, haben sie immer das gute Gefühl, dass das was sie tun, selbst ihre Niederlagen, Schritte auf dem Weg in die richtige Richtung sind.

Sie gehen mit tiefer Zufriedenheit durchs Leben und selbst wenn es mal schwierig wird – und das bleibt nicht aus wenn sie ihrem WARUM folgen – bleiben sie dran, weil dieses innere Wissen ihnen die Kraft verleiht, auch große Herausforderungen anzunehmen. Die Freude an dem was sie tun gibt ihnen scheinbar unerschöpfliche Energie, lässt sie immer wieder aufstehen und Ergebnisse erzielen, die niemand – sie selbst am wenigsten – für möglich gehalten hätte. Erfolge, die nur sie, niemand anderes, hätte erzielen können. Weil es ihre Bestimmung ist, weil sie das Potenzial dazu in sich tragen und es für ihre Ziele in seiner vollen Entfaltung genau richtig einsetzen.

Sie geben nicht auf, haben ein unerschöpfliches Durchhaltevermögen und das nicht aus Angst oder Pflichtbewusstsein sondern aus dieser inneren Kraft heraus, die entsteht, wenn Menschen ganz mit sich selbst, ihren Herzenswünschen und dem daraus entstehenden inneren Leitstrahl verbunden sind und daraus ihre Entscheidungen und Schritte gestalten.

Erfolgreiche Führungspersönlichkeiten sind unbeirrbar diesem inneren Leitstrahl gefolgt. Vielleicht haben sie sich nie nach ihrem Lebenssinn gefragt sondern haben nur auf ihre Intuition gehört, die uns alle immer wieder versucht auf unseren Weg zurückzuführen und uns unseren Lebenssinn in Erinnerung zu rufen. Wir müssen nur lernen, darauf zu hören.

Die Frage nach dem Lebenssinn ist besonders dann sinnvoll, ja ich möchte sogar sagen lebensrettend, wenn wir immer öfter diese innere Stimme wahrnehmen, die uns zuflüstert, dass dieses Leben sich so nicht richtig anfühlt. Erst ganz leise, dann immer lauter. Wenn wir sie dann immer noch nicht hören macht sie sich durch Burn-out oder gar ernstere körperliche Symptome bemerkbar, sodass uns gar nichts anderes übrig bleibt, als inne zu halten und in uns hinein zu horchen und zu spüren, was mit uns los ist. Ich habe viele Führungskräfte kennengelernt, die nach einem Burnout oder einer schweren Krankheit mit nur wenig Unterstützung zu Happy Leaders wurden.

Vielleicht bekommt der Satz »Wer nicht hören will, muss fühlen« so noch mal eine ganz neue Bedeutung.

Am Ende ihres Lebens blickt so mancher zurück und stellt verbittert fest, dass er sein Leben verplempert hat, weil er entweder für die Erwartungen anderer gelebt hat, oder nur der Vernunft gefolgt ist, weil es ja vernünftig war, diesen ungeliebten Job zu machen, da er das monatliche Einkommen sicherstellte. Oder weil er Angst hatte, seine Herzenswünsche zu erfüllen, da er sich nicht vorstellen konnte, dass ihm das vergönnt sein sollte.

Es gibt viele Gründe dafür, dass Menschen am Ende ihres Lebens enttäuscht über sich selbst feststellen, dass sie nie den Mut hatten dem zu folgen, was ihnen ihre Intuition, ihr Herz, ihre innere Stimme schon so lange zugeflüstert haben. Wenn sie am Ende ihres Lebens feststellen, dass sie mutiger hätten hinsehen sollen oder sich hätten trauen sollen, mehr für ihr eigenes Glück zu tun, ist es zu spät. Sie sterben verbittert und enttäuscht.

Ich möchte nicht, dass mir das passiert. Und ich möchte auch Sie davor bewahren.

Auch Umwege bergen Schätze

Ich kenne keinen Erwachsenen, der sich nicht schon mal die Frage nach dem Lebenssinn gestellt hat. Warum bin ich hier? Womit möchte ich am liebsten mein Leben verbringen und manche fragen sich: Womit macht mein Leben am meisten Sinn? Und ich kenne wenig Erwachsene, die an dieser Frage dran bleiben und ihren Lebenssinn unzweifelhaft für sich gefunden haben und ihn bewusst verfolgen.

Als Kind wissen wir oft schon früh, »was« wir einmal werden wollen, weil uns die Erwachsenen diese Frage immer wieder stellen. Ist Ihnen die Frage als Kind nicht auch gestellt worden? Und dann schleudern uns die Kleinen mit großer Begeisterung und strahlenden Augen ihre Berufswünsche entgegen: Feuerwehrmann, Polizist, Lokomotivführer, Krankenschwester, Tierärztin oder Friseurin. Ich wollte Bäuerin, Sängerin und Schauspielerin werden. Und Sie?

Die meisten von uns vergessen dann wieder, was wir einmal werden wollten, weil uns Lehrer und Eltern beobachten und meinen, dass wir »doch am besten Medizin, Wirtschaftswissenschaften oder Jura studieren« sollten oder einen anderen anständigen Beruf erlernen sollten. Oder unsere Eltern gehen wie selbstverständlich davon aus, dass wir ihr Unternehmen übernehmen oder den gleichen Beruf machen wollen, wie sie selbst. Sie haben hierfür auch ein gutes Argument: »Da weiß man, was man hat.« Weil Eltern sich instinktiv um ihre Kinder sorgen, sagen sie auch gerne »Geh erst mal studieren und lerne etwas, denn Du sollst es mal besser haben als wir«. Das, was wir uns als Kind einmal vorgestellt hatten, wird nicht mehr angesprochen. Das was wir uns wünschen, kommt oft in der Welt der Erwachsenen gar nicht vor. Einzig das von Lehrern und Eltern festgestellte Talent und die Erfolgsaussichten des vorgeschlagenen Berufes zählen.

Sollten Sie zu denjenigen gehören, die genau das gemacht haben, was ihnen liegt und wofür sie wirklich Leidenschaft empfinden, dann haben Sie großes Glück gehabt.

Viel mehr Menschen studieren oder erlernen einen Beruf, der nicht oder nicht richtig zu Ihnen passt. Ich studierte Philologie, Russisch und Französisch mit dem Nebenfach Jura, da ich Dolmetscherin für internationale Organisationen werden wollte. Oder genauer gesagt werden sollte, denn ich war eine angepasste Tochter und so hörte ich auf den Ratschlag meiner Mutter »Kind, studier Sprachen. Da kommst du in der Welt rum und hast mit interessanten Menschen zu tun.«

Die Wahrheit war, dass ich überhaupt nicht sprachbegabt bin und so war ich entsetzt als ich nach den ersten vier Wochen meines Studiums in Heidelberg das erste Mal ein russisches Liebesgedicht von einer Schallplatte hörte. Ich mochte diese Sprache nicht, konnte nichts Weiches, Romantisches oder Berührendes darin hören. Ich fand sie einfach nur schwierig und meine Dozenten mochten mich nicht, weil ich mich wirklich sehr schwer damit tat. Das änderte sich auch die sieben lange Jahre nicht, die ich mich durch mein Studium quälte. Aber ich hielt durch und schaffte sogar einen guten Abschluss. Das alles machte ich, weil ich meine Eltern nicht enttäuschen wollte und weil ich die fixe Idee als Glaubenssatz in mir trug, man müsse zu Ende machen, was man angefangen hat. So quälte ich mich durch mehr als dreißig Wochenstunden an der Uni, arbeitete die gleiche Zeit noch mal am Schreibtisch oder in der Uni-Bibliothek und hatte einen Job als Bedienung in einem Straßen-Café, in dem ich mir zu den 480 Mark, die ich von meinen Eltern monatlich bekam, etwas dazu verdiente.

Damals wusste ich noch nicht, dass derlei Quälerei ein deutliches Zeichen dafür war, dass ich vollkommen auf dem Holzweg war. Ein Umweg, ein Irrweg, der noch weit, weit weg war von dem Weg, den ich erst Jahre später als meinen Weg zur Erfüllung meines Lebenssinns erkannte.

Nichts ist umsonst

Ich habe allerdings auch gelernt, nichts in meinem Leben zu bereuen. Ich habe gelernt, dass es in allem, was wir tun, etwas Positives zu entdecken gibt. Alles hat irgendwie seinen Sinn. Und ich bemühe mich, genau hinzusehen und den Sinn zu erkennen. Dieser Umweg hat mir wichtige Erfahrungen und Freunde fürs Leben eingebracht: Ich habe gelernt, zu denken und zu lernen. Ich habe Durchhaltevermögen und Zielstrebigkeit trainiert. Ich habe gelernt zu funktionieren wie eine Maschine und ich kann nachempfinden, warum Selbstmörder sich das Leben nehmen, denn ich war kurz davor, diesen Schritt zu tun.

Ich habe auch das gelernt, was heute als Resilienz bezeichnet wird. Als wenig sprachbegabter Mensch habe ich die Erfahrung gemacht, dass man dennoch Sprachen lernen kann und spreche heute fünf Sprachen. Fünf Sprachen mit denen ich mich mit Menschen unterschiedlicher Kulturen in echtem Kontakt unterhalten kann. Ich lernte über mein Sprachstudium wundervolle Menschen kennen, zu denen ich heute noch freundschaftlichen Kontakt habe. Tatsächlich habe ich zwei meiner besten Freundinnen in dieser Zeit kennengelernt.

Die sieben Jahre meines Studiums waren also ein Mosaiksteinchen in meinem Leben, von dem ich heute aber denke, dass es hätte kürzer sein können.

Erst viel später sollte ich meinen Lebenssinn entdecken.

Beispiel: Den Lebenssinn entdecken und sich neu ausrichten

Ich hatte vor vielen Jahren einen Kunden, der schon eine gute Führungskraft hätte sein können, wenn er sein angeborenes Führungstalent um wenige, aber wichtige Erkenntnisse und Fähigkeiten ergänzt hätte, die er als Chef eines Unternehmens mit etwa zweihundert Mitarbeitern dringend brauchte. Markus P. hatte sein Unternehmen vor drei Jahren von seinem Vater übernommen. Er war damals neununddreißig Jahre alt und kümmerte sich als frischgebackener Inhaber und alleiniger Geschäftsführer um die Modernisierung eines Betriebes, der einst vom Urgroßvater als kleiner Handwerksbetrieb gegründet worden war und nun von ihm in der dritten Generation geführt wurde. Markus war bei seinen Mitarbeitern gefürchtet, denn er galt als gefühlskalt und empathiefrei.

Ich erinnere mich noch genau an eines unserer ersten Gespräche, in dem etwas sehr Überraschendes passierte. Markus berichtete mir unter Tränen, dass er sich selbst nicht leiden konnte, wenn er sich dabei beobachtete, wie er mit seinen Mitarbeitern redete: »Immer wenn ich aus meinem Büro gehe, nehme ich mir vor, freundlicher und wertschätzender mit meinen Mitarbeitern zu reden. Und dann sehe ich etwas, was wieder nicht funktioniert. Dann werde ich sofort sauer und schreie herum. Es ist zum Verrücktwerden. Ich weiß nicht, wie ich das in den Griff kriege.«

Markus war es sichtlich peinlich.

In den drei Jahren seiner Führung konnte er den Umsatz bereits mehr als verdoppeln und hatte neue lukrative Verträge mit namhaften Großhandelsketten abschließen können.

Dennoch war er unglücklich und völlig überfordert. Seit Generationen hatte es immer nur einen Chef gegeben. Seine Abteilungsleiter hatten wenig Freiraum, weil Markus P. – ebenso wie seine Vorfahren – alles selbst entscheiden wollte. Er kümmerte sich um das Personal, um den Maschinenpark und um Marketing und Vertrieb. Seine Sekretärin, die versuchte, ihm so viel wie mög-

lich abzunehmen, war in dem Versuch ihn zu entlasten genauso überfordert wie er, was sie ebenfalls zu einer ebenso gefürchteten Person im Unternehmen machte.

»Mögen Sie Ihren Job? Gefällt Ihnen Ihre Aufgabe hier im Unternehmen?«, fragte ich vorsichtig. Aus rot umränderten, glasigen Augen sah er mich an als hätte er diese Frage nicht verstanden. »Wie meinen Sie das?«, fragte er und putzte sich lautstark die Nase. »Na ja, ich frage mich, ob Sie Ihre Arbeit lieben und ob Sie morgens gern zur Arbeit kommen.« Mit einer wegwerfenden Handbewegung, fast verärgert antwortete er mir »Das ist doch keine Frage. Ich habe da doch gar keine Wahl. Unsere Familie hat diesen Betrieb seit fast hundert Jahren und ich bin der einzige Nachkomme. Ist doch klar, dass ich das machen muss. Mich fragt doch keiner, ob ich das will oder nicht. Ob ich das gern mache, weiß ich gar nicht.«

Dieser Mann litt, er empfand sich als Opfer der Umstände und seinen Job als Belastung. Er war unglücklich und weil er unglücklich war, konnte er auch nicht dazu beitragen, dass andere sich in seiner Gegenwart wohl fühlten. Er war durch das Bestreben alles selbst zu entscheiden, so überfordert, dass er Positives nicht mehr sehen, geschweige denn anerkennen oder wertschätzen konnte. Er behandelte seine Mitarbeiter ebenso schlecht, wie sich selbst. Im Unternehmen war eine angespannte Atmosphäre spürbar. Das war wenig inspirierend und der Krankenstand war, wenig überraschend, hoch.

In dem folgenden Coaching erinnerte er sich wieder, was er sich schon als kleiner Junge für seine Zukunft gewünscht hatte: »Schon als kleiner Junge wusste ich ja, dass ich eines Tages hier mal der Chef sein würde. Und diese Vorstellung hat mir eigentlich immer gefallen. Deshalb ging ich auch fast jeden Tag in den Betrieb und sah fasziniert zu, wie hier gearbeitet wurde.«

Als ihm das klar wurde und er erkannte, dass er gar nicht Opfer widriger Umstände war, sondern bereits seinen Traumjob ausübte, bewirkte das allein schon eine große Erleichterung bei ihm. Er war sofort bereit genauer hinzu-

sehen und zu untersuchen, was ihm diesen Traumberuf so schwer machte. Er war offen dafür herauszufinden, welche Tätigkeiten er besonders gerne machte und welche er besser delegieren sollte. Denn eines war klar, wenn er nicht anfangen würde, delegieren zu lernen, dann würde die Überlastung nicht verschwinden.

Also machte ich einige Coachingübungen mit ihm, die ihm halfen zu erkennen, dass er mit großer Freude all das machte, was das Familienunternehmen erfolgreich in die Zukunft führen konnte. Er war Visionär, zielstrebig und diszipliniert. Er hatte sich nur viel zu viel zugemutet. Seine Überforderung hatte ihn zu einem unangenehmen Chef werden lassen. Er hatte einen Tunnelblick bekommen – Fokus ausschließlich auf den Erfolg. Sein übergewichtiger, unausgeschlafener Körper und seine Opferhaltung machten ihm das Leben noch besonders schwer und ließen ihn zu einem übel gelaunten, überdrehten Vorgesetzten werden. Eine Folge davon war, dass es ihm bisher auch nicht gelungen war, seine Mitarbeiter für seine Zukunftsideen zu gewinnen.

Was nun folgte, war eine mehrmonatige Arbeit. Ich stellte Markus P. die Happy-Leading-Formel vor und er war bereit, mit ihr zu arbeiten. Er achtete mehr auf seine Gesundheit, trainierte mit meiner Unterstützung seine Fähigkeiten zu delegieren und vor allem auch in die Arbeit der anderen zu vertrauen. Weiterhin arbeite Markus hart an seinem Kommunikationsstil. Auch hier half ihm die Erkenntnis, dass er genau seinem Lebenssinn folgte, ungemein.

So wurde er zu einem Chef, der dem Bild entsprach, das er sich hierzu in seiner Kindheit ausgemalt hatte: glücklich, wertschätzend und erfolgreich. Die Angst und Vorsicht der Belegschaft gegenüber ihrem Chef verwandelte sich nach und nach in Vertrauen und auch in Zutrauen in die eigenen Leistungspotenziale. Das Unternehmen entwickelte sich besser als je zuvor. Heute gehört es zu einem der erfolgreichsten seiner Branche.

Es hätte Markus P. sicher wenig geholfen, wenn er nur an seinem Kommunikationsstil gearbeitet hätte. Es hätte ihm auch nicht geholfen, wenn er mit Disziplin an seiner Selbstregulation gearbeitet hätte und er sich vielleicht etwas weniger über von ihm wahrgenommene Fehler im Unternehmen aufgeregt hätte. Seine Unzufriedenheit wäre zwar vielleicht etwas zurückgegangen, doch er wäre in seiner Opferrolle nicht zu dem ausgeglichenen, zufriedenen Chef geworden, den seine Mitarbeiter heute vertrauensvoll in eine erfolgreiche Zukunft begleiten.

Übung: Ganz konkret – Entdecke deinen Lebenssinn

»Es steht nicht in den Sternen geschrieben, was unsere Bestimmung ist, sondern in uns selbst.«

William Shakespeare (1564–1616), englischer Dramatiker

Es geht also darum, unsere Bestimmung, unseren Lebenssinn in uns selbst (wieder-)zuentdecken. Als Kind waren wir eng verbunden mit unserem Lebenssinn, waren durchdrungen von ihm, konnten ihn aber noch nicht ausdrücken. Und so ging er den meisten von uns wieder verloren.

Als Erwachsene können wir ihn jedoch wiederfinden wenn wir uns fragen, was uns im Leben wirklich wichtig ist, wofür wir hier sind. Es ist das, worauf Sie eines Tages im Rückblick auf Ihr Leben einmal stolz sein wollen. Vielleicht sind Sie ja schon ganz intuitiv auf dem richtigen Weg. Dann kann diese Übung als kraftvolle Bestärkung dienen.

Mit der (Wieder-)Entdeckung unseres Lebenssinns können wir Klarheit darüber bekommen, ob die Arbeit, der wir nachgehen, zu uns passt und wie eine Arbeit aussehen kann, von der wir ehrlich sagen können, dass wir sie lieben. Dazu müssen wir aber etwas machen, was gerade unter Leistungsträgern eher verpönt ist. Wir müssen uns in Selbstreflexion üben.

Bitte nehmen Sie sich dafür die Zeit, die Sie brauchen, um die Leidenschaft in Ihnen (wieder-)zuentdecken, die in Ihnen brennt. Sie werden bemerken, wenn es soweit ist. Ja, tatsächlich: Sie werden Leidenschaft, Freude, vielleicht Gänsehaut und unstoppbaren Tatendrang empfinden. Eine gute Methode die eigenen Gedanken und Wünsche zu sortieren ist die Verschriftlichung. Schreiben Sie einfach alles auf, was ihnen zu den Fragen in dem Kopf kommt. Überlegen Sie nicht lange und versuchen Sie nicht, es schön zu formulieren. Erfassen Sie am besten die spontanen Gedanken, die sich zeigen und erlauben Sie Ihrem Unterbewusstsein sich zu öffnen. Lassen Sie es einfach aus sich herausfließen, bis Ihnen wirklich nichts mehr einfällt.

Die folgenden Übungen basieren auf dem Reframing-Prozess nach Lance Secretan aus dem Buch *Inspirieren statt motivieren*. Lance Secretan geht von der Annahme aus, dass es in der Natur des Menschen liegt, einen persönlichen Beitrag für die Welt zu leisten. Wenn Ihnen die Methodik nicht zusagt, können Sie auch einen anderen Weg wählen. Ich wünsche mir für Sie nur, dass Sie diesen Schritt wagen. Denn er lohnt sich. Sie bekommen Klarheit und Orientierung für sich, ihre Arbeit und ihr Leben.

Beantworten Sie bitte im ersten Schritt die folgenden Fragen:
1. Wenn ich meine Umgebung beobachte, Nachrichten sehe oder die Zeitung lese, welche Missstände oder Bedrohungen machen mich ärgerlich oder traurig? Was sollte verbessert oder gelöst werden, damit die Missstände und Bedrohungen verändert oder ausgelöscht werden könnten?
2. Welche dieser Missstände und Bedrohungen erregen schon lange meine Aufmerksamkeit? Worüber rege ich mich immer wieder auf?
3. Wie können diese Missstände oder Bedrohungen durch meine Anwesenheit auf der Erde, durch meine Arbeit, meine Möglichkeiten verringert werden? Wie könnte ich mit meinen Fähigkeiten beitragen, die Welt zu einem besseren Ort zu machen?

Im zweiten Schritt stellen Sie sich die Frage, welche von ihren Sätzen, die sie sich notiert haben, sind für Sie die wichtigsten, welche sprechen wahrhaft aus Ihrem Herzen oder ihrer Seele?

Fragen Sie sich also: Welches sind die Themen oder welches ist mein Thema, zu dem ich einen Beitrag leisten möchte, um die Bedrohungen der Menschheit und der Erde zu verringern – und sei es nur ein winziger Beitrag.

Wenn Sie alles gesichtet haben, schreiben Sie eine kurze Zusammenfassung, eine Kernaussage, die für Sie vollkommen stimmt. Nur wenige Sätze mit wenigen Worten. Kurz und prägnant. Dies ist dann der erste Entwurf für die Formulierung Ihrer Bestimmung und die eigene Bestimmung ist immer kurz, prägnant und gut zu merken. Sie muss so sein, denn sonst kann sie keine Orientierung für das eigene Handeln darstellen.

Hier ein Beispiel:
Mein eigener Lebenssinn – das höhere Ziel, das ich nicht alleine erreichen kann: »*Die Entwicklung des menschlichen Bewusstseins für die faszinierende Vielfalt des Mensch-Seins und seine liebenswerten Seiten fördern.*«

Wie bin ich darauf gekommen? Ich sehe eine große Bedrohung darin, dass Menschen Kriege führen. Ich glaube, dass ein wichtiger Grund dafür ist, dass sie sich selbst nicht achten, nicht lieben und respektieren und damit auch andere nicht achten und respektieren können, und zwar weil sie nirgendwo ein Bewusstsein für die vielfältigen Facetten des Mensch-Seins vermittelt bekommen haben.

Das Fehlen eines klaren Bewusstseins dafür, was Mensch-Sein bedeutet, wie es funktioniert sowie die mangelnde Achtsamkeit im Umgang mit sich selbst und anderen führt in meiner Wahrnehmung zu Unzufriedenheit, Selbsthass, Fremdenhass, Vorurteilen, Verurteilung, Ablehnung, zu Missverständnissen, Aggressionen und Krieg.

Die Förderung des Bewusstseins dafür, wie wir respektvoller und liebevoller mit uns selbst und anderen umgehen können und uns zur besten und glücklichsten Variante unserer selbst entwickeln können sind die Themen, zu denen ich meinen Beitrag leisten kann und will.

Als zusätzliche Inspiration können Sie auch auf die beispielhaften Aussagen von Klienten schauen, die Sie im Folgenden lesen können.

Beispielhafte Formulierungen des Lebenssinns:
Ein Geschäftsführer eines Technologie-Unternehmens: »Freundlichkeit und das Erkennen der eigenen großartigen Potenziale fördern ...«
CFO eines großen Unternehmens: »Eine gerechte und integrative Gemeinschaft aufbauen ...«
Eine leitende Angestellte in einem Zeitungsverlag: »Denen eine Stimme verleihen, die nicht gehört werden.«
Ein (alternativ arbeitender) Arzt: »Den Menschen helfen, ihre Selbstheilungskräfte wiederzuentdecken.«
Psychotherapeutin: »Die Menschen inspirieren, die Leidenschaft für ihr Menschsein zu wecken.«
Ein Geschäftsführer eines Recycling-Unternehmens: »Die Welt für die folgenden Generationen erhalten.«
Ein Mode-Schöpfer: »Schönheit in die Welt bringen.«
Eine Trainerin: »Mehr Freude ins Leben bringen.«
Ein Clowns-Trainer: »Humor in die Welt tragen.«
Eine Pastorin: »Die Heiligkeit in jeder Seele erleuchten.«

Deine Lebensaufgabe – Dein Beitrag an die Welt

Unsere Lebensaufgabe ist die Art und Weise, wie wir unseren Lebenssinn in die Welt tragen. Sie entspringt unserem Lebenssinn und verknüpft ihn mit den eigenen Potenzialen und Talenten, mit unserer Art zu denken, zu empfinden und zu handeln.

Eine bewusst gelebte, begeisternde Lebensaufgabe wirkt wie eine machtvolle innere Verpflichtung, die ausstrahlt und andere Menschen in ihren Bann zieht.

Große Führungspersönlichkeiten wie Jesus, Buddha, Gandhi, Martin Luther King, auch Jeanne d'Arc, Nelson Mandela, Walt Disney oder Steve Jobs haben ihre Lebensaufgabe und ihre damit verbundenen Ideen anderen Menschen, ihren Anhängern oder Mitarbeitern nicht verkauft. Sie haben auch keine Veränderungsprozesse oder Change-Projekte benötigt, um ihr Umfeld zu gestalten. Sie realisierten ihre Visionen anders. Sie strahlten ihre Visionen aus. Ihre Leidenschaft für ihre Lebensaufgabe wirkte ansteckend auf andere Menschen. Menschen in ihrer Nähe gaben ihr Engagement, ihre Leidenschaft, ihren Beitrag, manche sogar ihr Leben für die Visionen, die Lebensaufgabe dieser charismatischen Menschen, die kraftvoll, überzeugend und kompromisslos ihren Lebenssinn verfolgten.

Die Lebensaufgabe ist unsere Idealvorstellung davon, wie ein von uns wahrgenommener Missstand behoben oder geheilt werden kann. Während der Lebenssinn beschreibt, welches der Sinn und Zweck unseres Lebens ist, warum wir auf der Erde sind, beschreibt die Aufgabe die Art und Weise mit der wir praktisch diese Bestimmung erfüllen wollen. Sie ist an unsere Potenziale geknüpft und bezieht sich auf das Hier und Jetzt, auf unser Denken und Handeln, mit dem wir unseren Lebenssinn verfolgen.

Eine große Lebensaufgabe zeichnet sich durch zwei wesentliche Merkmale aus:

1. Sie ist auf eine lange Perspektive ausgelegt und ist nicht wettbewerbsorientiert,
2. sie dient einem höheren positiven Zweck und ist nicht selbstbezogen.

So habe ich meine Lebensaufgabe formuliert: »Ich stelle sichere Räume zur Verfügung, in denen Individuen und Organisationen die Möglichkeiten entdecken können, wie sie durch echten Kontakt zu sich selbst und zu anderen ihre Potenziale, Talente und Leidenschaften zur Freude und zum Wohle aller entfalten können.«

Und nun Sie. Wie werden Sie Ihren Lebenssinn umsetzen?

Übung: Ganz konkret – Entdecke deine Lebensaufgabe

Denken Sie bitte an den Missstand oder die Bedrohung der Erde, den Sie als denjenigen identifiziert haben, den zu lindern oder zu beenden Ihrem Lebenssinn entspricht.

Beantworten Sie dazu bitte folgende Fragen:

1. Welches sind die Interessen, Kompetenzen und Ihre ganz persönlichen Stärken, die der Erfüllung Ihres Lebenssinns dienen?
2. Wie werden Ihre täglichen Aktivitäten dazu beitragen?
3. Wen werden Sie durch Ihre Aktivitäten bereichern?
4. Auf welche Weise wird Ihr Lebenswerk den Missstand oder die Bedrohung der Erde helfen zu lindern oder zu beheben?
5. Womit wollen Sie beitragen? Wie wollen Sie dienen?

Schreiben Sie auch hier wieder alles auf, was Ihnen einfällt. Ungeordnet. So wie es aus Ihnen herausfließt. Perfektion ist hier kontraproduktiv (wie so oft). Gehen Sie dabei über Ihren inneren Schweinehund hinaus, der Ihnen vielleicht sagt »Jetzt fällt mir aber nichts mehr ein, ich mach jetzt Schluss«. Meist kommen die wahren Antworten, unsere

Wahrheit, aus der Tiefe unseres Unterbewusstseins. Indem wir uns Zeit geben, ohne Druck alles aus uns herausfließen zu lassen – auch das, was uns völlig unsinnig vorkommt – geben wir unserem Unterbewusstsein die Erlaubnis, aufzumachen und die tieferen Wahrheiten freizugeben.

Wenn Sie alles aufgeschrieben haben betrachten Sie die Worte, die Sie benutzt haben. Welches sind die Wörter und Wortverbindungen, die Sie am stärksten ansprechen? Stellen Sie sich nun vor, Sie wollen daraus die Idealvorstellung Ihres Beitrags zu einer besser Welt so formulieren, dass dieser auch andere Menschen mitreißt.

Und dann fügen Sie alles zusammen zu einer Kernbotschaft, die folgende Inhalte haben könnten:
1. Wem tragen Sie bei?
2. Wie nehmen Sie Einfluss auf andere Menschen und/oder auf die Umwelt?
3. Wie werden Sie andere zum Handeln inspirieren?
4. Was schaffen Sie damit?

Tipp: Es gibt hier kein Richtig oder Falsch. Auch wenn Ihnen Ihre Formulierung noch nicht gefällt: Es ist in jedem Fall ein Anfang und weist Ihnen den Weg. Wenn Sie sich vorstellen, dass Sie Ihr Lebensdrehbuch neu formulieren, fällt es Ihnen vielleicht leichter zu akzeptieren, dass dies ein ganzer Prozess ist, der nicht mit einer kleinen Übung vollendet werden kann.

Vielleicht fällt es Ihnen auch leicht und alles ist Ihnen aus der Feder geflossen. Vielleicht brauchen Sie auch noch Zeit, um die richtigen Worte zu finden. Wenn Sie sich die Zeit genommen haben, die Fragen so zu beantworten, dass Sie die Leidenschaft, die in Ihnen schlummert, spüren konnten, dass Sie berührt waren von der Vorstellung, dass Sie diese Vision realisieren können, haben Sie sich gut vorprogrammiert und ihr Unterbewusstsein arbeitet weiter.

Nehmen Sie sich vor, sich ihre Formulierung zu einem bestimmten Zeitpunkt noch einmal vorzunehmen und wiederholen Sie das, bis Sie die Formulierung gefunden haben, die Ihre ganze Leidenschaft weckt. Ich selbst verändere die Worte meiner Lebensaufgabe auch heute noch hin und wieder um sie für mich noch berührender zu formulieren.

Deine Berufung – Was genau tust du?

Ihre Berufung ist die praktische Umsetzung Ihrer Talente und Potenziale, Ihrer Gaben und Fertigkeiten, Ihres Könnens und Ihrer Kompetenzen. Was genau tun Sie? Berufung wird im Idealfall zum Beruf. Oder die Rolle, die Sie im Leben spielen.

Als Kind waren wir noch eng mit unserem Lebenssinn verbunden. Doch niemand hat uns danach gefragt. Anstatt dessen wurden wir gefragt »Was willst du denn mal werden?« Aber als Kind kennen wir die Vielzahl der Berufe nicht und selbst wenn wir spüren, was unser Lebenssinn ist, sind wir doch weder in der Lage, ihn zum Ausdruck zu bringen noch kennen wir Berufe, mit denen wir ihn in die Welt bringen könnten. Wenn wir dann älter werden, fragt niemand mehr. Wir fragen uns »Welchen Beruf soll ich ergreifen« anstatt uns zu fragen, »Wie möchte ich meine Leidenschaft und meine Talente nutzen, um der Welt zu dienen?« Uns fehlt das Bewusstsein dafür, dass der Beruf, den wir einmal ausüben werden, unserem Lebenssinn und unserer Lebensaufgabe entsprechen sollte, um ein glückliches und erfülltes Leben zu führen.

Ich bin sehr selten einer Führungskraft begegnet, die sich ihres Lebenssinns, ihrer Lebensaufgabe oder ihrer Berufung wirklich bewusst war. In der Zusammenarbeit hat sich das geändert und führte dazu, dass einige entdeckt haben, dass sie genau das tun, was ihrem Lebenssinn entspricht, dass sie das, was sie tun in ihrem Beruf, in ihrer Rolle, jedoch noch verändern konnten, um ihrer Arbeit noch leidenschaftlicher und erfüllter und damit noch erfolgreicher nachgehen zu können. Andere entdeckten, dass sie zwar ihrem Lebenssinn folgten, ihre Lebensaufgabe und damit ihre Berufung jedoch optimiert werden konnten. Und noch andere entdeckten, dass sie in einer Rolle steckten, einen Beruf ausübten, der nichts mit ihrem Lebenssinn zu tun hatte. Es kostete sie Mut und Kraft, ihr Leben zu verändern, ihr Lebensdrehbuch umzuschreiben. Allerdings haben sie es geschafft und sind heute erfüllt und glücklich. So heilten sie ihren Burn-out, retteten ihre Ehen und waren nach einiger Zeit mit ihrer neuen Berufung erfolgreicher als je zuvor. Ich selbst gehöre ja auch zu dieser Gruppe.

Manche Führungskräfte sind der Meinung, dass man nicht ein erfülltes Leben leben und gleichzeitig viel Geld verdienen kann. Es gibt unzählige Beispiele, die das Gegenteil beweisen. Denn wenn wir das tun, was wir am liebsten tun, was wir am besten können und wofür wir echte Leidenschaft empfinden, sind wir darin auch herausragend gut, tatsächlich sogar besser als andere. Auch wenn uns selbst das oft nicht auffällt, da es uns ja so leicht fällt, für uns ja selbstverständlich ist und sogar Spaß macht. Und mit Spaß kann man ja schließlich kein Geld verdienen. Falsch!

So habe ich eine Freundin, die eine begnadete Künstlerin ist. Sie hat jeden Stil ausprobiert, erschafft fantastische Gemälde und ist voller Leidenschaft für ihre Arbeit. Ihr Glaubenssystem, das sie lenkt, sagt ihr allerdings »Das ist ja nur Hobby, das macht mir Spaß und außerdem habe ich Malerei nicht studiert«. Und so verkauft sie nur sehr wenige Bilder für Preise, die auch unbegabte Amateure bekommen würden. Sie ist überzeugt, dass sie damit niemals groß herauskommen wird. Und so ist es denn auch, denn ihre Ausstellungen hängen in der Sparkasse oder in den Cafés einer Kleinstadt, wo sie zwar beachtet werden, aber vermutlich niemals ein Kunstkenner vorbei kommt um ihre große Begabung, den überzeugenden Ausdruck ihres Lebenssinns zu erkennen. Sie selbst am wenigsten.

Doch Freunde zu coachen macht keinen Sinn. Ich habe ihr als Freundin gut zugeredet, aber ohne Erfolg. Meine Freundin käme auch niemals auf die Idee zu einem Coach zu gehen. Das ist okay, aber wahrscheinlich wird sie weiterhin nur ihre Leidenschaft leben, aber nie die Freuden erleben, die jemand erfährt, der seinen Lebenssinn, seine Lebensaufgabe und seine Berufung kennt. Sie wird nie die Ausstrahlung verkörpern wie jemand, der sich bewusst ist, die Welt zu einem schöneren Ort zu machen und Erfüllung verspürt, wenn er damit die Menschen erfreut.

Menschen hingegen, die ihre Bestimmung kennen, ihre Lebensaufgabe mit Begeisterung verfolgen und ihre Berufung ausleben, ziehen den Erfolg magisch an.

Übung: Ganz konkret – Entdecke deine Berufung

Sehen Sie sich Ihren Lebenssinn und Ihre Lebensaufgabe an. Dort haben Sie beantwortet, wie Sie Ihren Beitrag zu unserer Welt leisten wollen und welche Ihrer Talente und besonderen Fähigkeiten Sie dafür am liebsten, mit Leichtigkeit und Freude, nutzen möchten.

Erstellen Sie eine Liste, die folgende Fragen beantwortet:
1. Was mache ich gern, wofür empfinde ich Leidenschaft?
2. In welchen Hobbys gehe ich auf?
3. Was habe ich schon als Kind gern getan?
4. Bei welchen Aufgaben vergesse ich die Zeit und bin unermüdlich?
5. Welche Arbeiten fallen mir leicht, für die mich andere anerkennen?
6. Wenn ich die Wahl hätte, was würde ich am liebsten jeden Tag tun?
7. Womit scheine ich bei anderen Menschen die größte Anerkennung zu ernten?

Befragen Sie dazu ergänzend auch Ihr Lebensumfeld: Ihre Eltern, Ihre Lebensgefährten, Ihre Kollegen und Freunde. Oft geben sie Ihnen erstaunliche Antworten.

Als ich im Alter von etwas mehr als vierzig Jahren meine Firma verkaufte, um mich voll meiner neuen Aufgabe widmen zu können, habe ich auch meine Bekannten befragt und bekam Antworten wie: »Du bist sehr einfühlsam und hast so eine mütterliche Ausstrahlung«. Das war mir überhaupt nicht bewusst, ist aber natürlich eine großartige Voraussetzung für einen Coach, Mentor und Berater. Oder »Du hast ein gutes Gespür für Menschen. Du erkennst deutlich, wer gut miteinander auskommen, wer zu wem passt«. Ich war mir dessen nicht oder wenigstens nicht in dieser Klarheit bewusst, aber es stimmt. Freundschaften, Geschäftsverbindungen und Ehen sind entstanden, weil ich die Menschen mehr oder weniger beabsichtigt zusammen gebracht habe. Manche davon vor mehr als dreißig Jahren und sie funktionieren immer noch. Offenbar habe ich wirklich ein Talent als Katalysatorin und Alchimistin. Diese Eigenschaften kommen mir heute sehr zugute, wenn ich mit Teams zusammenarbeite und es darum geht, die Menschen darin zu unterstützen, besser, reibungsloser und in einem guten Klima zusammenzuarbeiten. Auch die Aussagen einiger meiner Kunden waren sehr aufschlussreich: »Sie haben mein Leben verändert. Seit ich mit Ihnen gearbeitet habe, sehe ich Dinge völlig anders, neu, und konnte damit ganz leicht das verwirklichen, was ich mir schon immer gewünscht hatte.«

Und zuletzt auch der wichtige Hinweis: »Sie haben so eine natürliche, starke Ausstrahlung. Wenn Sie einen Raum betreten, nimmt man Sie sofort wahr. Menschen hören Ihnen zu und folgen Ihren Empfehlungen – Sie wirken sehr glaubwürdig.« All das waren wertvolle Hinweise auf die Art und Weise, wie ich meinen Lebenssinn und meine Lebensaufgabe aktiv umsetzen konnte.

Klar war, dass ich Menschen nicht im privaten Kontext beraten oder begleiten wollte. Ich hatte bereits viel Kompetenz und eigene Erfahrungen im Business-Kontext gesammelt und es war klar, dass es sich bei den Kunden auf meinem neuen Weg um Business-Kunden handeln würde. Weitere Ausbildungen im Kontext von Organisations- und Führungsentwicklung halfen mir dann deutlich zu erkennen, was meine Berufung war: Oberbegriff »Mentor«, Ausführung Coaching, Mentoring, Beratung, Facilitation und Alchemie – womit ich meine intuitiven Fähigkeiten und meine Katalysator-Kompetenz bezeichne, die mit dem Verstand nicht zu erklären sind, meinen Kunden allerdings sehr zu ihrem Erfolg und ihrer persönlichen und beruflichen Weiterentwicklung beitragen.

Und so habe ich meine Berufung formuliert:
»Führung leben und lehren, Menschen im Arbeitsleben als Katalysatorin, sozialer Alchimist, Autorin und Mentorin dienen und damit Unternehmen und Institutionen zu freudvollen Orten verwandeln, in denen die Menschen sich verwirklichen können.«

Die eigene Gebrauchsanweisung: Bedürfnisse als wichtigen Teil des WARUM erkennen

Ebenso wie unser Lebenssinn, unsere Lebensaufgabe und unsere Berufung einzigartig sind und starken Einfluss auf unseren Lebensweg haben, sind auch unsere individuellen Bedürfnisse ganz typisch für uns und beeinflussen wer wir sind und wie wir wahrgenommen werden.

Um unser Leben voll und ganz genießen, unsere Kompetenzen und Talente voll ausleben und unsere besten Leistungen erbringen zu können ist es wichtig, dafür zu sorgen, dass unser Körper, unsere Seele und unser Geist das bekommen, was sie brauchen, um gesund und ausgeglichen zu sein und um sich einhundert Prozent wohlzufühlen. Dazu müssen wir herausfinden, welches unsere ganz persönlichen Bedürfnisse sind.

Die Erfüllung oder Nichterfüllung von Bedürfnissen beeinflusst direkt unsere Gefühle und hat damit auch Auswirkungen auf unsere Wirksamkeit und unser Verhalten. Dieser direkte Zusammenhang zwischen Bedürfnissen und unserem Umgang mit ihnen wirkt sich unmittelbar auf unsere Lebensqualität, unseren Energielevel, unsere Leistungsfähigkeit, unsere Gesundheit, unsere Wahrnehmungsfähigkeit und auch auf unsere Ausstrahlungsfähigkeit als Mensch und Führungskraft aus.

Ebenso wenig, wie wir von einem Auto erwarten, dass es Höchstleistungen erbringt, wenn wir zu wenig Öl oder falsches Benzin einfüllen, können wir von uns als Menschen erwarten, dass wir uns wohl fühlen, gesund und erfolgreich sind, wenn wir nicht dafür sorgen, dass unsere persönlichen Bedürfnisse erfüllt werden.

»Klar kenne ich meine Bedürfnisse«, werden Sie vielleicht jetzt denken. »Ich brauche ja nicht viel, vielleicht ein Haus, einen Wagen, eine glückliche Familie und hin und wieder mal Urlaub«.

Nein, das meine ich nicht. Wissen Sie, wie viel Ruhe und Inspiration Sie brauchen, um Höchstleistungen bringen zu können oder überhaupt gut arbeiten zu können? Wissen Sie, wie sehr Sie in Ihrem Wohlbefinden und Ihrer Leistungsfähigkeit eingeschränkt sind, wenn Sie Ihren Mitarbeitern erlauben, jederzeit in Ihr Büro zu kommen? Ist Ihnen klar, wie wichtig Ihnen Anerkennung, Sicherheit, Kontrolle, Freiheit, Sinnhaftigkeit, Harmonie oder Selbstverwirklichung sind? Diese Art Bedürfnisse meine ich.

Dies sind psychologische Grundbedürfnisse die unsere Seele benötigt wie unser Körper gesunde Ernährung und ausreichend Schlaf. Solange wir aber unsere Bedürfnisse nicht kennen, ist es uns auch nicht möglich, sie zu befriedigen und dafür zu sorgen, dass wir uns wirklich wohl in unserer Haut fühlen. Leider ermahnen uns viele Glaubenssätze, die zu einem funktionierenden Zusammenleben beitragen sollen dazu, nicht egoistisch sondern selbstlos zu sein. Darin liegt jedoch ein Denkfehler. Wenn wir nicht auf unsere psychische Gesundheit achten, wenn wir uns nicht vorbehalten unser Leben so zu gestalten, wie es unseren ganz individuellen Bedürfnissen entspricht, leiden wir auf lange Sicht. Damit ruinieren wir uns das Wichtigste, was im Leben zur Verfügung steht: Unsere Gesundheit und unsere innere Balance. Und damit die Möglichkeit, ein glückliches Leben zu führen.

Viel besser ist es, die eigenen Bedürfnisse als das zu akzeptieren was sie sind: Voraussetzungen, die erfüllt sein müssen, um zufrieden und glücklich sein zu können. All das, was wir benötigen um einhundert Prozent unseres Potenzials abrufen zu können. So hat die amerikanische Resilienzforschung ermittelt, dass besonders erfolgreiche Menschen es in hohem Maße verstehen, die eigenen Bedürfnisse ernst zu nehmen. Sie opfern sich nicht auf bei der Verfolgung ihrer Ziele, sondern verstehen es sich selbst immer wieder zu belohnen und für eine Balance ihrer Bedürfnisse zu sorgen.

Wer aufgrund unerfüllter Bedürfnisse immer wieder unbefriedigende und frustrierende Erlebnisse hat, der verliert an Kraft. Ich spreche hier nicht von Grundbedürfnissen wie Luft, Wasser, Nahrung und Schlaf. Diesen widmen wir uns in einem anderen Aktivitätenfeld der Happy-Leading-Formel. Ich meine Ihre psychologischen Bedürfnisse, die nicht unmittelbar mit Ihrem Körper zu tun haben. Ein anderes Wort hierfür wäre Futter für die Seele. Und hier hat jeder sehr unterschiedliche Bedürfnisse.

Nur als Beispiel: Der eine liebt Ruhe und macht gern auf einer ruhigen Nordseeinsel Urlaub. Damit erfüllt er sein Bedürfnis nach Ruhe und vielleicht innerer Einkehr. Der andere liebt Abwechslung und Action und fährt gern in internationale Großstädte, um dort Ausstellungen, Theater, Oper oder das bunte Nachtleben in vollen Zügen zu genießen. Seinen Bedürfnissen nach interessanten neuen Erfahrungen, vielleicht Abenteuer und Gemeinschaft mit Gleichgesinnten kommt diese Umgebung entgegen und gibt ihm die Befriedigung, die er sucht. Würde man diese Menschen zum jeweils anderen Urlaubsort schicken, können Sie sich vorstellen, wie sie sich fühlen würden und wie der Erholungswert eines solchen Urlaubs ausfallen würde.

Genauso unterschiedlich sind unsere Bedürfnisse hinsichtlich unserer finanziellen und persönlichen Sicherheit und Geborgenheit, unsere Bedürfnisse im Umgang mit anderen Menschen, unsere Bedürfnisse im Bereich Selbstbestätigung, Selbstvertrauen, Liebe, Wertschätzung und Karriere und nicht zuletzt auch in Bezug auf unsere Selbstverwirklichung.

Manchen ist es ein Bedürfnis, die Welt zu verändern, ein Vermächtnis zu erschaffen, kreativ zu sein oder den nachfolgenden Generationen etwas zu hinterlassen, was das Leben auf unserem Planeten lebenswerter macht. Anderen ist es wichtig, ihrer Familie alles zu geben und sich so für nachfolgende Generationen unvergessen zu machen. Es gibt fast acht Milliarden Menschen auf dieser Erde und mir sind noch nie zwei Menschen begegnet, die identische Bedürfnisse hatten. Ich denke auch, dass es keine zwei Menschen gibt, die exakt das gleiche brauchen, um gesund, ausgeglichen und zufrieden zu sein.

Wandelnde Umweltverschmutzung – nein danke!

Die Tatsache, dass den meisten Menschen selbst ihre wichtigsten Bedürfnisse oft nicht klar sind ist eine vollkommen unterschätzte Belastung zwischenmenschlichen Miteinanders. Und die hat fatale Auswirkungen.

Wenn Sie sich nicht die Mühe machen, Ihre eigenen Bedürfnisse zu identifizieren, ist es sehr wahrscheinlich, dass es Ihnen nicht rundum gut geht, da Sie gar nicht bemerken, was Ihnen fehlt und somit auch nicht dafür sorgen können, dass Ihre Bedürfnisse erfüllt werden. Und so werden Sie zu einer wandelnden Umweltverschmutzung, wie ich das gerne bezeichne. Selbstverschuldet sind Sie schlechter Laune, unausgeglichen, vielleicht sogar krank und damit eine Belastung für Ihre Umwelt, für die Menschen, mit denen Sie zu tun haben. Ein unangenehmer Zeitgenosse, der womöglich die Ursachen seines Unwohlseins bei anderen sucht.

Tun Sie sich den Gefallen, nehmen Sie sich die Zeit und finden Sie sie heraus. Für Ihr eigenes Wohlbefinden und das Ihrer Mitmenschen. So lernen Sie sich selbst besser kennen und geben sich selbst und vor allem auch anderen die Chance, zu Ihrem Wohlbefinden, zu mehr Gesundheit und Balance beizutragen.

Ich kann mir vorstellen, dass Sie sich jetzt fragen, ob das nicht ein sehr egoistischer Anspruch ist. Klare Antwort: mit Egoismus hat das nichts zu tun.

Im Gegenteil: Wenn Sie Ihre Bedürfnisse kennen und auf deren Erfüllung achten, sind Sie gelassener, wirken souveräner und selbstbewusster, da Sie sich nicht mit ihren eigenen unerfüllten Bedürfnissen herumschlagen müssen sondern sich frei von Mangelerscheinungen und Frustration unbeschwert auf Ihre Mitmenschen einlassen können.

Das funktioniert sehr gut, wenn man sich eine individuelle »Ich-Gebrauchsanweisung« oder eine Anleitung zur Pflege und Gesunderhaltung der eigenen Seele erarbeitet.

Zu einem guten Mentoring gehört deshalb grundsätzlich für mich, mit dem Klienten zu untersuchen, was seine spezifischen Bedürfnisse sind und wie er dafür sorgen kann, dass diese erfüllt werden können, ohne dass damit andere Menschen belastet werden.

Das Ziel ist die Befähigung zu einem achtsamen Umgang mit sich selbst. Aber nicht nur. Über die Beschäftigung mit den eigenen Bedürfnissen gelingt es den meisten Menschen auch mit Mitarbeitern, Kollegen, Familienangehörigen und allen Menschen, mit denen er zu tun hat, besser umzugehen. Denn nur wer seine und die Bedürfnisse anderer ernst nimmt, kann sein Umfeld unterstützen, sich wohlzufühlen und das Beste zu geben.

Ihre Bedürfnisse sieht man Ihnen nicht an

Es gibt noch einen weiteren guten Grund für Happy Leader sich selbst um ihre Bedürfnisse zu kümmern. Viele Menschen leben mit der Erwartungshaltung, dass ihr Umfeld, also ihre Partner, ihre Kollegen, ihre Mitarbeiter oder ihre Nachbarn, Ihnen von der Stirn ablesen können, ob es Ihnen gut geht oder nicht. Doch damit nicht genug. Menschen neigen auch dazu gerade von ihren Lebenspartnern und Kollegen zu erwarten, dass diese schon wüssten, was sie brauchen, um sich wohlzufühlen und es erscheint ihnen selbstverständlich, dass die anderen sich dann schon darum kümmern. So funktioniert es aber nicht. Solange nicht einmal wir selbst so genau wissen, was wir brauchen um uns wohlzufühlen und den anderen keine klare Ich-Gebrauchsanweisung geben können, wie sollen sie dann wissen was wir brauchen. Solche Erwartungshaltungen führen lediglich zu Frust, Ärger und Streit.

Wenn wir aber ganz bewusst das tun, was uns wirklich gut tut, und es einfühlsam erbitten oder einfordern, soweit andere Menschen damit zu tun haben, hilft das nicht nur uns, es ist auch ein Dienst an unseren Mitmenschen. Denn die wissen dann zuverlässig, was uns gut tut und brauchen nicht verunsichert oder gar ängstlich zu mutmaßen. Das erleichtert das Zusammenleben ungemein.

Es bedeutet, dass wir zunächst einmal selbst darauf achten, dass es uns gut geht. Das ist wahres Selbstbewusstsein und unser Wohlgefühl überträgt sich unmittelbar auch auf unsere Mit- und Lieblingsmenschen und schafft eine angenehme Atmosphäre. Ebenso überträgt sich aber auch unsere Frustration, unsere Enttäuschung über das Leben oder unsere Verkrampftheit, weil wir uns zusammenreißen. Wenn wir also schlechte Laune haben, dann können wir nicht erwarten, dass unsere Mitmenschen diese automatisch ausgleichen. Viel wahrscheinlicher ist, dass wir unser Umfeld mit unserer schlechten Laune anstecken. Es ist nicht das Leben, das für uns sorgt. Wir sind diejenigen, die dem Leben das abverlangen können, was wir uns wünschen. Niemand anderes ist dafür zuständig.

Egoistisch ist, wenn wir andere für unsere Befindlichkeit verantwortlich machen und mit unserer miesen Stimmung auch anderen eine miese Stimmung bereiten. Dann sind wir weder angenehme Zeitgenossen noch großartige Chefs, sondern eben nur egoistische Umweltverschmutzer. Den meisten Menschen steht aber in dem Moment, wo es hilfreich wäre, kein Coach zur Verfügung, der mit ihnen behutsam erarbeitet, welche Bedürfnisse für sie individuell wichtig sind und ihnen eine Anleitung gibt, diese behutsam einzufordern.

Daher stelle ich Ihnen nun wieder eine Selbsthilfemethode vor, um die eigenen Bedürfnisse zu erkunden. Auch hier gilt wieder, wenn Ihnen der vorgeschlagene Weg nicht zusagt, können Sie gerne einen anderen Weg beschreiten. Wichtig ist nur eins: Machen Sie es. Entdecken Sie Ihre Bedürfnisse und lernen Sie als Happy Leader, diese anderen mitzuteilen. Wie das funktioniert finden Sie im Kapitel *Abschied von der Sachlichkeit*.

Übung: Entdecken Sie Ihre wichtigsten Bedürfnisse

Es gibt in den Kategorien »Sicherheitsbedürfnisse«, »Soziale Bedürfnisse«, »Individualbedürfnisse« und der Kategorie »Selbstverwirklichung« eine große Anzahl an unterschiedlichen Bedürfnissen, die Sie in der unten stehenden Liste finden. Die Grundbedürfnisse hingegen unterscheiden sich nicht wesentlich, da wir sie alle haben. Es gibt zwar Unterschiede in den Vorlieben – esse ich lieber dies oder das? Trinke ich lieber dies oder das? Aber essen und trinken müssen wir alle. Vielleicht sollten Sie einmal untersuchen, ob Ihnen diese Grundbedürfnisse überhaupt bewusst sind und ob Sie dafür sorgen, dass diese angemessen erfüllt werden:

Nahrung/gesunde, den Körper unterstützende Ernährung, **Trinken**/Durst, **Atmung**/frische Luft, **Wärme**/Kleidung, **Schlaf**/Ruhe und Entspannung und auch **Sexualität** gehört zu den menschlichen Grundbedürfnissen.

Nun sehen Sie sich die folgende Liste mit den einhundertzwanzig Bedürfnissen aus allen anderen Kategorien an. Identifizieren Sie diejenigen, von denen Sie wissen oder annehmen, dass Sie diese Bedürfnisse haben. Wählen Sie nun daraus die fünf Bedürfnisse, von denen Sie denken, es sind für Sie die Wichtigsten.

Abwechslung	Freiheit
Aktivität	Freizeit
Anerkennung	Freude bereiten
Akzeptanz	freundlicher Umgang
Aufrichtigkeit	Freundschaft
Austausch	Frieden
authentisch sein	Gastfreundschaft
Autonomie	Geborgenheit
Balance von	gehört werden
• Arbeit und Freizeit	gesehen werden
• Geben und Nehmen	Gelassenheit
• Sprechen und Zuhören	genießen
• Aktivsein und Ausruhen	Gesundheit
Bewegung	Gemeinschaftssinn
Bewusstheit	Gleichwertigkeit
Beständigkeit	Glück
Bildung	Großzügigkeit
Disziplin	Harmonie
Effektivität	Herausforderung
Ehrlichkeit	Hilfsbereitschaft
Einfachheit	Humor
Einfühlsamkeit	Identität
Engagement	Initiative
Entspannung	innerer Frieden
Entwicklung	Integrität
Erfolg	Inspiration
Ernstgenommen werden	Kraft
Feiern	Kreativität
Flexibilität	Kultur

Kompetenz	Schutz
Konfliktfähigkeit	soziales Engagement
Kongruenz	Spiritualität
Kontakt	Sport
Konzentration	Stärke
Lebensfreude	Struktur
Lebenserhalt	Tatkraft
Liebe	Tiefe
Menschlichkeit	Toleranz
Mitgefühl	Umweltschutz
Mitgestalten	Umweltbewusstsein
Mut	Unterstützung
Nähe	Verantwortlichkeit
Natur	Verbundenheit
Offenheit	Vergnügen
Optimismus	Vertrauen
Originalität	Verständigung
Ordnung	Verlässlichkeit
partnerschaftlicher Umgang	Vielfalt
Privatsphäre	Vorwärtskommen
Pünktlichkeit	persönliches Wachstum
Raum für persönlichen Ausdruck	wahrgenommen werden
Respekt	Wärme
Ruhe	Weitblick
Rücksichtnahme	Wertschätzung
Selbstbestimmung	wirtschaftliche Sicherheit
Selbstrespekt	wissen, woran man ist
Selbstverantwortung	Zeit sinnvoll nutzen
Selbstvertrauen	Zeit effektiv nutzen
Selbstverwirklichung	Zentriertheit
Sexualität	Zielstrebigkeit
Sicherheit	Zugehörigkeit
Sinnhaftigkeit	

(aus: Trainingsbuch Gewaltfreie Kommunikation von Ingrid Holler)

Bitte priorisieren Sie Ihre fünf wichtigsten Bedürfnisse. Das Ihrer Meinung nach wichtigste Bedürfnis an die erste Stelle:

1.

2.

3.

4.

5.

Nun schreiben Sie je ein Bedürfnis neben die Punkte in der Grafik – hierbei spielt die Reihenfolge keine Rolle:

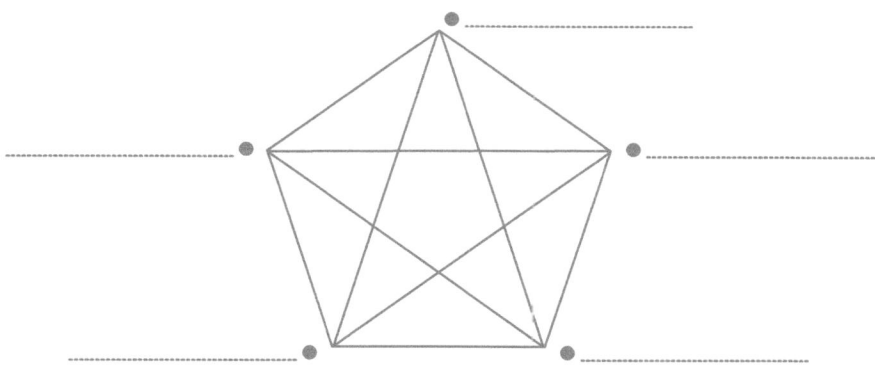

Bitte entscheiden Sie nun für jedes der fünf Bedürfnisse, welches die Voraussetzung für das andere bildet, das am anderen Ende des Striches neben dem Punkt steht und setzen Sie einen Pfeil von dem, das die Voraussetzung für das andere bildet zu dem anderen, das sich daraus ergibt. Hier gibt es kein Richtig oder Falsch. Die Bewertung ist rein subjektiv. Und es kann sein, dass Ihnen bei manchen Paaren die Entscheidung schwer fällt. Dann lassen Sie einfach Ihre Intuition entscheiden.

Also zum Beispiel:

Liebe ————————————▶ Respekt

In diesem Fall würden Sie Liebe als die Voraussetzung für Respekt emp-finden. So entscheiden Sie bitte für jedes Ihrer fünf Bedürfnisse, welches die Voraussetzung für das jeweils andere ist. Das heißt für jedes einzelne schauen Sie sich die jeweils vier anderen an und entscheiden. Neun Pfeile sind insgesamt zu setzen. Am Ende sollten zu jedem Bedürfnis vier Pfeile gehören. Null bis vier werden vom Bedürfnis weg zeigen und von null bis vier die zum Bedürfnis hin zeigen.

Wenn Sie alle Pfeile gesetzt haben zählen Sie bitte, wie viele Pfeile zum Bedürfnis hin führen und wie viele vom Bedürfnis weg führen.

Und nun raten Sie mal, welches der von Ihnen gefundenen Bedürfnisse für Sie das wichtigste oder die wichtigsten sind. Klar, das oder diejenigen, aus dem die meisten Pfeile herausführen. Vielleicht haben Sie auch mehrere, die gleichwertig sind, also die gleiche Anzahl hinaus- und hineinführender Pfeile haben. Und dann vergleichen Sie mit der Priorisierung, wie Sie sie zu Beginn der Übung vorgenommen haben. Nicht selten verändert sich die Rangfolge. Wenn es auch bei Ihnen so ist: Wie können Sie also künftig besser für sich sorgen?

Ich-Gebrauchsanweisungen – Klartext für ein entspanntes Miteinander
Wenn Sie andere wissen lassen, was Sie brauchen, um sich wohlzufühlen, wird es ihrem Umfeld leichter fallen, Ihnen das zu geben. Und Sie werden überrascht sein: Sie werden für andere damit zu einem weitaus angenehmeren Menschen, weil sie sich im Umgang mit Ihnen nun kein Bein mehr auszureißen brauchen.

Wenn Sie es nicht gerade mit Ihrem Erzfeind zu tun haben, der sich freut, Ihnen Böses zu tun (Warum auch immer es soweit gekommen ist – können Sie das vielleicht wieder in Ordnung bringen?), werden Sie es in Ihrer Umgebung mit Menschen zu tun haben, die froh wären, wenn sie wüssten, was Sie brauchen, damit es Ihnen gut geht. Wenn sie eine Gebrauchsanweisung für den Umgang mit Ihnen hätten.

Kennen Sie das nicht auch: der Umgang mit Menschen, von denen Sie wissen, was sie brauchen, um sich wohlzufühlen, ist unkompliziert. Solange es Ihr eigenes Wohlbefinden nicht beeinträchtigt, sind Sie vermutlich gern bereit auf deren Eigenheiten, also deren individuellen Bedürfnisse einzugehen. Denken Sie nur an Ihre Lieblingsmenschen, Ihre Familie oder Freunde. Sicher kennen Sie einige ihrer Bedürfnisse und Vorlieben und freuen sich, wenn Sie sie ihnen erfüllen können. Genauso geht es auch den Menschen in Ihrer Umgebung, Ihren Kollegen und Mitarbeitern.

Als ich selbst noch nicht so bewusst mit meinen und den Bedürfnissen anderer umgehen konnte, gab es Menschen in meiner Umgebung, die ihre eigenen Bedürfnisse nicht kannten und damit auch nicht benennen konnten. Ich litt unter deren Erwartungshaltung. Sie hielten es für selbstverständlich, dass ich dafür sorge, dass sie bekommen, was sie brauchen. Der Umgang mit ihnen war für mich wie ein Eiertanz. Ich war immer auf der Hut. Achtete auf die Reaktionen des anderen um gegebenenfalls korrigieren und nachliefern zu können. Ich stand permanent unter Anspannung, fühlte mich gestresst, egal, ob sie beleidigt oder pikiert reagierten, wenn ihnen etwas nicht gefiel oder ob sie stillschweigend vor sich hin litten, weil sie sich nicht trauten zu sagen, dass ihnen etwas fehlte oder etwas, was ich tat oder nicht tat, missfiel oder sie störte. Den Umgang mit solchen Menschen empfand ich als ungeheuer anstrengend und früher oder später mied ich sie.

Wie viel einfacher wurde mein Leben, als ich wusste, dass ich einfach nicht wissen kann, was andere Menschen brauchen, um sich wohl zu fühlen. Seither gebe ich die Verantwortung für das Wohlergehen anderer Menschen an sie ab.

Den Teilnehmern in meinen Seminaren und Workshops zum Beispiel gebe ich die klare Anweisung selbst dafür zu sorgen, dass es ihnen gut geht – egal, was sie brauchen. Solange sie die anderen Teilnehmer nicht stören haben sie die Erlaubnis und Pflicht, alles dafür zu tun, um frisch, wach und konzentriert arbeiten zu können. Sie dürfen sich zum Beispiel frei im Raum bewegen und müssen nicht auf ihren Stühlen sitzen. Nein, das macht mich keineswegs nervös, denn ich weiß, dass es Menschen gibt, die sich bewegen müssen, um aufnehmen, verstehen und lernen zu können.

Wenn ich Besuch bekomme, sage ich gern: «Nach üblichen Maßstäben bin ich eine schlechte Gastgeberin. Ich kann euch nicht von der Stirn ablesen, was ihr braucht, um euch wohlzufühlen. Bitte sorgt selbst dafür, dass ihr alles für euer Wohlergehen habt. Fragt, wenn ihr irgendetwas braucht. Ihr dürft in der Küche und im Gästezimmer an jeden Schrank gehen und wenn ihr sonst etwas braucht, bitte sagt es mir!»

Oft habe ich schon vor dem Besuch Essenswünsche, Unverträglichkeiten und sonstigen Sonderwünsche erfragt. So kann ich mich wohlfühlen, weil ich darauf zähle, dass meine Gäste für sich sorgen und ich brauche mich nicht zu verbiegen, damit es ihnen gut geht. So wird jeder Besuch zu einem entspannten, schönen Erlebnis und von meinen Freunden höre ich oft zum Abschluss: »Bei dir ist es immer so unkompliziert und schön. Ich habe mich sehr wohlgefühlt.«

Werte, das dritte Stellrad im WARUM

Ihre persönlichen Werte wirken ebenso wie Ihr Lebenssinn und ihre Bedürfnisse als ein innerer Kompass und beeinflussen Ihr Denken, Fühlen und Handeln. Auch dann, wenn sie Ihnen vielleicht nicht bewusst sind. Wenn Sie Ihre Werte hingegen kennen, werden Ihnen Entscheidungen leichter fallen und Sie werden schneller die für Sie richtige Lösung erkennen. Sie sind unfehlbare Wegweiser zur inneren Balance. Deshalb gehören Sie zu Ihrem WARUM.

Werte sind unsere tiefsten Überzeugungen, unsere Ideale, unsere Grundeinstellungen. Auch wenn sie sich von unseren Bedürfnissen ableiten sind sie nicht mit ihnen zu verwechseln, da sie einen weitaus höheren Stellenwert für uns haben und wir bereit sind, dafür notfalls zu kämpfen oder gar unser Leben dafür einzusetzen.

Wenn wir Ziele verfolgen und Aufgaben umsetzen wollen, müssen wir viele Entscheidungen pro oder kontra treffen, die uns schwer fallen. Hier erweisen sich die eigenen Werte als kostbare Assistenten zur Entscheidungsfindung. Sind wir uns unserer eigenen Werte bewusst, können wir die Entscheidungsoptionen mit ihnen abgleichen und erkennen deutlich oder spüren intuitiv, welche Entscheidung die richtige ist.

Beispiel: Der persönliche Wert Fairness
Fühlen Sie sich unwohl in Ihrem Unternehmen? Ein Abgleich der Unternehmenswerte mit Ihren eigenen persönlichen Werten könnte Ihnen Aufschluss darüber geben, wo die Quelle Ihrer Unzufriedenheit liegt. Angenommen, einer Ihrer persönlich wichtigen Werte wäre Fairness. In den Werten Ihres Unternehmens kommt dieser Wert jedoch nicht vor und Sie beobachten immer wieder, wie Mitarbeiter und Kollegen unfair behandelt werden, da in Ihrem Unternehmen Werte wie zum Beispiel Wachstum oder finanzielle Sicherheit die Unternehmenskultur vorrangig beherrschen und Fairness nicht darin vorkommt. Sie erleben, wie verdiente ältere Mitarbeiter entlassen oder

Kollegen vor die Alternative gestellt werden, entweder unbezahlte Überstunden in Kauf zu nehmen oder entlassen zu werden. Wenn Sie in einem solchen Unternehmen arbeiten und schlechterdings diese Werte um jeden Preis zu unterstützen gefordert sind, werden Sie unglücklich sein. Ade Lieblingsleben.

Denken Sie dran: Sie sind niemals Opfer der Umstände. Sie gestalten sich Ihre Umstände selbst. Überprüfen Sie, ob Sie die Verletzung Ihrer Werte bewusst in Kauf nehmen, weil die Vorteile Ihrer Position in diesem Unternehmen überwiegen. Sie selbst übernehmen dann die Verantwortung für die Situation und kommen aus der Opferrolle heraus. Oder Sie machen sich auf die Suche nach einem anderen Unternehmen, das Fairness als Wert in seiner Unternehmenskultur lebt. Sollten Sie selbst Inhaber eines solchen Unternehmens sein, wird es Ihnen und Ihren Mitarbeitern gut tun, die Unternehmenswerte zu überdenken.

Idealerweise stimmen Ihre persönlichen Werte also mit denen Ihres Unternehmens überein. Ist dies nicht der Fall, fühlen Sie sich nicht wohl, spüren Sie Widerstand und sind nicht willens oder fähig, sich mit Freude und all Ihren Potenzialen einzubringen.

Beispiel: Mein persönlicher Wert Aufrichtigkeit

Ein Grund, warum ich damals meine Anstellung als PR-Leiterin in einem großen internationalen Unternehmen gekündigt und mich selbstständig gemacht habe war die Tatsache, dass ich von meinen Chefs dazu gezwungen wurde, zu lügen. Einer meiner persönlichen Werte ist Aufrichtigkeit. Ich hatte als Repräsentantin des Unternehmens eine hohe Glaubwürdigkeit gegenüber meinen Gesprächspartnern in den Medien und damit großen Erfolg. Überall waren positive Berichte über mein Unternehmen zu lesen, weil die Journalisten wussten, dass das, was ich Ihnen an Informationen lieferte, Hand und Fuß hatte. Bis das Unternehmen in eine Schieflage geriet. Zweihundert Mitarbeiter mussten entlassen werden. Die Presse hatte über Umwege Wind davon bekommen und fragte bei mir an, was da dran sei. In einem Gespräch mit meinen Chefs erfuhr ich, dass es stimmte. Sie verboten

mir allerdings, dies weiterzugeben und zwangen mich dazu, es den Presse-
vertretern gegenüber zu dementieren. Ich fühlte mich damit hundsmisera-
bel. Abgesehen davon, dass es meinem eigenen Wert zuwiderlief wusste ich
auch, dass es dem Ansehen des Unternehmens schaden würde, da es früher
oder später ohnehin herauskommen würde. Und so war es dann auch. Die
anschließenden Presseberichte zerrissen das Unternehmen in der Luft. Und
ich kündigte, da ich in einem Unternehmen, das gegen meine Werte handelt,
keinen Tag länger bleiben konnte.

Jemand, der Kreativität und Abenteuerlust zu seinen persönlichen Werten zählt, wird leiden, wenn Bürokratie und Tradition die Unternehmenskultur seines Arbeitgebers prägen. Wem die Werte Umweltbewusstsein und Respekt vor der Natur wichtig sind, wird vermutlich als Mitarbeiter in einem Atomkraftwerk unglücklich werden.

Falls Sie sich Ihrer Werte nicht bewusst sind, empfehle ich Ihnen, sie für sich zu identifizieren. Finden Sie für sich die zehn Werte, deren Befolgung Ihnen ein Bedürfnis ist. Wenn Sie sie priorisieren möchten, um Ihren wichtigsten Wert herauszufinden, benutzen Sie die Grafik von Seite 73, die Sie auch zur Priorisierung Ihrer Bedürfnisse genutzt haben.

Gesundheit und Selbstdisziplin.
Muss das sein?

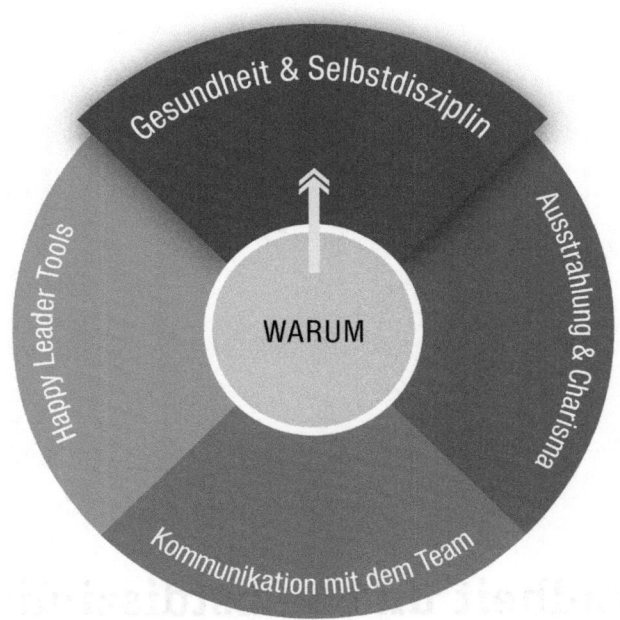

Abbildung 3: Phase 2 der Happy-Leading-Formel © Sabine Bredemeyer
(abgeleitet aus dem Organisationskompass© des Genuine Contact™ Program)

Nach Klärung Ihres persönlichen WARUM empfehle ich, sich des Aktionsfeldes »Gesundheit und Selbstdisziplin« in der Happy-Leading-Formel anzunehmen. Sie denken nun vielleicht: »Muss das wirklich sein?« Und fast jeder meiner Klienten hat mich das gefragt. »Jeden Tag muss ich schon in meinem Job von morgens bis abends so viel Selbstdisziplin aufbringen und nun soll ich mich auch noch in meiner Freizeit zusammenreißen?« Eine andere Reaktion ist: »Was hat denn bitteschön meine körperliche Befindlichkeit mit meinen Führungsqualitäten zu tun?«

Meine Gegenfrage: »Kann es sein, dass Sie für Ihr Unternehmen, die Ziele Ihres Unternehmens und für andere Menschen mehr Disziplin aufbringen als für sich selbst und Ihr Lieblingsleben? Sodass Sie keine Energie mehr aufbringen können für Ihr eigenes Wohlbefinden, Ihren Körper und die Träume, die Sie mal für Ihr Leben hatten?«

Seit vielen Jahren beobachte ich, dass der wesentliche Unterschied zwischen erfolgreichen, zufriedenen Menschen und solchen, die andere um ihre Erfolge und ihr erfülltes Leben beneiden in der Selbstdisziplin der Glücklichen liegt, die das offensichtlich Erfolgversprechende auch konsequent umsetzen.

Es geht mir nicht darum jeden Leser fünf Tage ins Fitnessstudio zu treiben, doch es wird sich kaum noch ein Mediziner und kaum noch ein Neurobiologe finden, der Ihnen nicht bestätigt dass es einen Zusammenhang zwischen körperlicher und geistiger Fitness gibt. Und genau darum geht es beim zweiten Aktionsfeld für Happy Leader.

Wirklich erfolgreiche Menschen akzeptieren und verinnerlichen, dass Gesundheit, Wohlbefinden, gute Laune und die Leistungsfähigkeit des Gehirns unmittelbar mit einer bewussten Versorgung des eigenen Körpers mit der richtigen Ernährung, mit seiner Entgiftung, mit ausreichend Bewegung und angemessenen Ruhephasen zusammenhängen.

Diesen Zusammenhang möchte ich Ihnen mit zwei Geschichten, die sich tatsächlich ereignet haben nahebringen. Die erste ist etwa ein Jahr her und ich habe sie »Mama, anders geht das doch gar nicht« genannt.

Mama, anders geht das doch gar nicht
Während eines Seminars, das ich Februar 2018 zum Thema »Individuelle Gesundheit und Balance« für Führungskräfte hielt, erzählte eine Teilnehmerin in der Morgenrunde ein Ereignis, das sie am Vortag nach dem ersten Seminartag mit ihrem siebzehnjährigen Sohn hatte. Dieser hatte sie gefragt »Mama, was macht ihr denn in dem Seminar?« Seine Mutter, meine Teilnehmerin, war Geschäftsführerin eines großen Unternehmens und antwortete »Ich bin in einem Seminar, in dem wir lernen, dass ganz besonders Füh-

rungskräfte gesund sein müssen, um ihre Mitarbeiter gut führen zu können. Wir lernen, was Führungskräfte tun können, um gesund und in Balance, also ausgeglichen, offen und flexibel zu sein.« Meine Teilnehmerin bekam ganz glänzende Augen als sie fortfuhr »Und wisst ihr, was mein Sohn da gesagt hat? Er sagte: ›Aber Mama, das ist doch wohl selbstverständlich. Anders geht das doch gar nicht. Wenn einer, der Menschen führen soll, selbst nicht gesund und ausgeglichen ist, kann er das doch gar nicht.‹ Und dann ging mein Sohn in den Keller, um irgendwas zu holen, kam zurück und schüttelte seinen Kopf so vor sich hin und sagte ›Mama, echt, das ist doch so selbstverständlich. Und dafür gehst du zu einem Seminar?‹«

Was sagt uns dieses Gespräch zwischen Mutter und Sohn? Die meisten Menschen machen sich um den Zustand ihres Autos und dessen regelmäßiger Wartung weitaus mehr Gedanken als um ihren eigenen Körper. Jedem leuchtet ein, dass das geliebte Statussymbol kaputt geht, wenn man den Motor nicht regelmäßig wartet, das falsche Benzin tankt oder ungeeignetes Öl auffüllt. Wenn wir unserem Körper die falschen Verbrauchsmaterialien zuführen (falsche Ernährung), niemals einen Ölwechsel machen (Entgiftung und Darmreinigung), ihn heiß laufen lassen und keinen Boxen-Stopp machen (mangelnder Schlaf) oder ihn niemals voll ausfahren (Bewegung) wird er mit Motorschaden (Burn-out oder ernsten Krankheiten) liegenbleiben. Weiterhin stimmen Sie mir sicher zu, wenn ich sage, dass der menschliche Körper um ein Vielfaches sensibler und komplizierter ist als ein Auto.

Wenn Sie sich klar darüber sind, dass es zu Ihrer Lebensaufgabe gehört, zu führen, dann ist Ihnen auch bewusst, dass Sie sich eine ganz besondere Rolle in Ihrem Leben ausgesucht habe: Sie tragen bewusst die große Verantwortung, die mit dieser Rolle einhergeht, und wissen, dass es weitreichende Auswirkungen hat, wenn Sie ausfallen oder nur eingeschränkt funktionieren. Von Ihren Entscheidungen, Ihrer Art, das Unternehmen oder eine Gruppe von Menschen zu führen, hängt es ab, wie erfolgreich Ihr Unternehmen sich entwickelt.

Die zweite Geschichte, mit der ich für das Aktionsfeld Gesundheit und Selbstdisziplin werben möchte, liegt etwas länger zurück. Sie handelt von Hendrik R., der zu mir mit der Bitte um Hilfe kam, als ihm seine Aufgaben als Geschäftsführer eines mittelständischen Unternehmens über den Kopf zu wachsen drohten, doch lesen sich selbst:

Beispiel: Wenige Veränderungen wirken Wunder

Hendrik R. kam zu mir weil ihm bewusst war, dass er mit seinen achtundvierzig Jahren kurz vor dem Burn-out stand. Er hatte zu seinem Glück erkannt, dass er Unterstützung brauchte, da er sich selbst nicht mehr helfen konnte.

Der Manager schlief nachts nicht mehr als vier Stunden, dann wachte er auf und grübelte über die Zukunft seines Unternehmens und seiner Mitarbeiter. Am Arbeitsplatz war er oft unkonzentriert und schlechter Laune. Spät am Abend verfiel er oft noch in planlose Aktionitis und stieß seine Mitarbeiter am nächsten Tag vor den Kopf, weil er unausgeschlafen und ständig gestresst war. Auch aß Hendrik nicht regelmäßig, fand keine Zeit für irgendeine sportliche Betätigung und rauchte bis zu sechzig Zigaretten am Tag. Er hatte sich zudem noch dabei erwischt, dass sein Alkoholkonsum stieg und fing an, sich ernsthafte Sorgen um sich selbst zu machen.

In unseren ersten Gesprächen wurde ihm zum ersten Mal deutlich, dass seine ganze Aufmerksamkeit auf die Themen im Unternehmen gerichtet war und er sein eigenes Wohl vollkommen außer Acht gelassen hatte. Seine Ehe drohte zu kippen, da seine Frau sich zunehmend bei ihm beschwerte, dass er sich nicht mehr um die Familie sondern nur noch um das Unternehmen kümmere. Er fuhr nicht mehr mit der Familie in den Urlaub und aufgrund der langen Überstunden sahen seine zwei heranwachsenden Kinder ihn nur noch wenige Stunden am Wochenende.

Im Gespräch wurde ihm dann bewusst, dass er seinen Körper nur noch als Belastung wahrnahm, die er mit Alkohol und Zigaretten zu beschwichtigen suchte. Da war es für ihn nur noch ein kleiner Schritt zu verstehen, dass eine gesunde Entwicklung seines Unternehmens nur möglich sein würde, wenn er sich zunächst um seine körperlichen Befindlichkeiten kümmern würde. Seine Leistungsfähigkeit, seine Kreativität und seine klugen Entscheidungen waren dringend nötig und seine sich anbahnende familiäre Katastrophe war nur dann abzuwenden, wenn er in seinem Unternehmen wieder festen Boden unter den Füßen hatte.

Er verstand die Metapher, in der er als der Motor des Ganzen dringend eine Wartung und die richtigen Verbrauchsmaterialien benötigte, um wieder Fahrt aufnehmen zu können.

Für mich war klar, dass der Antrieb für seine Verhaltensweisen Angst und Panik waren, die seine gesamte Biochemie durcheinander gebracht hatten. Es war dringend notwendig, dass er aus seinem Angst- und Panikzustand mehr in einen Zustand geistiger Gelassenheit kommen musste. Die bevorzugte Methode um zu Gelassenheit zu gelangen ist Meditation, jedoch war Meditation nicht sein Ding. Also hatte ich ihm auch nur eine einzige einfache Atemübung empfohlen, welche die gleiche Wirkung hat. Aus der Forschung ist heute bekannt, dass geistige Zustände wie Stress, Angst und Anspannung nicht nur auf den Körper wirken sondern wie im Fall von Hendrik auch zu Schlaflosigkeit führen können. Es geht auch anders herum. Das Erzeugen bestimmter Zustände des Körpers durch Atemübungen, Meditation oder Klopftechniken kann auch auf den geistigen Zustand wirken und so zum Beispiel Gelassenheit erzeugen.

Mit seinen Atemübungen signalisierte er seinem Körper Ruhe und Ausgeglichenheit. Das veränderte unmittelbar seine Körperchemie und damit auch seine Wahrnehmungsfilter, also seine Art, seine Situation zu beurteilen: er war nicht mehr in gleichem Maße angstgetrieben sondern begann, Tatsachen und Befürchtungen voneinander zu unterscheiden. Er fing an, wieder klarer zu denken.

Die empfohlene Atemübung, die Sie auf meiner Website www.happy-leaders. de finden, hat außerdem den positiven Nebeneffekt, dass sie Immunsystem und Herz stärken. Allein dadurch nahmen seine Lebensenergie, seine Leistungsfähigkeit und auch seine Leistungsfreudigkeit stetig zu.

Er gewöhnte sich an, Mittagspausen zu machen, in denen er zu Fuß zu einem Restaurant ging und mittags regelmäßig ein einigermaßen gesundes Mittagessen zu sich nahm. Oder er brachte sich eine gesunde Mittagsmahlzeit mit zur Arbeit und machte einen Mittagsspaziergang. Bis dahin hatte er mittags durchgearbeitet und sich tagsüber nur von ungesunden Schokoriegeln und Plätzchen ernährt.

Er stellte fest, dass er durch die Bewegung in der Mittagspause, die Atemübungen und die gesündere Ernährung konzentrierter, strukturierter und effektiver arbeiten konnte und seine Arbeit insgesamt viel leichter von der Hand ging. Dadurch kam er abends früher nach Hause und hatte sogar noch Zeit, mit seinem Hund einen größeren Spaziergang zu machen. Seine Familie hatte wieder mehr Zeit mit ihm, seine Frau war zufriedener und damit verbesserte sich das Klima in der Familie und die Beziehung zu seiner Frau. Er fand früher ins Bett und schlief wieder länger.

Seine Ausgeglichenheit nahm zu und er konnte beobachten, dass seine Mitarbeiter offenbar effektiver arbeiteten und kreative Ideen einbrachten, die dazu führten, dass die Integration des dazu gekauften Unternehmens weniger Probleme machte. Tatsächlich hatte er gelernt, seinen eigenen Bedürfnissen bewusster gerecht zu werden, womit er zu einem angenehmeren Gesprächspartner für seine Mitarbeiter geworden war und diese waren mehr und mehr bereit, sich stärker einzubringen.

Nach circa sechs Monaten, in denen wir an seinen Ess- und Schlafgewohnheiten, seiner körperlichen Aktivität und später noch an seinem Auftreten und seiner Ausstrahlung arbeiteten, ging es ihm wieder gut. In dieser Zeit hatte er wie von selbst das Rauchen aufgegeben und Alkohol war gar kein Thema *mehr. Er schlief gut, ernährte sich gesund und sorgte jeden Tag für leichte körperliche Belastung, indem er seine Spaziergänge fortsetzte und dreimal wöchentlich zu joggen begonnen hatte. Die Integration des zugekauften Unternehmens funktionierte fast reibungslos, seine Mitarbeiter unterstützten ihn loyal in der Umsetzung seiner klugen Entscheidungen und seine Familie war aufgrund seiner stärkeren Zuwendung wieder zu der Unterstützung geworden, die er für seine innere Ausgeglichenheit brauchte.*

Ich habe diese Geschichte sehr bewusst für dieses Buch ausgewählt, um zu zeigen, dass es beim Thema Gesundheit und Selbstdisziplin nicht darum geht, nun auch noch Sport zu machen oder abzunehmen oder sich einfach gesünder zu ernähren, weil das gesellschaftlich als schick gilt. Es geht darum, dass ein guter Leader erkennen muss, dass Führung Achtsamkeit sich selbst gegenüber und Selbstdisziplin erfordert.

Achtsamkeit und Selbstdisziplin sind die Voraussetzung dafür, dass unser Körper das alles bekommt, was er braucht. Geistig können wir nur Erfolge feiern, wenn auch ein gesunder, energiegeladener Körper als Basis vorhanden ist. Es zahlt sich aus, unsere Energie mehr in uns selbst und unsere Gesundheit zu investieren.

Happy Leaders wirken durch ihre Gesundheit, ihr Selbstbewusstsein, ihre Klarheit und ihre Anziehungskraft – sie erschaffen ihre Erfolge scheinbar mühelos durch ihre strahlende Lebensenergie. Diese ermöglicht ihnen ein glückliches Privatleben in dem sie sich als Happy Leaders regenerieren können. Zusammen ergibt das ihr Lieblingsleben.

Ich bin nun weder Ärztin, Biologin, Ökotrophologin, noch Fitnessexpertin, doch immer wieder erlebe ich in meiner Tätigkeit als Coach oder höre von Berufskollegen, dass die Beschäftigung mit der eigenen Gesundheit ein ernst zu nehmendes Pflichtprogramm für jeden Menschen und nicht nur für angehende Happy Leader ist.

Die körperliche Befindlichkeit hat direkten Einfluss auf unsere Emotionen, unsere Stimmungslage, unsere Wahrnehmung und vor allem unsere geistige Leistungsfähigkeit. Daher gehört die Beschäftigung mit der eigenen Gesundheit für jeden, der sein Lieblingsleben leben möchte, immer dazu.

Hier möchte ich betonen, dass mögliche angeborene oder erworbene irreversible Beeinträchtigungen kein Hinderungsgrund dafür sein müssen, dass Sie ein Happy Leader sein können. Falls Sie solche haben werden auch Sie vermutlich im Folgenden wertvolle Tipps finden, sich wohlerzufühlen.

Die Anregungen, die ich Ihnen hier gebe, sind bewusst ausgewählt. Sie erhalten nur Empfehlungen, deren Wirksamkeit ich bei anderen Menschen oder mir selbst beobachten konnte. Da meine Klienten gerne danach fragen, habe ich mich weiterhin auf Maßnahmen konzentriert, die mit wenig Aufwand schnelle und erstaunliche Verbesserungen von Gesundheit, Lebensfreude und Leistungsfähigkeit brachten. Zur zusätzlichen Absicherung habe ich meine Empfehlungen von einem Arzt, Dr. Christian Bockbreder, auf ihre Richtigkeit und Sinnhaftigkeit überprüfen lassen. Denn es ist mir wichtig, seriöse Empfehlungen in einem Arbeitsbuch wie diesem an die Hand zu geben.

Es ist einfacher, als Sie vielleicht denken

Dieser zweite Teil der Happy-Leading-Formel umfasst die drei Bereiche, die, wenn sie in Balance sind, den Erfolg in den anderen Bereichen unterstützen:

- Eine gesunde, Ihr Immunsystem und Ihren Körper unterstützende Ernährung und Entgiftung. Sie sind bei jedem Menschen Grundlage dafür, dass Körper, Geist und Seele in Balance sind und Ihnen Stärke, Lebensfreude und Leistungsfähigkeit bereiten.
- Ein ausreichendes Maß an gesunder, körperlicher Belastung. Unsere Körper brauchen Bewegung und auch körperliche Anstrengung, um die Biochemie in Balance zu halten, Giftstoffe auszuschwemmen und

die Organe mit Sauerstoff zu versorgen, um sie gesund zu erhalten. Es geht hierbei nicht nur um das bessere Aussehen sondern um die Beweglichkeit von Körper, Geist und Seele.
* Ausreichend Schlaf und Entspannungsmöglichkeiten. Schlafmangel und Dauerstress machen krank und haben verheerende Auswirkungen auf Konzentration, Intelligenz und Gesundheit.

Rauchen, Alkohol- und Drogenmissbrauch werden hier nicht angesprochen. Ich gehe davon aus, dass Ihnen die Folgen hinlänglich bekannt sind und Ihnen schon im Hinblick auf die Verantwortung, die Sie tragen, bewusst ist, wie Sie damit umgehen sollten. Wenn nicht, holen Sie sich bitte professionelle Hilfe.

Gesunde Ernährung und regelmäßige Entgiftung

Die wesentlichen Grundregeln gesunder Ernährung kennt inzwischen vermutlich jeder. Informationen, Artikel und Videos dazu finden sich in Wirtschaftszeitungen, politischen Magazinen und selbstverständlich auf YouTube.

Entscheiden Sie sich für gesunde Lebensmittel

Sie werden sich vielleicht fragen:»Was ist denn nun gesund? Muss es vegetarisch sein? Worauf muss ich achten?«

So unterschiedlich wir Menschen sind, so unterschiedlich sind auch unsere Körper und ihre Bedürfnisse. Selbst beim Essen. Auch ich ziehe oft Experten hinzu, die zusammen mit meinen Klienten deren individuellen Ernährungsplan erarbeiten.

Hier gebe ich nur ein paar wenige allgemeingültige Tipps, die für fast jeden Ernährungstyp funktionieren, deren Befolgung bereits positive Resultate hervorbringen werden. Sie sind unvollständig, können Ihnen aber deutlich machen, wie viel besser es Ihnen gehen kann, wenn Sie nur einige von Ihnen befolgen. Vielleicht macht das Lust auf mehr Bewusstsein für gesunde Ernährung.

Nachdem Ihre Unverträglichkeiten identifiziert wurden, wie ich dies in den nächsten Seiten darstelle, tun Sie Ihrem Körper schon viel Gutes, wenn Sie die als unverträglich identifizierten Lebensmittel weglassen.

Essen Sie langsam – damit Sie bemerken, dass Sie satt sind und hören Sie auf zu essen, wenn der Hunger verschwunden ist. Das gilt auch für die Schlanken unter Ihnen. Es ist eine bekannte Tatsache, dass auch äußerlich schlanke Menschen, wenn sie sich nicht ausreichend bewegen, versteckte Fettreserven an den Organen anlegen. Und das ist genauso gefährlich für die Gesundheit wie das sichtbare Fett.

Obst und Gemüse sowie pflanzliches oder tierisches Protein sind wesentliche Bestandteile einer gesunden Ernährung. Proteine finden sich zum Beispiel in Eiern, Quark, Käse, Fleisch und Fisch aber genauso wertvoll auch zum Beispiel in roten Linsen, Kichererbsen, Mandeln, Quinoa und Amaranth.

Sie können große Mengen von Gemüse und Obst essen. Fisch und Fleisch in Maßen, am besten in Bio-Qualität, da Fleisch aus der konventionelle Massentierhaltung vollgepumpt ist mit Antibiotika und Wachstumshormonen, welche Entzündungen im Körper fördern.

Täglicher Fleischkonsum ist extrem ungesund: Sie belastet Herz und Gefäße und erhöht das Risiko, an bestimmten Krebsarten zu erkranken. Sechshundert Gramm pro Woche sollten nicht überschritten werden.

Meiden Sie Schweinefleisch ganz. Das Eiweiß darin ist dem des menschlichen Proteins sehr ähnlich. Schadstoffe und giftige Inhaltsstoffe, die sich im Schweinefleisch besonders häufig finden lassen, gelangen leicht durch die Darmwand in unser Lymphsystem und unser Blut, da unser Abwehrsystem dieses Protein nicht als Fremdkörper erkennt.

Ob Sie vegetarisch essen wollen, vegan oder nicht, können Sie nur selbst entscheiden. Es gibt viele gute Gründe für vegetarisches Essen, es gibt aber durchaus auch Gründe dafür, nicht vegetarisch oder vegan zu essen. Hier gilt es, der eigenen Vorliebe zu folgen oder Experten zu Rate zu ziehen.

Kohlehydrate in Form von Nudeln, Brot oder Gebäck sollten weitestgehend weggelassen werden, da der Körper diese sehr schnell in Fett umwandelt und sich für schlechte Zeiten, die dann wahrscheinlich nie kommen werden, als Schwimmreifen, Hüftgold oder wie erwähnt, als Fettreserven an den inneren Organen, aufhebt.

Natürlich werden Sie oft an Geschäftsessen teilnehmen müssen. Aber auch hier sind Sie derjenige, der für seine Bedürfnisse selbst sorgen muss und kann. Ich habe es mir angewöhnt, in Restaurants die weniger ungesunden Gerichte zu wählen. Also Fisch statt Schweinefleisch, Reis oder Kartoffeln statt Pommes Frites, viel Gemüse und oft auch nur einen großen Salat. Wenn ich privat eingeladen bin, nenne ich vorab meine Bedürfnisse »Bitte kein Schweinefleisch, gern Gemüse und Salat, ungern Nudeln, es sei denn sie sind glutenfrei und nicht aus Weizen«. Damit habe ich die gröbsten Krankmacher genannt. Wenn es dann dennoch genau diese Lebensmittel angeboten werden, verzichte ich. Ob ich dann schräg angesehen werde? Vielleicht. Aber das macht mir dann nichts aus. Meine Gesundheit ist mir wichtiger und unter dem Strich signalisiere ich damit lediglich, dass ich selbstbewusst bin. Und das hat noch keiner Geschäftsbeziehung geschadet.

Wesentlich ist, dass Sie sich mit Ihrer Ernährung gesund- und wohlfühlen, kein Übergewicht haben und beweglich sind.

Unverträglichkeiten und Mangelerscheinungen entdecken

Es gibt nicht wenige Menschen, die gesundheitliche Probleme oder ein körperliches Unwohlsein aufgrund von Unverträglichkeiten oder Mangelerscheinungen haben. Doch sehr oft sind ihnen diese gar nicht bekannt. Mediziner empfehlen daher heute, im Sinne einer Generalinspektion, zu ermitteln, ob man hiervon betroffen ist oder nicht. Es gibt Tests, mit deren Hilfe ein Spezialist ohne großen Aufwand feststellen kann, welche Nahrungsmittel Ihrem Körper nicht gut tun und für ihn unverträglich und schädlich sind.

Unverträglichkeiten produzieren die unterschiedlichsten Symptome, auch solche, die oft für eine Krankheit gehalten werden und mit schweren Medikamenten behandelt werden, obwohl es eben nur eine unerkannte Unverträglichkeit ist. Ob es geschwollene Augenlider oder Hautausschläge sind, wie bei mir, wenn ich bestimmte Lebensmittel wie zum Beispiel Tomaten oder Lebensmittel mit Backtreibmitteln esse oder Schwindelgefühle, schwere Gliedmaßen oder Müdigkeit nach Weißbrot oder Übelkeit nach Eiweiß – die Auslöser und Symptome sind sehr unterschiedlich und lassen sich selten unmittelbar einer Lebensmittelunverträglichkeit zuordnen.

Beispiel Glutenunverträglichkeit

Eine Klientin von mir litt ihr Leben lang unter Bauchschmerzen, Blähungen und Übelkeit und glaubte, das sei eben so und man könne nichts machen. Sie schob es immer auf die üblichen Verdächtigen wie Zwiebeln, Knoblauch oder die verschiedenen Kohlarten und vermied sie. Dennoch kam es immer wieder vor.

Tatsächlich war es Gluten, das in Weizenmehl und anderen Getreidearten vorkommt und Laktose, ein Bestandteil der Milch, auf den die meisten Erwachsenen mit Unverträglichkeiten reagieren. Seit sie den Test hat machen lassen und weiß, was die Schmerzen und das Unwohlsein bei ihr auslöst, ist sie vollkommen frei davon. Sie lässt Milchprodukte und glutenhaltige Le-

bensmittel weg oder nimmt zum Essen Tabletten ein, die Unverträglichkeiten entgegenwirken. Für beide gibt es sehr wirksame, ungefährliche Gegenmittel.

Auch Mangelerscheinungen sind oft unerkannt. Viele Menschen leiden unter Vitamin-D3- oder Vitamin-B6- und B12-Mangel, an Selen und Jodmangel oder sogar Vitamin-C-Mangel. Ein einfacher Bluttest, der die unterschiedlichsten Mangelerscheinungen unter die Lupe nimmt, kann das herausfinden und Begleiterscheinungen wie Müdigkeit, Antriebslosigkeit oder sogar Depressionen können mit rezeptfreien Nahrungsergänzungsmitteln behoben werden.

Meine persönliche erste Empfehlung in Bezug auf gesunde Ernährung ist daher, nicht nur auf gesunde, frische, vitaminreiche Kost Wert zu legen, sondern immer auch einen Blick auf Unverträglichkeiten zu werfen.

Entgiftung: Die unterschätzte Bedeutung der Darmzellen

Spätestens seit Erscheinen des sehr empfehlenswerten Buches *Darm mit Charme* von Giulia Enders hat sich herumgesprochen, dass unser Darm ein bisher vollkommen unterschätztes Organ ist und eine entscheidende Bedeutung für unser gesamtes Wohlbefinden hat. Aber auch die Feststellung, dass der Darm beziehungsweise unser gesamter Verdauungstrakt mitdenkt und unserer emotionalen Intelligenz und unserer Intuition wertvolle Informationen zuspielt, dürfte Ihnen als Führungskraft dieses Organ als intelligenten Helfer interessanter und schützenswerter machen.

Der bekannte Denker und Arzt Paracelsus prägte im 16. Jahrhundert den Satz »Der Tod sitzt im Darm« und versuchte damit schon vor mehr als vierhundert Jahren darauf aufmerksam zu machen, dass die Darmgesundheit als fundamentale Voraussetzung für die Gesundheit des gesamten Organismus zu bewerten ist.

Der Wissenschaftler Dr. John Harvey Kellogg vom Battle Creek Institute ist sogar der Meinung, dass neunzig Prozent aller modernen Krankheiten das Resultat eines ungesunden Darms seien. Andere Wissenschaftler bestätigten seine Vermutung. Nach unserem Gehirn ist der Darm unser größtes Nervensystem. Unser Immunsystem, unser Gewicht und unsere Gefühlswelt hängen direkt mit seinem Gesundheitszustand zusammen.

Unsere Intuition, unser Bauchgefühl und unsere gesamte Gefühlswelt entspringt zu großen Teilen unserem Darm mit seinen etwa hundert Millionen denkenden Nervenzellen. Und umgekehrt beeinflussen auch unsere Gedanken und Gefühle die Funktion unserer Verdauungsorgane.

Die Nervenzellen im Magen-Darm-Trakt sind hochsensibel und können in gesundem Zustand dazu beitragen, uns in unserer komplexen Welt besser zu orientieren. Mehr als es uns bewusst ist.

Was immer in unserem Darm vor sich geht, ist direkt mit unserem Gehirn verbunden. Wenn es dem Darm nicht gut geht, fühlen wir uns unwohl, sind vielleicht müde, schlecht gelaunt, depressiv oder haben der Situation unangemessene aggressive Überreaktionen. Geht es ihm gut, steuert er unter anderem unser Glücksempfinden.

Durch ungesunde Ernährung und den Verzehr unverträglicher Nahrungsmittel hat der Darm Höchstleistungen zu erbringen und braucht Unmengen Energie. Er kann die Nährstoffe aus der Nahrung nicht mehr aufnehmen und selbst, wenn wir dann ausreichend Vitamine, Mineralien und Nährstoffe zu uns nehmen, kann er sie nicht mehr verstoffwechseln. Wir kommen in ein Ungleichgewicht und haben Mangelerscheinungen. Die Darmwände werden undicht, es bilden sich Ausstülpungen in der Darmwand, die sich entzünden. Atmosphärische Schwingungen und andere Informationen kann er gar nicht mehr wahrnehmen, weil er Schwerstarbeit leisten muss und durch Übersäuerung, Entzündungen und eine parasitäre Darmflora überlastet ist.

Abgesehen von den vielen Krankheiten, die einem kranken Darm zugerechnet werden, führt die innerliche Vergiftung also auch zu Müdigkeit, schlechter Laune, depressiven Zuständen, Konzentrationsschwäche und Schlaflosigkeit. Die Befindlichkeiten im Darm äußern sich also in Symptomen, für die wir niemanden außer uns selbst verantwortlichen machen können und die mit der Situation im Außen nichts zu tun haben.

Also tun Sie sich und den Menschen in Ihrer Umgebung den Gefallen, dieses wichtige Organ in Ihrem Körper, das einen wesentlichen Anteil an Ihrem Wohlbefinden hat und Ihnen als Seismograf dient, untersuchen zu lassen und zu entgiften.

Auf dem Markt gibt es eine Vielzahl an Darmreinigungskuren, die zwischen zehn Tagen und drei Monaten dauern. Lassen Sie sich beraten von jemandem, dem Sie vertrauen.

Vielleicht geht es Ihnen nach einer Darmsanierung dann so, wie so einigen meiner Klienten: Sie fühlen sich wie neu: Leichter, besser gelaunt, energiegeladener, einfühlsamer und insgesamt leistungsfähiger. Bei manchen Menschen verschwinden nach einer Darmsanierung auch Allergien und sogar einige Süchte. So stellten Mediziner fest, dass bei einer Darmkur auch Bakterien und Pilze aus dem Darm vertrieben werden, die da nicht hingehören. So kann eine Darmkur auch den Hunger auf Süßigkeiten reduzieren. Zucker ist das Hauptnahrungsmittel vieler unerwünschter Darmbakterien und Pilze. Sind sie weg, klappt es auch besser mit dem Normalgewicht.

Pures Wasser – eine hochpotente Energiequelle
Für mich war es wie eine Offenbarung, die eigenen körperlichen Bedürfnisse genauer zu erkunden. Dieses Wissen verbesserte meine Lebensqualität und veränderte buchstäblich mein Leben (und das meiner Mitmenschen) in positiver Weise.

Sie können es glauben oder nicht, aber erst im Alter von fünfunddreißig Jahren lernte ich mein Grundbedürfnis »Durst« richtig wahrzunehmen und bewusst damit umzugehen.

Es ist tatsächlich so: Mein persönliches Durstgefühl ist nur schwach ausgeprägt. Deshalb habe ich in jungen Jahren immer viel zu wenig getrunken. Das führte, ohne dass ich es wusste, zu Dehydrierung und in der Folge zu Kopfschmerzen und schlechter Laune. Und die traf dann oft die Falschen – denn andere konnten tatsächlich nichts dafür, dass ich meinem Körper nicht das gegeben hatte, was er brauchte, um frisch, gesund, in Balance und damit auch einfühlsam und wertschätzend zu sein. Ich war so sehr mit meinem Unwohlsein – Kopfschmerzen und innere Unruhe – beschäftigt, dass ich mich auf andere Menschen überhaupt nicht mehr konzentrieren konnte. Das nenne ich wandelnde Umweltverschmutzung und das passiert immer dann, wenn wir selbst nicht darauf achten, dass unser Körper, unsere Seele oder unser Geist das bekommen, was sie brauchen, um gesund und in Balance zu sein. Wir selbst sind dafür verantwortlich und es ist eine Zumutung für andere, uns in diesem unterversorgten Zustand zu ertragen, den wir selbst zu verantworten haben.

Ich bekam diese Kopfschmerzen oft dann, wenn ich bei Seminaren und Workshops assistierte, weil ich den ganzen Tag so engagiert und eingespannt war, dass ich mein Bedürfnis »Durst« oft nicht wahrnahm und somit auch den ganzen Tag nichts trank. Kein Wunder, dass ich abends ausgelaugt, müde und schlecht gelaunt war. Da ich den Auslöser für meine schlechte Laune im Außen suchte, traf es ungerechterweise oft Kollegen oder die anstrengenden Teilnehmer der Seminare. Ich musste erst lernen, dass mein Körper nur dann als Seismograf für Geschehnisse im Außen funktioniert, wenn meine eigenen Bedürfnisse vollkommen erfüllt wurden. Denn wenn ich mit mir selbst in Balance bin, kann ich meine Gefühle sehr gut unterscheiden nach denen, die aus mir selbst heraus entstehen, weil ich mich wohlfühle, glücklich bin, ärgerlich, frustriert oder rundum zufrieden. Oder ob die Gefühle, die ich wahrnehme, durch ein Unwohlsein oder eine andere Empfindung der Menschen in meiner Umgebung ausgelöst wurden. Ich kenne mich inzwischen so gut, dass ich weiß, was ich brauche, um mich wohlzufühlen und habe trainiert, meine eigenen von den Empfindungen zu unterscheiden, die ich wie ein Seismograf aufnehmen kann. Das können Sie auch lernen – aber dazu müssen Sie zunächst einmal ihre eigenen Bedürfnisse kennen und dafür sorgen, dass sie erfüllt werden.

Als mich damals ein Kollege darauf aufmerksam machte, dass ich viel zu wenig trank und ich begann, täglich zwei bis drei Liter Wasser zu trinken, hörten Kopfschmerzen und schlechte Laune schlagartig auf und meine Wahrnehmungsfähigkeit für atmosphärische Veränderungen funktionierte immer besser.

Der Körper verliert etwa zweieinhalb Liter an Wasser pro Tag durch Urin, Stuhlgang, die Atmung und die Haut. Trinken Sie daher mindestens zwei bis zweieinhalb Liter Wasser am Tag. Ich höre hier schon Ihren Aufschrei. Ja, es kann sein, dass Ihnen das gar nicht gefällt. Dennoch. Trinken Sie genug Wasser, am besten sogar ohne Kohlensäure. Das hält wach, konzentriert und gesund.

Warum? Weil wir täglich mit allem was wir zu uns nehmen auch unzählige Stoffe aufnehmen, die nicht in unserem Körper bleiben sollten, da sie sonst Unheil anrichten. Wir müssen diese Menge Wasser zu uns nehmen, um dem Körper die Gelegenheit zu geben, alles auszuschwemmen, was unsere Biochemie im Körper aus dem Gleichgewicht bringt. Kaffee, Alkohol oder andere Getränke mit Koffein oder Zucker helfen nicht auszuleiten, sondern führen dem Körper im Gegenteil noch weitere Giftstoffe zu.

Stellen Sie sich ein stehendes Gewässer vor, in das immer mehr Chemikalien gelangen. Irgendwann kippt es um. Die Chemikalien, die zugeführt werden, nähren nur Biomasse wie Blaualgen und so ist ein gesundes Gleichgewicht zerstört.

Probieren Sie es aus. Am Anfang mag es Ihnen nicht schmecken und Sie werden es vielleicht sogar vergessen. Sie werden allerdings, wenn Sie es einige Tage durchhalten, vermutlich einen deutlichen Unterschied in Ihrem Wohlbefinden bemerken: Sie sind wacher, konzentrierter und insgesamt lebendiger. Kopfschmerzen oder andere Symptome, die durch Dehydrierung entstehen, kommen gar nicht erst auf.

Stellen Sie an alle Stellen, an denen Sie arbeiten, ein Glas und eine Flasche Wasser hin um daran zu denken und haben Sie auch im Auto immer eine Flasche Wasser griffbereit.

Zucker macht sauer – und sicher nicht lustig

Wenn unsere Biochemie sauer ist, sind wir es auch. Das bedeutet, wenn wir Nahrungsmittel zu uns nehmen, die den pH-Wert unserer Körperflüssigkeiten sauer werden lassen, löst das eine ganze Kette an negativen Konsequenzen aus: Wir bekommen nicht nur Kopfschmerzen, schlechte Laune und fühlen uns unwohl, sondern schaffen mit diesem sauren Milieu die Basis für eine ganze Reihe von Krankheiten. Unser Körper ist mit seinen vielfältigen Funktionen zwar darauf ausgelegt, den pH-Wert in all unseren Organen und Körperflüssigkeiten immer wieder auszugleichen, was ein gesunder Körper bei ausgewogener Ernährung auch flexibel leisten kann.

Ein großes Problem ist schon allein der hohe Zuckeranteil in vielen Lebensmitteln. Wenn wir unseren Körper durch zu viel Zucker belasten, kann das dazu führen, dass wir ein Milieu schaffen, in dem Diabetes, Krebs und andere degenerative Krankheiten sich ausbreiten können.

Außerdem ist Zucker einer der Dickmacher, die jeder, der einen gesunden Körper erhalten oder wiederherstellen möchte, weglassen oder weitestgehend vermeiden sollte.

Weißes Mehl und Kohlenhydrate besser weglassen

Viele Menschen leiden unter einer Glutenunverträglichkeit, auch wenn es ihnen nicht bewusst ist. Gluten ist ein Eiweiß, das besonders in Weizen aber auch in Dinkel, Roggen, Gerste, Hafer und anderen Getreidearten vorkommt.

Insbesondere der Weizen wurde inzwischen so sehr von seiner ursprünglichen Natur weggezüchtet und aufgrund der erhöhten CO_2-Gehalts in der Luft so verändert, dass er für unsere Körper nicht mehr gesund ist und mehr Schaden anrichtet als nützt. Neben den Auswirkungen der Unverträglichkeit wie Blähbauch, Durchfall, Verstopfung, Gewichtsabnahme oder -zunahme, Erschöpfung, Konzentrationsschwierigkeiten, Schlafstörungen, Taubheit und Kribbeln in den Gliedmaßen und auch im Gesicht, bis hin zu Depressionen schreiben einige Wissenschaftler dem überzüchteten und dem Hybridweizen sogar Hashimoto, die Selbstzerstörung der Schilddrüse, und Formen des Autismus zu. Wenn Sie keine Anzeichen erkennen können heißt das nicht, dass Sie frei sind von der Glutenunverträglichkeit. Offenkundige Beschwerdefreiheit kann im Gegenteil sogar besonders gefährlich sein, da Darmschäden unabhängig von äußeren Anzeichen unbemerkt auftreten können.

Ob Sie nun Anzeichen einer Unverträglichkeit haben oder nicht – allein wenn Sie Weizenprodukte meiden, werden sie möglicherweise bereits einen deutlichen Unterschied bemerken. Probieren Sie es aus. Lassen Sie für vier Wochen einfach mal alle Weizenprodukte weg und achten Sie auf Ihr Wohlbefinden.

Lassen Sie auch Kohlenhydrate im Übermaß weg wie Backwaren, Süßigkeiten, Nudeln und Kartoffeln. Alle sind Dickmacher, die von unserem Körper in Fett umgewandelt werden und ihm nicht die Energie liefern, die er braucht.

Übergewicht abbauen

Falls Sie sich als übergewichtig empfinden und sich damit unwohl fühlen, könnten Ihnen die folgenden Tipps helfen. Falls Sie sich pudelwohl fühlen, sich genug bewegen und den Eindruck haben, Sie sind mit Ihren überzähligen Pfunden gesund, fit, munter und leistungsfreudig, überspringen Sie dieses Kapitel einfach. Sumoringer sind erwiesenermaßen auch fitter als ihre schlanken, trägen Fans, die sich vor dem Fernseher rekeln. Das liegt daran, dass das Fett der Kämpfer hauptsächlich unter der Haut lagert und somit Muskeln und innere Organe nicht beeinträchtigt.

Übergewicht ist meistens ein Zeichen für schlecht funktionierende Körperchemie. Es nimmt dem Körper Lebensenergie und Beweglichkeit. Dadurch entsteht ein fataler Teufelskreis: Übergewicht – Trägheit – Bewegungsmangel – noch mehr Übergewicht.

Für Übergewichtige besteht außerdem ein erhöhtes Risiko für viele Krankheiten wie zum Beispiel Diabetes, Bluthochdruck, koronare Herzerkrankungen, Arthrose, Gicht und verschiedene Krebserkrankungen. Übergewicht führt zu psychosozialen Problemen und Einschränkungen der Lebensqualität. Betroffene leiden häufig unter Depressionen, einem verminderten Selbstwertgefühl sowie einer geringeren Anerkennung durch die Umgebung.

Unser Herz und ein Großteil der uns zur Verfügung stehenden Energie werden bei Übergewicht dafür gebraucht, die oft überfetteten Organe und die überzähligen Körpermassen zu versorgen und so gut es geht gesund zu halten. Für's Denken, Entscheiden und Handeln hat der Körper dann nur eingeschränkte Energie zur Verfügung. Die Verdauung und Verstoffwechselung der überschüssigen oder ungesunden Nahrungsmittel kostet so viel zusätzliche Energie, dass unser Organismus so sehr damit beschäftigt ist, dass Denken, Bewegen und die Beschäftigung mit den Angelegenheiten im Außen nur vergleichsweise träge ausgeführt werden können. Oft lassen Blutdruckprobleme und Beschwerden im Verdauungstrakt Übergewichtige zu wandelnden Umweltverschmutzern werden: träge, mies gelaunt und einfach sozial unverträglich. Die Zusammenarbeit mit so einem Chef will keiner.

Was also tun? Viele übergewichtige Menschen haben bereits eine Reihe von Diäten hinter sich, die Ihnen aber nicht helfen konnten. Das liegt nicht unbedingt daran, dass die Diäten nicht funktionieren. Es liegt oftmals an einer fehlenden Selbstdisziplin, denn es gibt zahlreiche Diäten und Stoffwechselkuren, die in kurzer Zeit zu enorm erleichterndem Gewichtsverlust, zu besserem Körpergefühl und mehr Lebensfreude führen. Außerdem erhöhen Sie mit jedem verlorenen Kilo Ihre Lebenserwartung.

Besonders die gut durchdachten Stoffwechselkuren sind relativ einfach zu machen: ohne Hunger, mit guten Lebensmitteln in ausreichender Menge und wertvollen Nahrungsergänzungsmitteln, die den Körper mit wichtigen Vitaminen, Enzymen, Mineralien, darmregenerierenden Zutaten und sonstigen Baustoffsorgen versorgen. Sie sorgen dafür, dass Ihr ganzer Körper gereinigt wird und wieder in Balance kommt. Dabei kommt es nicht selten vor, dass zu hoher oder zu niedriger Blutdruck, Diabetes Typ 2 oder auch schmerzende Gelenke regeneriert werden.

Einige meiner Klienten haben Stoffwechselkuren gemacht, die nicht länger als drei bis vier Wochen dauerten und haben dabei bis zu zwölf Kilogramm abgenommen.

Falls Sie Übergewicht haben und sich damit unwohl fühlen, halten Sie sich an die schon genannten Tipps und/oder sprechen Sie mit einem Spezialisten. Das kann ein Ernährungsberater sein, ein Arzt oder jemand, der sich mit dem Thema Diät oder Stoffwechselkuren auskennt.

Bewegung belebt und hilft uns, intelligenter zu handeln

Unser Körper ist so konzipiert, dass er durch Bewegung und Belastung wesentliche Funktionen zur Gesunderhaltung des gesamten Organismus in Gang setzt. Jeder weiß eigentlich, dass Bewegung sich positiv auf Körper, Geist und Seele auswirkt. Wir sind gesünder, denken und handeln intelligenter, fühlen uns besser und sind ausgeglichener und zufriedener.

Durchschnittlich sechs bis zehn Stunden sitzen wir heute täglich am Computer, in Meetings, im Auto oder vor dem Fernseher. Und schon sechs Stunden Sitzen am Tag lässt unseren Körper leiden, wenn wir keinen Ausgleich haben oder uns zwischendurch immer mal wieder ganz bewusst bewegen.

Als ich vor vielen Jahren spürte, dass sich in meinem Leben dringend etwas ändern musste, hat es einige Zeit gedauert, bis ich begriff, dass ich mit mir selbst anfangen musste. Ich arbeitete zu viel, war ununterbrochen unter Stress und meine ganze Aufmerksamkeit war auf das Fortbestehen und den Erfolg meiner Agentur ausgerichtet. Wenn ich spät abends nach Haus kam, schaffte ich es gerade noch auf meine Couch vor den Fernseher – oft mit einem Glas Wein.

Erst durch deutliche Impulse von außen wurde mir bewusst, dass ich mich nicht entwickeln und vom Fleck bewegen konnte, wenn ich in diesem Rhythmus weiterleben würde und mich, meinen Körper nicht mehr bewegte.

Und so begann ich, regelmäßig Aerobic zu machen. Zunächst einmal pro Woche. Denn zu Beginn war ich fest davon überzeugt, dass ich keine Zeit dafür habe. Mein innerer Schweinehund war ebenfalls sehr agil und flüsterte mir immer wieder zu, dass am Abend nach einem stressigen Arbeitstag doch jetzt Ausruhen eigentlich das Richtige sei. Es kostete mich anfangs viel Überwindung und Kampf mit diesem Untier tatsächlich regelmäßig teilzunehmen. Allerdings stellte ich schon nach einigen Wochen fest, wie gut mir diese körperliche Betätigung tat, sodass ich zweimal und später bis zu viermal pro Woche abends zum Aerobic ging. Mein Körper wurde schlanker, gesünder und beweglicher und so auch mein Geist. Die neue Lebendigkeit und dazugewonnene Leistungsfähigkeit erleichterten mir die Arbeit in der Agentur und es wurde für mich selbstverständlich und leicht, diese Zeit für meine Gesundheit zu investieren. Ich arbeitete effektiver, schneller und strukturierter und fand sogar noch mehr Zeit für Workshops und Seminare zur Weiterbildung.

Ein Manko im Hirn umprogrammieren

Unser innerer Schweinehund – Sie wissen, was ich meine – will uns immer wieder in die archaischen Verhaltensweisen unserer Urzeit-Vorfahren treiben: Faulsein nach tagelangem Jagen und Sammeln war für sie überlebenswichtig, da eine zusätzliche Energieverschwendung durch sportliche Betätigung neben Nahrung suchen, kämpfen oder vor wilden Tieren fliehen eine tödliche Gefährdung der Gesundheit bedeutet hätte.

Wir leben heute im 21. Jahrhundert. Da sich unser Gehirn allerdings noch nicht an die rasanten Entwicklungen in unserem Lebensraum und unseren Lebensgewohnheiten angepasst hat, müssen wir ganz bewusst an unseren Verhaltensweisen arbeiten, um dieses Manko, diese heute völlig unangemessene Programmierung unseres Gehirns, zu korrigieren. Da ich hier zu Ihnen als Führungskraft spreche und nicht zu einem Holzfäller, Bauarbeiter oder anderem Schwerstarbeiter, gilt für Sie zu lernen, sich über diese Fehlinformation Ihres Gehirns hinwegzusetzen – den Schweinehund zu entlarven und auszutricksen.

Die gute Nachricht: Wir können in unserem Gehirn entsprechende Korrekturen durch bewusst veränderte Verhaltensweisen anbringen. Wir können lernen, die Verhaltensweisen zuverlässig anzuwenden, die für eine gesunde Lebensweise heute notwendig sind. Und Lernen bedeutet nichts anderes, als durch Wiederholung von Verhaltensweisen die Funktionen unseres Gehirns umzuprogrammieren. Mit circa hundert Milliarden Neuronen (Nerven-zellen) im Gehirn, die trainiert und zweckmäßig angelegt werden können (das nennen wir Lernen), ist unser Potenzial, dazuzulernen, bis ins hohe Alter geradezu unbegrenzt.

Was passiert also in unserem Gehirn und wie ist es möglich, Schwachstel-len in unserem Gehirn, das der Entwicklung im Außen hinterher hinkt, zu reparieren? Sie alle haben das schon getan – ein Leben lang.

Sie kennen es aus anderen Zusammenhängen. Als Sie Autofahren lernten, war jeder Handgriff, alles, worauf Sie beim Autofahren achten mussten, ungewohnt. Kuppeln, Gas geben, Blinker setzen, in den Rückspiegel sehen et cetera waren neue Handlungs- und Bewegungsabläufe und wir mussten jede dieser Aktionen bewusst durchführen. »Kupplung langsam kommen lassen« – »Blinker nicht vergessen« – »Jetzt in den Rückspiegel sehen« sind einige der typischen Kommandos des Fahrlehrers, solange das noch nicht automatisch passiert. Heute werden Sie vermutlich ganz automatisch Auto fahren, ohne Nachzudenken, ohne sich an jede Aktion erinnern zu müssen. Sie haben gelernt, Auto zu fahren. Mit anderen Worten: Sie haben in Ihrer Fahrschule und danach durch häufige Wiederholung immer der-selben Aktionen in Ihrem Gehirn starke neuronale Verbindungen gebildet, durch welche die notwendigen Informationen automatisch laufen.

Wer heute noch nichts gegen seinen inneren Schweinehund unternommen hat, also die Fehlschaltung im Hirn, die uns signalisiert, wir müssen uns ausruhen, läuft Gefahr, übergewichtig, träge, depressiv und krank zu wer-den.

Wer sich nicht bewegt, kann nichts bewegen

Werden Sie sich Ihres Körpers als wichtigstes Arbeitsinstrument bewusst. Die super erfolgreichen Führungskräfte stellen sich morgens ihren Wecker auf fünf oder sechs Uhr und beginnen den Tag mit Sport und Meditation oder Sport und Reflexion.

Jeder lebendige Körper baut ab, wenn er sich nicht bewegt. Wichtige biochemische Abläufe finden nicht mehr statt. Die Leistungsfähigkeit nimmt ab, die Gelenke werden instabil und das Verletzungsrisiko wächst. Früher oder später wird er chronisch oder unheilbar krank.

Langes Sitzen führt zu Verspannungen im Nacken und Schulterbereich, zu Sauerstoffmangel im Gehirn und damit zu Kopfschmerzen. Das Herz wird zu wenig belastet, der Herzmuskel schrumpft, Kreislaufprobleme und Bluthochdruck treten auf und das Herzinfarktrisiko steigt. Auch Verdauungsprobleme entstehen durch zu langes Sitzen, da die inneren Organe gestaucht und nicht richtig durchblutet werden. Jeder weiß, dass Bewegungsmangel auch zu Übergewicht führt. Dass allerdings auch Diabetes Typ 2 durch Übergewicht und Bewegungsmangel entstehen, ist nicht so bekannt aber eine Tatsache.

Osteoporose, Knochenschwund, setzt ein, wenn der Körper und die Knochen keiner Belastung ausgesetzt sind. Sonnenlicht und regelmäßige Bewegung können das verhindern.

Obwohl Arthrose – also Gelenkverschleiß – in der Bewegung passiert, wird sie durch Bewegungsmangel hervorgerufen. Durch die fehlende Bewegung wird die angemessene Ernährung des Knorpels in den Gelenken unterbunden und der Abtransport der schädlichen Stoffwechselprodukte aus den Gelenken ist gestört. Bewegung hält die Gelenke gesund.

Immunschwäche tritt auf, da der Organismus aufgrund der mangelnden Bewegung und der unzureichenden Sauerstoffzufuhr nicht die nötigen Abwehrzellen produzieren kann. Infekte und andere Krankheiten können sich ungestört ausbreiten. Bewegung stärkt das Immunsystem und verhindert Infekte und Krankheiten aller Art.

Und nicht zuletzt entstehen durch Bewegungslosigkeit viele Stresserkrankungen. Angefangen mit Erschöpfung, Leistungsverlust, Konzentrationsstörungen, Nervosität, Schlafstörungen über Verspannungen, Haltungs- und Gelenkschäden, Spannungskopfschmerz bis hin zur Migräne, Muskelverspannungen, Depressionen bis hin zu Herzinfarkten und Schlaganfällen.

Stress weg durch Bewegung

Stress ist eine ganz natürliche und wichtige Reaktion unseres Organismus auf schwierige oder gefährliche Situationen. Zu viel Stress macht aber bekanntlich krank.

Unser Körper schüttet Stresshormone und Adrenalin aus, damit er über zusätzliche Kraft und Energie verfügen kann, um eine als gefährlich oder herausfordernd wahrgenommene Situation besser bewältigen zu können. Unsere Vorfahren brauchten diese Stresshormone, um sich gegen wilde Tiere besser verteidigen zu können oder vor ihnen zu fliehen. Diese Hormone versetzen den Körper in Alarmbereitschaft, erhöhen unsere Leistungsfähigkeit und machen uns schmerzunempfindlicher. Ihre Ausschüttung ist also auch eine sehr intelligente Funktion unseres Körpers.

Evolutionär gesehen sollte der Stresszustand jedoch nur für wenige Stunden als eine Art Lebensrettungsmaßnahme ablaufen und keinesfalls lang anhalten oder chronisch werden.

Da Überforderung, Termindruck, schwierige Situationen oder andere Herausforderungen im Arbeitsalltag heute normal sind und nicht mehr mit körperlicher Anstrengung, Kampf oder Flucht gelöst und damit die Stresshormone wieder abgebaut werden können sondern sitzend am Rechner, am Telefon oder in Meetings abgehandelt werden, haben unsere Körper in der gegebenen Situation keine Gelegenheit mehr, wieder in Balance zu kommen. Wenn wir nicht durch Sport oder körperliche Anstrengung gegensteuern, nimmt die Konzentration an Stresshormonen gefährlich zu und führt zu den genannten Folgen.

Bewegung bietet hier das notwendige Ventil. Körperliche Aktivität baut neben überschüssigem Fett, Schadstoffen in Gelenken und Organen auch die Stresshormone ab. Das macht uns ausgeglichener, zufriedener und gesünder. Wir können uns besser konzentrieren, arbeiten effektiver, zielstrebiger, Entscheidungen fallen uns leichter und wir sind einfach sozial verträglicher: kein verstopfter Organismus der auf Notversorgung umgeschaltet hat und nur noch mit sich selbst beschäftigt ist sondern ein gesunder, gut gelaunter Mensch, dem andere gern zuhören und folgen.

Beispiel: Wenn Aufgeben keine Alternative ist

Wir saßen zu zweit in seinem Konferenzraum. Der neue Kunde, Oliver K., achtunddreißig Jahre jung, saß vor mir – stark übergewichtig mit Schweißperlen auf dem Gesicht. Ich konnte seinen schlechten Atem und seinen Schweiß riechen. Er roch nach Zigaretten und einem aufdringlichen Rasierwasser, das diese Gerüche wohl übertönen sollte.

Er war erst seit einem Jahr Geschäftsführer dieser neu gegründeten Niederlassung eines amerikanischen Unternehmens. Seine neu rekrutierten Mitarbeiter kamen von ehemaligen Konkurrenzunternehmen. Der Konkurrenzkampf, der unter den vorherigen Arbeitgebern ausgefochten wurde, setzte sich in diesem Unternehmen auch unter den Mitarbeitern fort. Es gab keine klare Strategie, kein von allen getragenes gemeinsames Ziel, kein Gemeinschaftsgefühl unter den Mitarbeitern, das Klima im Unternehmen war schlecht und die Zahlen stimmten nicht. Der Mann, der mir gegenüber saß, hatte Angst vor den Geschäftsführern des Headquarters und war wegen schlechter Ergebnisse auch schon einige Male zurechtgewiesen worden. Er hatte Angst seinen Job zu verlieren und sein ganzer Körper strahlte diese Angst aus.

Ich hatte ihn gefragt, wie er sich in seiner Rolle fühlt, und ganz offen seine Ängste angesprochen. Ich konnte deutlich sehen, dass er frustriert und unglücklich war und sich sehr hilflos fühlte. Schon in unserem ersten Gespräch verstand er, dass er zunächst für sich selbst sorgen musste, bevor er wesentliche Verbesserungen bei seinen Mitarbeitern bewirken konnte.

Die nächsten Monate arbeitete ich nur mit ihm, noch nicht mit seinen Mitarbeitern. Vertrauliche Gespräche mit den Mitarbeitern und seine Schilderungen einiger Situationen, die er mit seinen Mitarbeitern erlebte, zeigten mir deutlich, dass er von ihnen nicht ernst genommen wurde, dass sie ihm nicht vertrauten und dass sein Energielevel nicht ausreichte, um als starke, vertrauenswürdige Führungskraft wahrgenommen zu werden. »*Ich kann meinen Mitarbeitern zehnmal sagen, sie sollen auch die Artikel aus dem Lager verkaufen und nicht immer nur das neueste – unsere Lagerbestände sind schwindelerregend und es tut sich einfach nichts. Als hätte ich nie was gesagt.*« *Bevor seine Mitarbeiter sich auf weitere Maßnahmen voll und ganz einlassen konnten, musste dieser Mann zunächst einmal eine neue Lebensqualität und andere Ausstrahlung erreichen.*

Nachdem wir klar herausgearbeitet hatten, dass dies tatsächlich sein Traumjob war, für den er sein ganzes bisheriges Leben zielstrebig gearbeitet hatte und sich nichts Besseres vorstellen konnte, als erfolgreicher Geschäftsführer in diesem Unternehmen zu sein, gingen wir an sein Energielevel. Seinen Gesundheitszustand.

Er gestand mir, dass ihm klar sei, dass er viel zu viel rauche, trinke und esse. Er konnte sich selbst nicht mehr leiden und verabscheute seinen übergewichtigen Körper. Bevor er seine Berufslaufbahn begonnen hatte, war er Zehnkämpfer gewesen mit einem gestählten Körper und einer sehr disziplinierten Lebensweise. Aus Frustration über seine schlechten Ergebnisse und aus Angst vor seinen Chefs hatte er immer mehr Überstunden gemacht, seinen Sport ganz aufgegeben und Essen, Trinken und Rauchen als Trostpflaster oder Ersatz genutzt. Auch seine Beziehung zu der Frau, die er liebte, stand – wie so häufig bei meinen Klienten – auf wackeligen Beinen, da er sich im letzten Jahr stark verändert hatte und sie darunter litt.

Er war bereit, für seinen Erfolg alles zu geben. Es fiel ihm leicht zu erkennen, dass er als erstes an seiner Gesundheit arbeiten musste. Und so hörte er auf zu rauchen, schränkte den Alkoholkonsum ein und stellte seine Ernährung um. Zunächst verzichtete er vollkommen auf Zucker und schränkte den Verzehr von Kohlehydraten stark ein.

Was daraufhin passierte, überstieg sogar meine kühnsten Erwartungen: In wenigen Monaten nahm er fünfundzwanzig Kilogramm ab, begann regelmäßig zu joggen und sah von Mal zu Mal besser aus wenn ich ihn besuchte. Seine Ausstrahlung veränderte sich spür- und sichtbar und seine Stimme wurde immer klarer und fester. Ihm fiel es nicht mehr schwer, stundenlang konzentriert zu arbeiten, er erarbeitete eine attraktive Vision für sein Unternehmen und nach nur acht Monaten war er soweit, dass die Vertrauensbasis zwischen ihm und seinen Mitarbeitern stark genug war, dass sie in einer Großgruppenkonferenz mit ihm gemeinsam an der Vision und Maßnahmen zu ihrer Realisierung arbeiten konnte.

Allein schon die Wiederherstellung seiner Gesundheit und Lebendigkeit ließ ihn in den Augen seiner Mitarbeiter wachsen. Als übergewichtiger, schlecht gelaunter und frustrierter Chef nahm niemand ihn wirklich ernst und ihm fehlte das Vertrauen der Mitarbeiter, um wirklich erfolgreich zu sein. Mit seinem neuen Auftreten, seiner neuen Lebensenergie, wurden seine Ziele klarer, sein Selbstvertrauen und seine Zielstrebigkeit größer und seine Glaubwürdigkeit bei den Mitarbeitern war hergestellt. Die Großgruppenkonferenz, zu der er alle Mitarbeiter einlud, gab allen die Möglichkeit, sich einzubringen und die Unternehmensvision zu einem gemeinsam getragenen Ziel werden zu lassen.

Das Ganze war vor acht Jahren. Dieser Kunde folgte der Happy-Leading-Formel in all ihren fünf Bereichen, ist zum Marathonläufer geworden, glücklicher Ehemann und inzwischen Vater von zwei Kindern. Seine Mitarbeiter achten ihn und wenn es drauf ankommt arbeiten sie auch schon mal eine Nacht oder ein Wochenende durch. Er ist als attraktiver Arbeitgeber bekannt und bekommt zahllose Initiativbewerbungen.

Legen Sie los – Sie werden den Unterschied spüren!

Wenn Sie beim bisherigen Lesen festgestellt haben, dass Sie sich mehr bewegen möchten, ist ihr jetziger Aktivitätslevel und Ihre jetzige Kondition natürlich ausschlaggebend dafür, wie Sie sich steigern können.

Vielleicht haben Sie bereits eine Lieblings-Sportart und möchten mehr davon. Dann tun Sie es einfach. Wenn Sie schon länger aus der Übung sind, sprechen Sie vorher mit einem Personal Trainer oder Arzt und legen Sie los.

Unabhängig vom Sporttreiben gibt es jeden Tag viele Gelegenheiten, bei denen Sie sich gesünder verhalten, mehr bewegen können, als Sie das bisher tun. Egal welche der folgenden Übungen Sie auswählen. Und sei es nur eine einzige: Sie werden nach einigen Tagen sehr wahrscheinlich einen deutlichen Unterschied in Ihrem Wohlbefinden feststellen. Hier nur einige Vorschläge:

Regelmäßige Bewegungspausen steigern Konzentration und Effektivität

Wenn Sie im Büro konzentriert arbeiten wollen, wechseln Sie wenn möglich bewusst zwischen Sitzen und Stehen. Machen Sie, wenn Sie im Sitzen arbeiten müssen, mindestens jede Stunde eine kurze Pause, in der Sie aufstehen und einen kleinen Spaziergang machen oder einige Minuten im Bürogebäude herumlaufen. Nutzen Sie dabei die Treppen – nicht den Aufzug.

Warum sind Bewegungspausen so effektiv? Das Herz-Kreislauf-System wird angekurbelt und Ihr ganzer Körper fühlt sich wohler. Das Gehirn wird stärker durchblutet, bekommt mehr Sauerstoff und kann besser denken. Ich habe festgestellt, dass ich auf diese Weise viel mehr schaffe, als ohne diese Strukturierung meiner Zeit. Auch dieses Buch entstand auf diese Weise.

Spaziergang in der Mittagspause

Machen Sie eine Mittagspause – ganz besonders, wenn Sie das bisher nicht oder nur unregelmäßig getan haben. Nehmen Sie ein gesundes, leichtes Mittagessen zu sich und gehen Sie mindestens fünfzehn Minuten an der frischen Luft spazieren.

Laden Sie unterstützende Schrittzähler-Apps herunter

Laut verschiedener Studien kann man mit zehntausend Schritten pro Tag fast jede chronische Krankheit verhindern und tut seiner Gesundheit viel Gutes. Es gibt inzwischen eine große Zahl an Schrittzähler-Apps, die Sie sich auf Ihr Handy laden können und Ihnen helfen, Ihre tägliche Aktivität zu kontrollieren. Außerdem scheinen sie die Nutzer auch zu mehr Schritten zu motivieren, da diese sich im Schnitt mehr bewegen als ohne Schrittzähler. Sie werden zu Beginn wahrscheinlich erstaunt sein, dass Sie weit davon entfernt sind, dieses Pensum zu schaffen. Im Durchschnitt laufen wir Deutschen circa dreitausend Schritte pro Tag. – Nicht verzweifeln: Steigern Sie ihr Pensum kontinuierlich. Seien Sie kreativ und überlegen Sie, wo Sie Schritte sammeln können: zum Beispiel beim Telefonieren indem Sie herumlaufen, beim Warten am Flughafen oder Bahnsteig können Sie auf und abgehen. Und wenn es mal überhaupt nicht klappt, trippeln Sie vor dem Fernseher auf der Stelle oder gehen Sie mal wieder zum Tanzen – da können Sie viele Schritte sammeln.

Aufs Fahrrad umsteigen

Schon auf der Fahrt zur Arbeit gibt es oft Anlass, sich über Staus oder andere Autofahrer zu ärgern und so beginnt der Arbeitstag schon mit Stress. Wenn das Wetter es zulässt und die Strecke nicht zu anspruchsvoll, steigen Sie auf Ihr Fahrrad oder ein E-Bike um. Wegen des überall gesteigerten Verkehrsaufkommens sind Sie dann vielleicht sogar noch schneller, als mit Ihrem Auto. Eine Studie der University Stanford liefert weitere gute Argumente: Fahrradfahrer sind bei der Arbeit viel weniger gestresst, als wenn sie mit dem Auto fahren und sie sind auch tagsüber insgesamt entspannter, wacher, kreativer und effektiver.

Die letzte Strecke vom Arbeitsweg zu Fuß

Wenn Sie mit dem Auto oder öffentlichen Verkehrsmitteln zur Arbeit kommen müssen und auch bei gutem Wetter nicht auf ein Fahrrad umsteigen können, könnten Sie Ihr Auto ein paar Straßen weiter weg parken oder eine Station eher aussteigen und die letzte Strecke zu Fuß laufen. Das bringt nicht nur den Körper und das Gehirn in Schwung, es regt durch die gesammelten Eindrücke auch die Kreativität an. Es ist auch möglich, Kollegen und Mitarbeiter zu treffen, mit denen Sie das letzte Stück gemeinsam gehen und Gespräche führen, die entweder die Beziehung verbessern oder neue Ideen hervorbringen.

Kreativität in Bewegung

Haben Sie schon mal ein Kreativmeeting in freier Natur, beim Spazierengehen gemacht? Versuchen Sie es mal. Die andere Umgebung, die Bewegung und der Positionswechsel regen Ihre Kreativität an und Sie kommen auf frische, neue Ideen. Ihre Mitarbeiter werden ebenfalls davon profitieren, da solche Rituale das Team zusammenschweißen und ein neues Zusammengehörigkeitsgefühl entstehen kann. Sie müssen sich Notizen machen? Ihr Smartphone übernimmt das für Sie – das ist also kein Grund, im Büro zu bleiben.

Muskeltraining im Sitzen

Rollen Sie Ihre Füße während des Sitzens von den Fußspitzen bis zur Ferse vor und zurück. Ziehen Sie die Zehen nach oben, sodass nur noch die Fersen den Boden berühren und rollen Sie den Fuß ab bis zu den Zehen, sodass nur noch die Zehen den Boden berühren. Sie werden bemerken, wie wohl das Ihren Waden tut und sie sofort wacher werden.

Oder heben Sie im Sitzen beide Beine an und halten sie für einige Momente über dem Boden. Stützen Sie sich dabei am Tisch ab, um Ihren Rücken zu schonen. Auch diese Übung fördert die Durchblutung und stärkt auch noch die Bauchmuskeln.

Alle diese Übungen können als erster Schritt dazu dienen, Ihren ganzen Körper zu stärken.

Und dann liegt es an Ihnen für sich herauszufinden, welchen Sport, welche regelmäßigen Aktivitäten Ihnen am besten gefallen. Wenn Sie mal in sich hineinhorchen, einen kleinen Moment innehalten und nachspüren, wie es Ihrem Körper geht und was er braucht, werden Sie wissen, dass Bewegung und gesunde Belastung Ihnen gut tun. Lassen Sie nicht zu, dass Ihre ganze Aufmerksamkeit durch die täglichen Herausforderungen gebunden ist und Ihren Körper gar nicht mehr wahrnimmt. Verhindern Sie ganz bewusst, dass Sie den Kontakt zu Ihrem Körper und seinen Bedürfnissen verlieren und er damit langsam aber absolut sicher leidet und Sie in der Umsetzung Ihres Lieblingslebens im Stich lassen muss – weil er einfach nicht mehr kann.

Schlafen Sie sich klug, gelassen und fit

Umfragen haben ergeben, dass Führungskräfte und Selbstständige im Vergleich zu anderen Berufsgruppen weniger schlafen.

Gehören Sie zu der Gruppe von Führungskräften, die der Meinung sind, dass vierundzwanzig Stunden einfach zu kurz für einen Tag sind und dass Sie durch weniger Schlaf mehr schaffen können?

Dann liegen Sie falsch. Sechs bis acht Stunden Schlaf sind für Menschen notwendig, um dem Gehirn die Zeit zum Regenerieren zu geben, um es leistungsfähig zu erhalten. Probanden, die in umfangreichen Tests weniger schliefen, hatten eine um bis zu fünfzig Prozent geringere Gedächtnisleistung, hatten Schwierigkeiten beim Lösen komplexer Aufgaben, waren langsamer, weniger entscheidungsfähig und somit insgesamt weniger effektiv.

Hier ein ganz wichtiger Hinweis für Sie, wenn sie weniger als sechs Stunden schlafen und meinen, Sie kommen damit aus: Schlafmangel macht sich nicht unbedingt durch Müdigkeit bemerkbar, denn die Betroffenen gewöhnen sich an die Begleiterscheinungen!

Automatisch lassen sie sich durch ihren Wecker, ihren engen Terminplan, ihre Aufgaben lenken und bemerken oft nicht, dass sie sich in einem Hamsterrad befinden. Bei schwierigen Denkprozessen, wie etwa bei der Bearbeitung komplizierter Themen oder in länger anhaltenden Denkprozessen setzt ihr Gehirn einfach aus. Sie bemerken den chronischen Schlafmangel einfach nicht.

Sie kennen das vielleicht: Erst im Urlaub oder wenn Sie sich erlauben, über längere Zeit morgens auszuschlafen, merken Sie, dass Sie sich ganz anders fühlen. Sie sind viel ausgeglichener, irgendwie toleranter, fühlen sich insgesamt wohler und nehmen Ihre Umgebung plötzlich ganz anders wahr. Wenn Sie sich im Urlaub mal erlauben, keine E-Mails zu lesen, nicht im Büro anzurufen und auch für Kunden nicht erreichbar zu sein, verändern sich in Ihrer Betrachtung von außen die Dimensionen Ihrer Herausforderungen. Plötzlich erscheinen sie nicht mehr so groß oder aber es kommen Ihnen geniale Ideen, mit denen Sie dann Ihre Probleme vergleichsweise unkompliziert lösen können. »Warum bin ich da nicht eher drauf gekommen« – vielleicht haben Sie den Satz schon mal gesagt oder gedacht? Kann es sein, dass Ihnen die besten Ideen in oder nach einem Urlaub oder nach einer gut durchgeschlafenen Nacht kamen?

Beispiel: Unentbehrlich? Unersetzbar? Keine Zeit zum Schlafen?

Vor mir saß ein eigentlich gut aussehender Mann, etwa vierzig Jahre jung, der allerdings ausgemergelt und krank aussah. Viel zu dünn, ein mageres Gesicht und obwohl er braun gebrannt war – »Ich werde schnell braun und habe am Wochenende meine Büroarbeit auf der Terrasse gemacht« – hatte er dunkle Ringe um die Augen und durchscheinende Haut.

Er war Vertriebsleiter eines großen Möbelunternehmens und versicherte mir, er könne sein Handy nicht ausschalten, da er für seine Außendienstmitarbeiter in ganz Deutschland allzeit erreichbar sein müsse. Eigentlich könne er sich dieses Coaching zeitlich gar nicht leisten, aber schlimmer könne es ohnehin kaum noch werden. Seine gesamte Ausstrahlung machte es mir schwer, ruhig zu bleiben und ihm konzentriert zuzuhören, denn sein nervöser Blick, seine zuckenden Augenlider aber auch seine chaotische Art zu sprechen drohten mich anzustecken.

Er schilderte mir seinen anstrengenden Job. Fünf von sieben Tagen war er in ganz Deutschland unterwegs, um seine Kollegen bei den großen Kunden zu begleiten. Er übernachtete in Hotels und nur am Wochenende sah er seine Familie, die sich – wie ich das so oft erlebt hatte – bei ihm beschwerte, dass er nie zu Hause sei und wenn, dann nicht wirklich. Denn auch am Wochenende verzog er sich stundenlang in sein Büro und war, wenn er mit seiner Familie zusammen war, fahrig und unkonzentriert.

Ich verstand sofort, was seine Familie ihm da vorhielt. Wenn er mir von sich und seinem anstrengenden Job erzählte, sprang er immer wieder von einem Thema zum anderen, verlor den Faden »Was habe ich doch eben gesagt?« und kam von Hölzken auf Stöcksken. Wenn er so mit seinen Kollegen arbeitete, verlor er in seinen Gesprächen viel Zeit, weil man ihm einfach kaum folgen konnte und immer wieder nachfragen musste.

Dieser Mann hatte Schlafstörungen, war nervös, hatte Angstzustände und fing an, den Job, den er so sehr mochte, zu hassen. Er schlief keine Nacht mehr als fünf Stunden. Oft, so sagte er mir, schlafe er auf dem Hotelbett noch im Anzug mit seinem Handy in der Hand ein und wache morgens völlig gerädert auf. Essen? Ne, darauf lege er keinen Wert und vergesse es auch oft.

Sein Job stand wegen seiner Überlastung und schlechter werdenden Ergebnissen auf der Kippe. Er hatte Angst ihn zu verlieren und hatte sich deshalb in diesen Übereifer hinein manövriert – und »bekam nichts mehr auf die Reihe«.

In diesem Fall war das Wichtigste, die Gesundheit dieses Mannes wieder ins Gleichgewicht zu bringen. Es war nicht leicht, ihm deutlich zu machen, dass mehr Schlaf und gesünderes Essen ihm Zeit einsparen würden. Er räumte allerdings ein, dass er oft unkonzentriert und manchmal sogar desorientiert war, was sich immer öfter dadurch äußerte, dass er minutenlang dasaß und nicht mehr wusste, was er zuerst machen sollte. Oft blieben wichtige Dinge liegen und er musste sie abends nacharbeiten, was er aber durch seine schlechte Konzentrationsfähigkeit oft nicht schaffte. Wenn er nicht gerade mit dem Handy in der Hand völlig erschöpft auf dem Bett einschlief ging er immer öfter völlig k. o. und verärgert ins Bett und konnte dann nicht mehr einschlafen.

Die ersten Anzeichen von Burn-out waren offensichtlich. Es kam anfangs öfter vor, dass er unsere telefonischen Mentoring-Termine nicht einhielt, weil etwas Wichtiges dazwischen gekommen war. Doch nach einigen Wochen klappte seine Zeitplanung besser, er wurde gelassener und hatte auch wieder mehr Zeit für sich und seine Familie.

Was war anders? Das erste, was er verstanden hatte, war der Zusammenhang zwischen effektivem, konzentriertem Arbeiten und gesundem Schlaf und guter Ernährung. Nachdem er anfangs Schwierigkeiten hatte, sich an neue Verhaltensweisen und Rituale zu gewöhnen, überzeugten ihn die spürbaren Erfolge mehr und mehr und so wandte er sie zunehmend regelmäßiger an.

Wir hatten gemeinsam untersucht, welche Verhaltensweisen er verändern könnte. Dabei gingen wir seinen oft sehr unterschiedlichen Tagesablauf durch und suchten nach Möglichkeiten, um ihm mindestens sechs Stunden Schlaf und gesündere Ernährung zu verschaffen.

*Er versprach sich selbst, Handy und Laptop nicht mehr mit ins Bett zu neh-
men, die Geräte nach getaner Arbeit auszuschalten und dafür zu sorgen,
dass er mindestens sechs Stunden schlief. Früher hatte er gern historische
Romane gelesen. Um nach einem anstrengenden Tag besser einschlafen zu
können, gewöhnte er sich wieder an, vor dem Einschlafen zu lesen. Außerdem achtete er darauf, regelmäßig zu essen. Nicht Kaffee und das übliche
Meetinggebäck und irgendwelche schnellen, oft ungesunden Imbisse sondern ein reichhaltiges Frühstück, ein gesundes Mittagessen und ein leichtes
Abendessen. Er musste sich dazu zwingen, zu frühstücken. Das hatte er in
den letzten Jahren – zumindest in der Woche – gar nicht mehr getan, sondern hatte sich bis mittags mit Kaffee und wenn es hoch kam irgendwelchen
Müsliriegeln über Wasser gehalten.*

*Aber schon nach wenigen Tagen klappte es ganz gut und als er bemerk-
te, dass die Gespräche mit seinen Kollegen und Kunden konzentrierter und
dadurch kürzer wurden, er seine organisatorischen Arbeiten schneller weg-
arbeiten konnte und dadurch erstaunlich viel Zeit einsparen konnte, spornte
ihn das an und er blieb dabei.*

*Er konnte sich eigentlich keinen besseren Job für sich vorstellen, also ergab
die Untersuchung seines Lebenssinns, die wir machten, nachdem es ihm
gesundheitlich besser ging, keine Überraschungen. Er tat genau das, was er
liebte.*

*An seinem Auftreten und seiner Kommunikation haben wir noch einige Mo-
nate gearbeitet und er konnte feststellen, dass er durch seinen selbstbewussten Umgang mit sich und anderen, seine neue kraftvollere Ausstrahlung,
und seine wirkungsvollere Art zu kommunizieren sowohl mit seinen Kollegen
als auch mit seinen Vorgesetzten eine ganz neue Beziehungsebene erreicht
hatte. Seine Kollegen vertrauten ihm mehr und vor allem vertraute er ihnen
mehr und er traute sich, den Kollegen mehr Arbeit zu delegieren. Auch ohne
ihn erreichten sie bei den Großkunden beeindruckende Ergebnisse und niemand war überraschter als er.*

Er lernte, seine Mitarbeiter zu inspirieren, zu ermutigen und ihnen zuzutrauen, dass sie ihren Job auch ohne ihn großartig machen würden. Das klappte nicht bei allen Mitarbeitern und so kam es auch zu zwei Entlassungen von Mitarbeitern, die sich bisher immer auf ihn und seine Unterstützung verlassen hatten. Obwohl sie langjährige, eingearbeitete Mitarbeiter waren, lieferten sie, nachdem sie ihren Job allein machen sollten, nur noch schlechte Ergebnisse ab.

Allen anderen hatte es gut getan, dass ihr Chef ihnen vertraute und hatten sich ins Zeug gelegt, ihm zu beweisen, dass er ihnen zurecht vertraute. Die zwei Mitarbeiter hingegen beschwerten sich wiederholt und schoben ihre schlechte Performance darauf, dass ihr Chef sie »hängen ließe«. Frederik T. handelte und ersetzte sie durch zwei Mitarbeiter, die seine Ziele teilten und den Job ebenso liebten wie er. Zwei junge Männer, die sich schnell eingearbeitet hatten, deren Einfühlungsvermögen und Kompetenz die Kunden überzeugte.

Durch die zusätzliche Freizeit und den stärkeren Rückhalt seiner Familie, auf die er sich wieder mehr einlassen konnte, kam er mehr und mehr in Balance. Sein Job machte wieder Spaß, er und sein Team erzielten immer bessere Ergebnisse und seine Vorgesetzten waren mit dem, was sie sahen, außerordentlich zufrieden.

Was tun, um ausreichend Schlaf zu bekommen?

Die wesentlichen Schritte sind:
- Verändern Sie Ihr Glaubenssystem: Akzeptieren Sie, dass sechs bis acht Stunden Schlaf für Sie wichtig sind, nämlich die Grundvoraussetzung dafür, dass Ihr Körper und Ihr Gehirn Sie angemessen darin unterstützen, Ihre Aufgaben zu bewältigen und Ihre Ziele zu erreichen.
- Planen Sie Ihren Wach- und Schlafrhythmus mit derselben Disziplin – ja hier ist Disziplin gefragt –, mit der Sie Ihre Business-Termine planen. Halten Sie den Rhythmus ein.

- Finden Sie Ihre ganz persönliche Methode, mit der Sie gut einschlafen können – Atemübungen, Meditation, Spaziergang oder Lesen vor dem Schlafengehen.
- Befreien Sie Ihren Schlafplatz von allem, das Sie an Ihr Tagesgeschäft erinnert – Handy, Tablett, Laptop gehören nicht ins Schlafzimmer. Ebenso wenig ein Fernsehapparat.

Ich bin dann mal weg – Auszeiten und Urlaub

Haben Sie sich auch schon einmal gewünscht, für ein Jahr einfach mal auszusteigen und ein Sabbatical zu machen. Ein ganzes Jahr lang das zu tun, was Ihnen Spaß macht? Oder für zwei Monate den Jakobsweg zu begehen, wie Hape Kerkeling, um den Kopf frei zu bekommen und sich auf sich selbst zu besinnen?

Machen Sie es, wenn Sie die Möglichkeit dazu haben. Aber fragen Sie vorher Menschen, die sich die Zeit dazu genommen haben. Sie werden erfahren, dass bei den meisten nach sehr kurzer Zeit alles wieder beim Alten war und sie ganz schnell wieder im alten Hamsterrad gefangen waren. Das heißt wenn Sie die Möglichkeit haben, sich für eine längere Zeit auszuklinken, begeben Sie sich danach nicht wieder in den gleichen Stress wie vorher sondern erhalten Sie sich Ihre Ausgeglichenheit mit einer einfachen Strategie: Machen Sie regelmäßige Pausen und kleinere Auszeiten, in denen Sie sich bewegen und/oder Atemübungen machen. Diese haben tatsächlich sogar eine weitaus nachhaltigere und gesündere Auswirkung als längere Auszeiten zwischen großen Stressphasen.

Wenn Sie mehrmals am Tag für kurze Zeit runterfahren, sich kleine Auszeiten nehmen, tun Sie mehr für Ihre Gesundheit, für Ihre Energielevel und Ihren Körper als wenn Sie für Wochen und Monate unter Hochspannung arbeiten und darauf hoffen, in Ihrem Urlaub entspannen zu können. Das funktioniert nicht.

Für Menschen, die im Stressmodus sind, scheint das ein banaler Rat zu sein. Da ihnen die zerstörerischen Auswirkungen der hohen Anforderungen gar nicht mehr bewusst sind, halten sie das für Zeitverschwendung oder Unsinn. Wenn Sie auch so denken geben Sie Ihrem Körper eine Chance: probieren Sie es aus. Sie werden den Unterschied deutlich bemerken.

Auf meiner Website *www.happy-leaders.de* finden Sie weitere Anregungen, wie Sie sich auch ohne Zeitaufwand jeden Tag wirkungsvolle Auszeiten schaffen und Ihren Körper, Ihre Seele und Ihren Geist in Balance bringen können.

Gibt es den coolen Happy Leader?
Charisma und Anziehungskraft

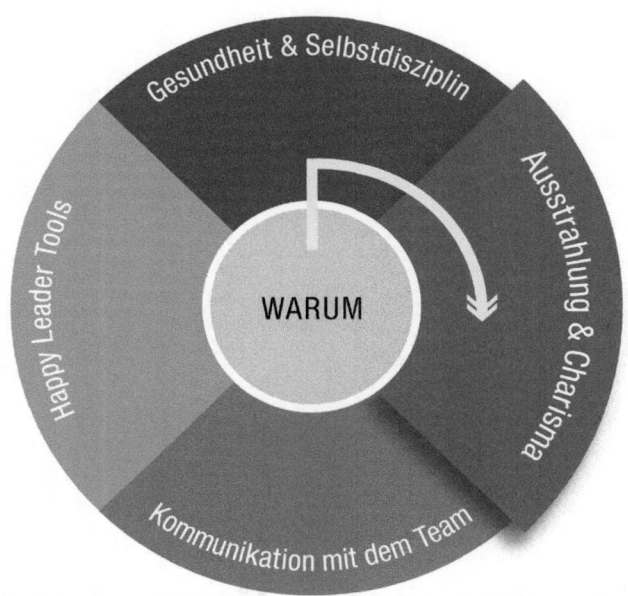

Abbildung 4: Phase 3 der Happy-Leading-Formel © Sabine Bredemeyer
(abgeleitet aus dem Organisationskompass © des Genuine Contact™ Program)

Im dritten Arbeitsfeld der Happy-Leading-Formel geht es um die Beschäftigung mit der eigenen Ausstrahlung und Anziehungskraft. Damit widmen wir uns einem Bereich, der ein großer Wunschtraum für viele Menschen ist. Jeder möchte gerne gut ankommen und auf andere überzeugend wirken. Unzählige Seminare zur Verbesserung der eigenen Körpersprache, zum Training der Rhetorik, zu Präsentationstechniken und nicht zuletzt zum Thema Verkaufen versprechen, dass Charisma und Ausstrahlung erlernbar seien. Doch ganz so einfach ist die Sache nicht.

Aus zwei Gründen ist dieses Arbeitsfeld besonders. Zum einen kann man Charisma nicht anfassen. Es entzieht sich unserer Kontrolle. Interessant auch: Wenn ein charismatischer Mensch in einem Raum einen Vortrag hält, dann können alle Zuhörer sein Charisma spüren und sind begeistert. Nur eine Person kann es nicht wahrnehmen. Das ist der charismatisch Vortragende selbst. Wir selbst wissen also nicht, wann wir besonders charismatisch sind und wann nicht. Die zweite Gegebenheit, die die Beschäftigung mit dem eigenen Charisma besonders macht, ist die Tatsache, dass Charisma sehr stark durch das Unterbewusstsein geprägt wird. Die direkten Stellschrauben sind ebenso wie alle Beeinflussungsmöglichkeiten des Unbewussten unserem unmittelbaren willentlichen Zugriff entzogen.

Charisma ist die Ausstrahlung und positive Wirkung, die Ihre Persönlichkeit und Ihr Auftreten in der Wahrnehmung anderer Menschen erzeugen. Sogenannten charismatischen Menschen wird Sympathie und Vertrauen entgegen gebracht, andere Menschen folgen ihnen, teilen ihre Visionen und unterstützen sie in ihren Zielen, weil sie ganz besonders zu sein scheinen.

Eine Sache kann ich Ihnen zum Charisma sagen. Durch Rhetorik- und Präsentationsseminare entsteht es nicht. Leider.

Auf der anderen Seite ist Charisma eine Eigenschaft, die wie Zündstoff zum Erreichen eigener Ziele und Führen des eigenen Lieblingslebens dienen kann. Ich verstehe daher sehr gut den Wunsch charismatisch zu sein. Doch wann ist ein Mensch charismatisch und wie können wir es vielleicht noch werden?

Der Schlüssel liegt im Unbewussten. Happy Leader wirken durch ihre innere Klarheit, ihr Selbstbewusstsein, ihre Begeisterung für ihre Ziele und die Gewissheit, dass sie diese nur mit der Unterstützung anderer Menschen erreichen können. Man kann sagen, charismatische Happy Leader sind Menschen die innen sehr klar und daher nach außen stark wirken. Sie haben für sich die Dinge, die Ihnen wichtig sind, geklärt und können so souverän mit anderen und den sich bietenden Gelegenheiten umgehen.

Im täglichen Miteinander und auch, wenn sie vor anderen auf einer Bühne stehen zeigen sich charismatische Happy Leader ungekünstelt, ganz echt und verletzlich und schaffen Vertrauen dadurch, dass sie auch immer die Großartigkeit anderer Menschen anerkennen. Das unterscheidet sie von den coolen Typen, die den Eindruck zu vermitteln suchen, dass sie alles im Griff haben, niemals scheitern, einfach perfekt sind und eigentlich niemanden brauchen, da sie ohnehin alles am besten können.

Charisma entwickeln

Wenn Sie Charisma entwickeln wollen, dann können Sie sich durchaus an großen, charismatischen Persönlichkeiten orientieren. Denn sehr viele haben eines gemeinsam: Sie sind sich ihrer Träume und Ziele bewusst, strahlen diese Klarheit aus und können andere dafür begeistern. Kommt Ihnen das bekannt vor? Genau. Diese Menschen haben ihren Lebenssinn, ihren Purpose gefunden. Wenn Sie glauben, dass Ihnen Charisma fehlt, dann ist meine erste Empfehlung, sich noch einmal mit dem Arbeitsfeld »Sinn, Bedürfnisse, Werte« in der Happy-Leading-Formel zu beschäftigen.

Wenn Sie in diesem Kernbereich Klarheit für sich gefunden haben, wenn Sie sich diese Komponenten Ihrer Persönlichkeit bewusst gemacht und Ihre klaren Ziele verinnerlicht haben, dann können Sie unbeirrbar ihren Weg gehen und lassen sich durch nichts und niemanden davon abhalten. Sie werden dann in ihrer Begeisterung und in ihrer Überzeugung, Ihre Ziele erreichen zu können, sehr glaubwürdig und inspirierend wirken. Dieses Selbstbewusstsein, das Bewusstsein für Ziele, Bedürfnisse und Werte des eigenen Selbst, das, wofür sie stehen und was sie brauchen, gibt ihnen Kraft. Ihr Selbstvertrauen und ihre Fähigkeit, andere zu überzeugen und mitzureißen, sichert ihnen loyale Mitstreiter. Sie gewinnen die Menschen nicht für ihre Pläne sondern für ihre Träume.

Als Martin Luther King vor Tausenden von Menschen sprach, sagte er nicht »I have a plan« sondern »I have a dream«. Er gab nicht vor, zu wissen wie dieser Traum Wirklichkeit werden könnte. Die Menschen, die er begeisterte, folgten nicht ihm, sondern seinem Traum, seinen Zielen, seinem WARUM und mit diesem damals noch undenkbaren Traum inspirierte er Hunderttausende, an dessen Umsetzung mitzuwirken.

Menschen folgen charismatischen Persönlichkeiten nicht, weil sie müssen, sondern weil sie wollen. Nicht, weil sie diese verehren, sondern weil sie deren Träume teilen und sich in deren Zielen wiederfinden.

Diese Ausstrahlung hat nichts mit Perfektion, Macht oder Selbstüberschätzung zu tun. Im Gegenteil: Oft wirken diese besonderen Menschen eher demütig und bescheiden, manchmal auch etwas verrückt. So als wären sie sich ihres Besonders-Seins gar nicht bewusst oder machten sich nichts daraus, was andere über ihre verrückten Träume denken. Sie leben es ganz selbstverständlich und geben sich voll und ganz ihren eigenen Vorstellungen hin. Ihr kontinuierliches Verfolgen ihrer Träume, ihr oft inspirierendes Einbinden anderer Menschen in ihre Träume verdeutlicht, dass sie sich eben nicht selbst überschätzen, sondern die Weisheit besitzen zu wissen, dass andere Menschen andere Kompetenzen haben, die sie zur Erreichung ihrer Ziele und Träume brauchen.

Eine ganz besondere Eigenschaft von großen Persönlichkeiten ist ihr Respekt anderen Menschen gegenüber. Sie wissen, dass sie Großes nicht allein erreichen können. Sie kennen ihre Stärken aber auch ihre Schwächen und sind sich darüber im Klaren, dass sie andere Menschen mit anderen Talenten und Potenzialen brauchen, um ihre Träume zu realisieren. Deshalb besitzen sie nicht den Hochmut zu glauben, die Besten zu sein sondern wertschätzen die Talente und Beiträge anderer Menschen.

Steve Jobs sagte einmal: »Es macht keinen Sinn, kluge Leute einzustellen und ihnen zu sagen, was zu tun ist. Wir stellen kluge Leute ein, damit sie uns sagen können, was zu tun ist.«

Henry Ford soll einmal allen seinen Führungskräften die Aufgabe gegeben haben, ihm Mitarbeiter aus dem eigenen Team zu präsentieren, die in bestimmten Bereichen brillanter sind als die Führungskräfte selbst. Diejenigen Führungskräfte, die keinen solchen Mitarbeiter nennen konnten, soll er auf der Stelle entlassen haben. Die Unfähigkeit dieser Führungskräfte, das Genie und die Brillanz in anderen zu erkennen, disqualifizierte sie in ihrer Funktion, weil sie damit bewiesen, dass sie Potenziale nicht erkannten und damit brach liegen ließen. Und das bringt Unternehmen große Verluste.

In der Gegenwart großer Persönlichkeiten fühlen sich andere Menschen also in ihrer Andersartigkeit wohl und bringen ihre Talente und Fähigkeiten mit Freude ein. So können gemeinsam großartige Ziele erreicht werden.

Das Besondere großer Happy Leader wie zum Beispiel Walt Disney, Henry Ford, Martin Luther King und Nelson Mandela lag also nicht darin, sich bei Ihren Auftritten mit ausgefeilter Gestik und Mimik, mit Perfektion und ausgearbeiteten Strategien und Plänen zu profilieren sondern darin, sich in ihrer Begeisterung für ihre Träume und Ziele zu zeigen, aber auch die Hürden auf dem Weg dahin aufzuzeigen und sie mit anderen zu teilen. Damit haben sie Menschen inspiriert, ihre eigenen Beiträge zur Realisierung dieser Träume einzubringen.

Wann sind Auftritts- und Präsentationsworkshops hilfreich?

Ich denke, diese Frage beantwortet sich aus dem vorher gesagten schon von selbst: ein Auftritts- oder Präsentationscoaching wird eine Führungskraft nur dann darin unterstützen können, ein Happy Leader zu werden, der das Auditorium berührt und mitreißen kann, wenn er bereits vorher die Eigenschaften eines Happy Leaders mitbringt. Die Voraussetzungen für die Strahlkraft und Inspirationsfähigkeit können nicht in einem Präsentationsworkshop vermittelt werden.

In meinen Auftrittscoachings werde ich oft nach Tipps und Tricks zu Gestik und Mimik gefragt. Meine einfache Antwort: »Versuchen Sie gar nicht erst, nur Ihre Gestik und Mimik zu steuern, da sie dann nicht in Kohärenz sind mit dem Menschen, der Sie sind. Wenn Sie wissen, wer Sie sind, wofür Sie brennen, welchen Traum Sie verfolgen, wenn Sie respektvoll und wertschätzend mit anderen Menschen umgehen, zuhören können und wissen, dass Sie andere Menschen für Ihre Ziele brauchen, werden Ihre Gestik und Mimik ganz natürlich und echt genau das widerspiegeln. Damit werden Sie genau die richtigen Menschen für Ihre Ziele begeistern können.«

Wenn Gestik und Mimik einstudiert sind, werden andere das bewusst oder unbewusst bemerken und als störend bewerten. Das, was in uns vorgeht, spricht ohnehin lauter als tausend Worte.

Sie kennen das sicher: Jemand hält einen furiosen Vortrag, eine begeisternde Präsentation. Dennoch sind Sie nicht begeistert oder berührt. Irgendeine innere Stimme warnt Sie davor, sich darauf einzulassen. Vielleicht haben Sie so einem Menschen nach so einem Auftritt trotz dieses komischen Gefühls schon einmal vertraut und sind nach einiger Zeit enttäuscht worden. Genau das passiert, wenn Gestik und Mimik einstudiert waren, wenn das ganze Schauspiel nicht den innersten Überzeugungen und Werten der Person entsprang. Dann waren diese Menschen nicht echt, nicht authentisch. Und genauso geht es anderen mit uns, wenn wir nicht mit uns und unseren tatsächlichen Überzeugungen verbunden sind und versuchen, anderen etwas vorzumachen. Antrainierte Gestik und Mimik macht niemanden zu einem inspirierenden Happy Leader. Es gibt durchaus Tipps für Ihre Gestik und Mimik, die Ihnen gute Trainer bewusst machen können, die Ihren Auftritt verbessern können. Allerdings funktionieren die auch nur, wenn sie Ihrer inneren Haltung dem Publikum gegenüber entsprechen.

Die stärkste Wirkung auf andere Menschen entsteht nicht durch Ihre Worte, Gestik und Mimik, sondern durch das, wofür Sie brennen.

Beispiel: Gilbert S. findet über innere Klarheit zu Charisma

Gilbert S. kam zu mir, weil er ein großes Ziel hatte, einen Traum: er wollte mit seinem Unternehmen die Nummer 1 in seiner Branche werden und hatte auch genaue Vorstellungen davon, wie das gelingen konnte. Dieser Traum war nicht eine dieser strategisch ausgeklügelten Unternehmensvisionen, wie sie in so manchen Unternehmen ohne Essenz und tieferen Sinn verordnet werden, sondern sein Herzenswunsch.

Er war weder studiert, noch hatte er andere offensichtliche Merkmale eines charismatischen Führers. Er war eher klein, wenig trainiert, und tat offensichtlich nicht sehr viel für seine Gesundheit: übergewichtig, nervös, starker Raucher, blass, Ränder unter den Augen. Er hatte allerdings einen Trumpf, der seinen größten Wunsch wahrscheinlich machte: er war Leistungssportler gewesen, wusste, dass Ausdauer und der unbeirrbare Wunsch zu siegen ihn überall hinbringen würden und er war ein Teamplayer. Er wollte nun auch im Geschäft seinen Traum verwirklichen. Er kannte nur die Trainingseinheiten noch nicht, die ihn zu seinem Ziel bringen würden.

Seine etwa einhundertzwanzig Mitarbeiter mochten ihn, da er sie respektvoll behandelte. Sein Unternehmen lief zwar ganz gut, war aber noch sehr weit von seinem Traum entfernt. Bisher war es ihm noch nicht gelungen, seine Mitarbeiter dazu zu bewegen, eigeninitiativ, eigenverantwortlich, kreativ und mehr als unbedingt nötig zu arbeiten. Und er hatte schon einiges ausprobiert.

Sein persönlicher Lebenssinn »Ich helfe Menschen, zu wachsen« passte zu seiner Rolle als Führungskraft. Er veränderte seine Ernährungsgewohnheiten, begann langsam seine körperliche Kondition wieder zu steigern, indem er zweimal wöchentlich zum Joggen ging und die Geschwindigkeit und Zeitspannen langsam steigerte. Er stellte das Rauchen ein und verzichtete darauf, jeden Abend fernzusehen, begann Bücher zum Thema Führung zu lesen und ging eher ins Bett.

Er setzte konsequent um, was er im Coaching für sich als sinnvollen nächsten Schritt auf seinem Weg erkannt hatte. Zu Beginn waren das die Erkundung seines Lebenssinns und seiner Lebensaufgabe, die Umstellung seiner Lebensgewohnheiten und die Verbesserung seiner Kommunikation. Ich bat ihn, seinen Traum sichtbar und fühlbar zu machen. Er malte und schrieb. Ein Grafiker half ihm, in einem Storyboard die Umsetzung seines Traums zu Papier zu bringen und er schrieb einen berührenden Text dazu.

In seiner nächsten Großveranstaltung, zu der alle seine Mitarbeiter eingeladen waren, präsentierte er seinen Traum – und tatsächlich begann er seinen Vortrag mit den Worten »Ich habe einen Traum …«

Er setzte seinen beeindruckenden Vortrag fort, indem er das Storyboard Bild für Bild präsentierte. Seine Stimme zitterte bei seinen Worten, die er ohne abzulesen offenbar ganz neu formulierte. Er hatte sein Manuskript nach den ersten Sätzen zur Seite gelegt um sich besser bewegen, besser gestikulieren zu können. Als er beschrieb, wie das Unternehmen in wenigen Jahren aussehen würde, was es seinen Kunden zur Verfügung stellen würde und wie die Mitarbeiter dazu beitragen würden, das beliebteste Unternehmen der Branche zu sein, war er ganz in seinem Element. Er schaffte es, mit seiner authentischen Gestik und bewegten Mimik auch für seine Mitarbeiter ein ganz lebendiges Bild von dem zu erschaffen, was sie in dieser Zukunft sehen und fühlen können. Manchmal schloss er seine Augen und jeder konnte sehen, dass diese Zukunft für ihn schon Realität war. Er war schon dort angekommen und nahm alle im Raum mit in diese großartige Szenerie.

Im Konferenzraum, einem schönen hellen Raum mit vielen Grünpflanzen, in dem die einhundertzwanzig Mitarbeiter in einem großen Stuhlkreis saßen, war es ganz still. Die sonst eher unruhigen Mitarbeiter hörten ihm zu und ich konnte beobachten, wie sie lächelten oder selbst ganz verträumt, mit offenem Mund, in dieser Zukunft unterwegs waren. Als ihr Chef die Reise in die Zukunft, in seinen Traum, mit den Worten »... und Sie alle sind eingeladen, mit mir diese Zukunft zu gestalten«, beendete, bekam er begeisterten Beifall. Minutenlang.

Das war der Beginn einer beeindruckenden Entwicklung. Schon in dieser Konferenz waren die Mitarbeiter eingeladen, Ihre Ideen zur Umsetzung dieser Zukunft beizutragen. Sie entwickelten Maßnahmen und Projekte, die nicht nur Schritte in die richtige Richtung waren, sondern ihnen Spaß machten. Deshalb wurde auch ein Großteil davon tatsächlich umgesetzt. Und das setzte sich seither so fort. Die Mitarbeiter brachten sich ein, weil es dem Chef gelungen war, sie mit seiner echten, nicht einstudierten, sehr authentischen Art für diese Zukunft, die alle wollten, zu begeistern. Es gab ein klares Ziel, dem alle folgten. Er hatte seine Mitarbeiter für seinen Traum inspiriert und trotz der Rückschläge, die auf einem so herausfordernden Weg natürlich auftreten, gelang es diesem Unternehmer immer wieder, seine Mitarbeiter für das gemeinsame Ziel zu begeistern.

Diese Fähigkeit, andere Menschen zu inspirieren, wirkt wie eine Kraftquelle. Selbst in schwierigen Zeiten half dieses Bild allen Beteiligten immer wieder, sich aufzurappeln und weiterzumachen. Natürlich gehörte zu ihrem Weg auch die gemeinsame Ausarbeitung einer klaren Strategie, gemeinsamer Werte und von allen respektierte Rahmenbedingungen ihrer Zusammenarbeit.

Heute haben Sie es geschafft. Das Unternehmen ist nicht nur super erfolgreich sondern gehört zu den attraktivsten Arbeitgebern der Region. Es ist zwar allgemein bekannt, dass jeder Mitarbeiter dort im Höchstmaß gefordert wird. Es hat sich allerdings ebenfalls herumgesprochen, dass es Spaß macht, dort zu arbeiten, weil jeder genau das macht, was ihm liegt und Freude bereitet und alle gemeinsam einen großen Traum verfolgen.

Ihr starker Auftritt – so wird er gelingen

Wenn Sie alles beherzigen, was in diesem Buch über Charisma gesagt wurde, dann beherrschen Sie bereits das Wichtigste für einen großartigen Auftritt. Sei es in einem Vortrag, einer Präsentation, in einem Meeting oder überall dort, wo Sie unter Menschen sind.

Natürlich gibt es darüber hinaus noch ein paar hilfreiche Tipps, die ich den Happy Leaders in meinen Trainings mit auf den Weg gebe. Das sind aber eher technische Hinweise, die zum Basiswissen eines jeden gehören sollten, der den Auftritt vor großem und kleinem Publikum bewältigen möchte. Durch diese Tipps werden sie nicht charismatisch, wenn Sie aber innere Klarheit besitzen, dann helfen Ihnen diese Hinweise, ihren Auftritt noch etwas souveräner zu gestalten und das eine oder andere Fettnäpfchen zu vermeiden:

Tipps für Ihren überzeugenden Auftritt:
- Angemessenen Blickkontakt zu den Anwesenden halten.
- Wertschätzende Haltung gegenüber den Zuhörern: freundlich und respektvoll sein.
- Teilnehmer wenn möglich mit Namen ansprechen.
- In Lautstärke und Tempo verständliche Sprache wählen.
- Angemessene Wortwahl (nicht zu viele Fachtermini/Fremdwörter).
- Alle Wahrnehmungstypen – visuell, auditiv, kinästhetisch – bei Sprache, Gestik und Mimik mit einbeziehen.
- Sprechpausen zum gedanklichen Luftholen machen.
- Eine dem Publikum angemessene Kleidung tragen (Respekt!).
- Angekündigte Zeiten einhalten.
- In der Fragerunde durch offene Fragen (W-Fragen, zum Beispiel welche, wie, warum ...) zur Beteiligung an der Diskussion anregen.
- Alle Beiträge der Teilnehmer ernst nehmen (Respekt!).

- Bleiben Sie ganz Sie selbst. Probieren Sie in einer Präsentation – falls Sie noch kein routinierter Profi sind – nichts Neues aus. Seien Sie nicht witzig, wenn Sie es sonst nicht sind spielen Sie nicht den seriösen Präsentator, wenn Sie sonst ein humorvoller Mensch sind! Sie können bei einem größeren Auditorium Stimme, Gestik und Mimik entsprechend verstärken. Aber auch das bitte vorher ausprobieren.
- Erlauben Sie es sich, Fehler zu machen! Reagieren Sie darauf locker und mit Humor. Und häufig haben Sie damit die Herzen und die Aufmerksamkeit Ihrer Zuhörer schon auf Ihrer Seite. Seien Sie ein gutes Beispiel für das Fehlermachen und dafür, dass man in den meisten Fällen nicht gleich davon stirbt ...
- Üben, üben, üben!

Üben Sie Ihre Präsentation mindestens einmal, bevor Sie diese halten! Nutzen Sie einen Probelauf, um den Aufbau Ihrer Argumente, die Begründung Ihrer Thesen, die Stimmigkeit Ihrer Visualisierungen und die Einhaltung Ihrer Zeiten zu überprüfen. Versuchen Sie nicht Ihre Gestik und Mimik zu trainieren. Diese wird von ihrem Unbewussten maßgeblich geprägt. Sind Sie in sich sicher, wird Ihre Gestik und Mimik das zeigen. Wenn Sie hingegen bewusst locker wirken wollen, dann erscheint das in der Regel höchstens komisch, selten echt, sehr selten überzeugend.

Üben Sie jedoch nicht zu oft und auch nicht mehr kurz davor – das macht Sie nur nervös!

Lampenfieber als Freund und Helfer

Lampenfieber ist eine der intelligentesten Reaktionen unseres Körpers und es wäre fatal, wenn wir sie nicht hätten. Auch Schauspieler und die selbstbewussten, routinierten Sprecher haben Lampenfieber. Im Unterschied zu anderen Menschen wissen die Profis allerdings, wie sie diese zusätzliche Energie für ihren Auftritt bestens nutzen können und nehmen es oft gar nicht mehr als Lampenfieber wahr sondern nutzen es zur Verstärkung ihrer Strahlkraft.

Lampenfieber ist eine Reaktion unseres Körpers auf alle Arten von Situationen, die wir bewusst oder unbewusst als gefährlich wahrnehmen. Das sind typischerweise Situationen, die außerhalb unserer Komfortzone stattfinden. Je nach Situation hat diese Körperreaktion viele verschiedene Namen. Wir nennen die Reaktionsmuster Lampenfieber, wenn uns ein Auftritt bevorsteht. Angst, wenn wir in eine gefährliche Situation kommen oder auch Verliebt-Sein, wenn die Begegnung mit unserer neuen Liebe bevorsteht. Da die Reaktion aus dem Unbewussten kommt, können wir diese auch nicht einfach ausschalten. Es bleibt nur der Weg, mit dem Lampenfieber bewusst umzugehen. In allen Fällen bemerken wir die Symptome von Angst: Schnellerer Herzschlag und aufgeregt sein. Diese Symptome werden von unserem Körper produziert, um uns zu schützen und stammen aus einer Zeit vor unserer Zivilisation.

Was genau passiert da also in unserem Körper?
Der Hypothalamus, die Steuerzentrale im Gehirn, löst eine Sympathicusreaktion aus was zur Folge hat, dass die Nebennierenrinde Adrenalin und Noradrenalin produziert. Diese Steuerzentrale ist mit dem Willen nicht lenkbar. Ebenso wenig, wie unser Herzschlag und die Funktion unserer Organe von unserem Willen zu steuern sind, können wir auch diese Schutzfunktion unseres Körpers nicht willentlich beeinflussen.

Diese beschriebenen Prozesse, die unseren Körper zu Höchstleistungen befähigen, halfen unseren Vorfahren, schnellstens zu flüchten oder bestärkt und schmerzresistent standzuhalten und zu kämpfen. Wenn wir diese vom Körper in Gefahrensituationen produzierten Stoffe im Körper haben, ist er darauf vorbereitet, Gefahrensituationen gestärkt zu meistern. Sie wirken wie eine kurzfristige Energiespritze, die wir zur Unterstützung unseres lebendigen Auftritts nutzen können.

Erst wenn wir versuchen, die zusätzliche Energie zu unterdrücken oder zu ignorieren, entstehen die folgenden Symptome: roter Kopf, Schwitzen, Stimme klingt gepresst oder ist ganz weg, völliger Blackout und je nach Typ auch Stottern, Verdauungsstörungen oder Schlaflosigkeit. Und das nennen wir dann Lampenfieber.

Das Fatale ist, dass die negativen Symptome von Lampenfieber dadurch, dass wir versuchen, sie wegzudrücken, nur noch schlimmer werden. Wir können uns nicht einfach sagen: »Sofort die Aufregung stoppen, aufhören zu schwitzen und sofort einen klaren Kopf bekommen.« Das funktioniert nicht.

Was hingegen funktioniert, sind bewusst gesteuerte Gedanken, die uns helfen, die zusätzlich zur Verfügung stehenden Energiereserven sinnvoll einzusetzen. Wenn wir vor einem größeren Auditorium sprechen brauchen wir diese zusätzlichen Energien, um alle zu erreichen. Ansonsten wirken wir wie eine Schlaftablette. Unsere Zuschauer schalten dann irgendwann einfach ab. Richtig genutzt lässt uns die zusätzliche Energie lebendig wirken und unterstützt uns dabei, die Teilnehmer zu inspirieren.

Folgende Gedanken und Tipps helfen Ihnen, sich voll und ganz Ihrem Thema zu verschreiben, die zusätzliche Energie in Lebendigkeit und Begeisterungsfähigkeit zu transformieren:

Vor dem Auftritt:
Eine Vorstellung Ihres erfolgreichen Auftritts entstehen lassen: Dies ist der wichtigste Tipp. Lassen Sie während Ihrer Vorbereitung ein positives Bild davon in sich entstehen, wie die Zuhörer nach Ihrem Auftritt reagieren werden. Lassen Sie die Gefühle in sich entstehen, die Sie nach Ihrem erfolgreichen Auftritt fühlen werden. Stellen Sie sich vor, dass Sie die Zuhörer mit Ihren Worten erreicht und inspiriert haben. Nehmen Sie sich immer wieder einen Moment Zeit, dieses Bild Ihrer begeisterten Zuhörer zu sehen und zu spüren, wie es sich anfühlt, erreicht zu haben, was Sie sich wünschen.

Doch, das ist möglich, denn unser menschlicher Geist ist dazu in der Lage, sich alles vorzustellen. Auch das! Diese Vorstellung braucht vielleicht ein wenig Fantasie und Zeit, um als Gesamtbild für Sie aufzutauchen.

Sie werden das Selbstvertrauen, das Sie damit in sich entwickeln, ausstrahlen und es wird Sie sicher durch den Vortrag führen. Ihre Zuhörer werden Ihnen zuhören, weil sie nicht abgelenkt werden durch Unsicherheiten, die bei einem Redner voller Selbstzweifel und Nervosität vom eigentlichen Thema ablenken. Die Vorstellung dieser Bilder und Gefühle gehört ebenso zu Ihrer Vorbereitung wie der Inhalt Ihres Vortrags. Es nützt wenig, sie sich erst fünf Minuten vor dem Auftritt zum ersten Mal vorzustellen.

Machen Sie sich klar, dass Ihr Auftritt nicht dazu dient, Sie als Mensch und Vortragenden zu beurteilen sondern dazu, die Menschen mit Ihrer Wertschätzung und Ihrem Vortrag zu beschenken. Es geht nicht um Sie sondern um das, was Sie zu sagen und beizutragen haben.

Heißen Sie die zusätzliche Energie willkommen: Machen Sie sich klar, dass die Aufregung ein Zeichen dafür ist, dass ihr Körper ganz normal funktioniert und sie bei Ihrem Vortrag unterstützen will. Finden Sie einen Satz, der auch Ihr Unterbewusstsein informiert. Mein Satz ist: »Da bist du ja, Aufregung. Na, dann kann es ja jetzt losgehen.« Damit heißen Sie Ihre zusätzlichen Energien willkommen und versuchen nicht, sie zu unterdrücken.

Verwandeln Sie Ihre Aufregung in Freude, Vorfreude, wie vor einer Verabredung mit einem geliebten Menschen. Stellen Sie sich vor, die Zuhörer können es kaum abwarten, zu hören, was Sie zu sagen haben.

Kontakt zu den Teilnehmern aufnehmen: nehmen Sie bereits vor Ihrem Auftritt direkten Kontakt zu Ihren Zuhörern auf. Ich stelle mich immer gern an die Eingangstür und begrüße die Zuhörer. So komme ich von Anfang an in direkten Kontakt und spreche dann nicht mehr zu Fremden sondern zu Menschen, denen ich schon in die Augen gesehen habe. Das mache ich auch, wenn ich die Teilnehmer schon kenne. Das hilft mir, mich auf sie einzustellen und vielleicht schon in den einleitenden Worten etwas über meinen Eindruck zu sagen, den ich bei der Begrüßung hatte. »Ich freue mich, heute bei Ihnen zu sein. Als ich Sie eben begrüßt habe, sagte mir jemand, er freue sich auf meinen Vortrag. Danke dafür, das hat mich sehr gefreut.« Oder » Als ich eben an der Tür stand, um mein Publikum ein wenig kennenzulernen, hatte ich den Eindruck, dass einige von Ihnen noch sehr skeptisch sind, was mein Thema betrifft. Das kann ich gut nach-vollziehen. Als ich das erste Mal davon hörte, war ich so abgeschreckt, dass ich erst gar nicht zu den Vorträgen gegangen bin. Deshalb freue ich mich, dass Sie so offen sind, sich anzuhören, was ich heute dazu sagen möchte. Und Skepsis ist bei mir absolut erlaubt, ja sogar erwünscht ...« Und schon sind Sie mitten in Ihrem Vortrag.

Kleidung: Ein kleines aber wichtiges Detail ist Ihre Kleidung. Achten Sie darauf, dass es dem Anlass entspricht und bequem sitzt. Nichts ist stören-der als unbequeme Schuhe, zu enge Kleidung oder das Gefühl, nicht richtig gekleidet zu sein. All das lenkt Sie davon ab, brillant zu sein.

Räumlichkeiten: Wenn es möglich ist, machen Sie sich mit neuen Räum-lichkeiten vor Beginn Ihres Vortrags vertraut. Vergewissern Sie sich, dass Sie genug Bewegungsfreiheit auf der Bühne haben, dass das Mikrofon, wenn benötigt, richtig eingestellt ist und der Raum so gut ausgeleuchtet ist, dass die Teilnehmer nicht durch zu wenig Licht schläfrig werden. Am besten ist natürlich Tageslicht. Gehen Sie zu dem Platz, auf dem Sie vortra-gen werden und bewegen Sie sich dort, gehen Sie auf und ab und machen sich, Ihren Körper und Ihren Geist vertraut mit der Umgebung. All das trägt dazu bei, dass Sie nicht zu Beginn des Vortrags durch all das Neue abgelenkt und irritiert sind und sich so voll und ganz auf Ihren Vortrag konzentrieren können.

Atmung: Atmen Sie vor Ihrem Auftritt ganz bewusst langsam ein während Sie bis vier zählen und genauso langsam aus, während Sie in der gleichen Geschwindigkeit wieder bis vier zählen. Das allein beruhigt. Oder machen Sie die einfache aber sehr wirkungsvolle Atemübung, die ich Ihnen auf meiner Website *www.happy-leaders.de* beschreibe.

Bewegen Sie sich: Wenn Sie gut vorbereitet sind und wissen, was Sie sagen wollen, nimmt das schon viel der Aufregung und gibt Ihnen die Freiheit, sich ohne Script oder Rednerpult bewegen zu können. So wie unsere Vorfahren das Adrenalin in gefährlichen Situationen dafür genutzt haben, wegzulaufen oder zu kämpfen, also sich extensiv zu bewegen, können Sie das zusätzliche Adrenalin gut nutzen, indem Sie sich bewegen. Laufen Sie, gestikulieren Sie ganz natürlich aber bleiben Sie nicht auf einer Stelle stehen.

Die Aufregung in Worte fassen: Wenn die Aufregung noch immer da ist, wenn Sie vor die Menschen treten, bringen Sie Ihre Aufregung in angemessene Worte: »Ich merke grad, ich freue mich außerordentlich, dass ich heute vor Ihnen sprechen kann« oder »Nun habe ich mich so lange auf diese Veranstaltung vorbereitet, jetzt kann ich es kaum erwarten, Ihnen meine Erkenntnisse (Informationen et cetera) zu präsentieren.

Die Auswirkungen des Lampenfiebers werden sich verwandeln und Sie als ganz natürliche Energiespritze darin unterstützen, Ihren Vortrag lebendiger und kraftvoller zu gestalten. Dieses Geschenk unseres Körpers ist eigentlich ganz wunderbar und signalisiert uns auf seine ganz besondere Weise, dass wir leben und unser Körper bestens funktioniert.

Beispiel: Authentisch und im Einklang mit den Erwartungen der Zuhörer

Ein guter Kunde, Geschäftsführer eines großen internationalen Unternehmens, rief mich an und bat mich darum, einen Kollegen darauf vorzubereiten, einen Posten als internationale Führungskraft im Bereich R&D zu übernehmen. »Er ist ein großartiger Wissenschaftler und macht auch als Führungskraft in seiner Abteilung einen wirklich guten Job. Er hat Einfühlungsvermögen und seine Mitarbeiter mögen ihn. Er hat alle Voraussetzungen dazu, international zu koordinierende Projekte verantwortlich zu leiten und er ist auch der einzige, dem wir diese verantwortungsvolle Position zutrauen. Aber er ist eine Katastrophe, wenn es darum geht, zu präsentieren. Und das gehört nun mal zu dieser neuen Position dazu. Er macht zwar großartige PowerPoint Präsentationen. Aber wenn er vor anderen spricht, hört ihm nach wenigen Minuten niemand mehr zu, sie verdrehen die Augen oder fangen an, auf Ihren Handys zu tippen.«

Ich traf mich mit ihm, er war offen dafür, sich helfen zu lassen. Ihm war bewusst, dass er beim Präsentieren vollkommen versagte. Er hatte geradezu Angst davor.

Dr. M. war das, was ich einen typischen Wissenschaftler nennen würde. Mit seinen zweiundvierzig Jahren sah er schon viel älter aus, war förmlich, aber eher nachlässig gekleidet, konnte seine früh ergrauten Haare ohne erkennbaren Haarschnitt kaum bändigen und hatte Schwierigkeiten, mir in die Augen zu sehen. Als introvertierter Mensch, der lieber vor sich hin tüftelte oder im Vier-Augen-Gespräch auf die Anliegen und Sorgen seiner Mitarbeiter einging, fiel es ihm schwer, sich vor einer größeren Gruppe von Menschen zu zeigen. Abgesehen davon hatte er für mich schon die meisten Voraussetzungen eines Happy Leaders. Er liebte seine Aufgaben, sprach sehr wertschätzend über seine Mitarbeiter und Kollegen und brannte für seine neue Aufgabe.

Als ich ihn bat, zu einem selbst gewählten Thema zu präsentieren, wurde mir klar, warum seine Zuhörer wie beschrieben reagierten. Er stand wie angewurzelt auf einer Stelle, sprach umständlich und ausführlich und seine Nervosität ließ ihn falsch atmen, so dass er nach wenigen Minuten nervös wurde und sogar den Faden verlor. Ihm stand der Schweiß auf der Stirn und in dem Versuch, die Präsentation doch noch zu retten, sprach er immer schneller und unverständlicher.

Ich fragte ihn, was in ihm vorgehe, wenn er da vorn stehe. »Ich weiß auch nicht. Ich habe immer Angst, dass ich nervös werde und die Zuschauer mich nicht verstehen. Und dann fange ich an, zu viel und zu schnell zu reden und erkläre alles viel zu ausführlich. Das weiß ich wohl. Und dann verliere ich den Faden. Das passiert mir immer und deshalb habe ich schon vorher große Angst, zu präsentieren.«

Die verschiedenen schlechten Erfahrungen und die damit verbundenen Bilder, machten es ihm unmöglich, frei über das zu sprechen, was er eigentlich im Schlaf beherrschte.

Ich fragte ihn, ob er überhaupt präsentieren wolle, um herauszufinden, ob es da einen grundsätzlichen Widerstand gab. Als er mir sagte, er sehe ein, dass das zu seiner Position dazu gehöre und er das auch unbedingt lernen wolle, war mir klar, dass er es schaffen würde. Was ihn davon abhielt, gute Präsentationen zu machen war vor allem seine Angst vor seinem Lampenfieber und die Wirkung, die das auf die Zuhörer hatte. Als ich ihm erklärte, was Lampenfieber tatsächlich ist und er die zusätzlichen Energien anders als bisher nutzen könne, war er ganz überrascht und bereit, es noch einmal zu versuchen.

Es war erstaunlich, was ich dann sah: Ein völlig anderer Mensch stand da vor mir. Er bewegte sich auf der gesamten Fläche, die ihm zwischen Flipchart und Stuhlreihen zur Verfügung stand. Er gestikulierte und war innerhalb weniger Minuten voll in seinem Thema. Die Bewegung tat ihm gut, denn so konnte er das zusätzliche Adrenalin nutzen und wirkte nicht mehr stocksteif sondern lebendig und inspirierend. Er liebte sein Thema. Und obwohl er in seinem Eifer wieder zu schnell zu sprechen begann, konnte ich ihm gut folgen.

Wir arbeiteten dann noch an seiner Sprechgeschwindigkeit, er lernte Pausen zwischen seinen Sätzen zu machen, auf seinen Atem zu achten und er verstand, dass er sich bei seinen Präsentationen auf seine Zuhörer besser vorbereiten musste. Bisher hatte er seine Themen genauso präsentiert, wie sie sich ihm erschlossen: hoch wissenschaftlich und sehr detailliert. Das war seine Art, seine Welt zu sehen. Es brauchte noch ein paar Übungseinheiten, bis er verstand, dass Nicht-Wissenschaftler ganz andere Informationen brauchen als seine Kollegen. Seine Art damit umzugehen war bisher gewesen, die hochwissenschaftlichen Themen sehr detailliert darzustellen, weil er sich wünschte, dass jeder im Raum das Thema genauso verstehen solle, wie er selbst.

Auch nach unserem Training war er kein Kai Pflaume oder Thomas Gottschalk. Er blieb der introvertierte Wissenschaftler. Aber wenn er auf der Bühne stand war er nun auch dort in seinem Element. Und da er sich nun die Erlaubnis gab, er selbst zu bleiben und mit der zusätzlichen Energie, die ihm sein Lampenfieber bescherte, in seiner Art begeistert über seine Themen zu sprechen, konnte jeder im Raum ihm folgen und war berührt von diesem Mann, der hochkompetent, introvertiert aber lebendig über seine komplexen Themen sprach.

Ein paar Wochen nach diesem Training rief mich mein Kunde an und berichtete mir, dass Dr. M. bei einer großen Konferenz, die er selbst organisiert und durch verschiedene Präsentationen bereichert hatte, sehr positiv überrascht hatte. Seine Zuhörer hatten ihm interessiert zugehört und die Konferenz war ein voller Erfolg gewesen.

Bei Happy Leaders sind es oft nur minimale Blockaden, unentdeckte behindernde Glaubenssätze, die sie daran hindern, mit ihrer ganzen Energie Ihre Kompetenz und Ihr Charisma zum Strahlen zu bringen.

Solange Sie selbst nicht begeistert sind von dem, was Sie in Ihren Auftritten Ihren Menschen vermitteln wollen wird Ihnen kein Auftritts- oder Präsentationsworkshop weiterhelfen können – egal was sie Ihnen versprechen. Verbesserte Techniken, einstudierte Gestik und Mimik können einen UnHappy Leader nicht zum Strahlen bringen.

Wissen Sie aber wer Sie sind, was Sie wollen und strahlen voller Energie, Zuversicht und Lebensfreude, kann Ihnen ein Auftrittscoach wunderbar helfen, sich auch vor einem großen Auditorium wohlzufühlen, sich mit ihrer ganzen Kompetenz und Persönlichkeit zu zeigen und damit ihre Zuhörer zu begeistern.

Abschied von der Sachlichkeit.
Happy Leader kommunizieren anders

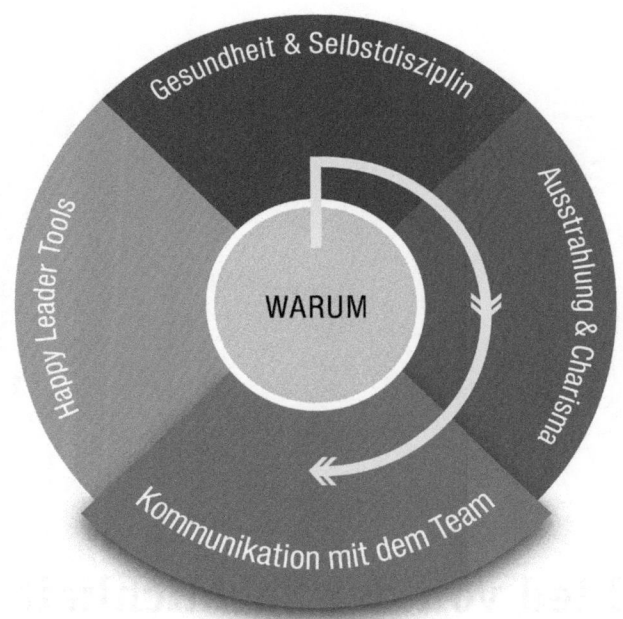

Abbildung 5: Phase 4 der Happy-Leading-Formel © Sabine Bredemeyer
(abgeleitet aus dem Organisationskompass © des Genuine Contact™ Program)

Wir kommen nun zum vierten Arbeitsfeld für angehende Happy Leader. Kommunikation und Wirkung auf andere Menschen und im Team sind Bereiche, die für jeden, der mit anderen Menschen zu tun hat, relevant sind. In der Kommunikation mit unseren Mitmenschen haben wir grundsätzlich zwei Handlungsoptionen. Wir können erwarten und einfordern, dass unser Gegenüber uns schon versteht oder noch einen Schritt weiter, können wir fordern, dass unser Gegenüber schon weiß, was wir von ihm wollen und sich automatisch in unserem Sinne verhält. Oder wir können als bewusste Menschen, die das Menschsein verstanden haben, an dem Punkt ansetzen, der immer von uns selbst gestaltbar ist und die besten Ergebnisse erzeugt: An uns selbst.

Die wichtigsten Ansatzpunkte sind unsere Haltungen, unser Kommunikationsstil und unsere soziale Kompetenz.

Happy Leader haben einen grundsätzlich anderen Kommunikationsstil als die Führungskräfte, die nur den Verstand, die Logik, die Zahlen, Daten und Fakten als ihre unanfechtbaren Leitsterne verteidigen. Happy Leader nutzen ganz aktiv ihre Intuition, ihre emotionale und soziale Intelligenz. Ihr Vorteil gegenüber rein verstandesgesteuerten Kollegen liegt darin, dass sie nicht nur einen Teil ihrer Intelligenz, ihren Verstand, also Ihr Denken, Wissen und Urteilen einsetzen, sondern das ganze Potenzial ihrer Intelligenz, das uns allen von Natur aus eigentlich zur Verfügung steht.

Ein kluger Mensch, einer meiner Lehrer, hat einmal gesagt: »Allein aus dem Verstand zu leben ist die simpelste Form des Lebens. Ein Mensch, der ausschließlich rational entscheidet hält sich an Regeln und Formeln und bezieht nur Zahlen, Daten und Fakten in seine Lebensführung ein. Wenn ein Mensch die Weisheit seiner Emotionen und die unbegrenzten Möglichkeiten zu schätzen weiß, die ihm seine Intuition und seine Gefühle vermitteln, wird er Zugang zu einem schier unbegrenzten Potenzial haben. Was anderen verrückt erscheinen mag, da ihr Verstand nicht vermag, es zu verstehen, sind hochintelligente Entscheidungen, die ihm Erfüllung und Erfolg über die Maßen bescheren. Und je mehr er die Sprache seiner Intuition und seiner Gefühle trainiert und versteht, desto sicherer wird er in seiner unvernünftigen Lebensführung, deren überdurchschnittlicher Reichtum auch andere beschenkt.«

Ihnen ist ganz sicher bewusst, dass Sie als Führungskraft allein mit Ihrer fachlichen Kompetenz nicht sehr weit kommen. Wenn nicht: Ja, das ist so! Selbst wenn Sie der Beste Ihres Faches sind, brauchen Sie für die Erreichung Ihrer Ziele die Kompetenz, sich selbst in Balance zu halten und andere Menschen für Ihre Sache zu begeistern und mit einzubeziehen.

Erst wenn Sie Ihre emotionale und soziale Intelligenz zu nutzen wissen, werden Sie sich selbst und andere Menschen zutiefst verstehen und sie für Ihre Ziele gewinnen können. Das betrifft sowohl das Realisieren privater Ziele als auch jener, die Sie im beruflichen Kontext erreichen wollen.

Der erste Schritt zur Nutzung der emotionalen und sozialen Intelligenz besteht darin, dass Sie sich Ihrer Selbst bewusst sind, dass Sie mit sich selbst achtsam zu kommunizieren wissen.

Das heißt, Sie nehmen nicht nur die Gedanken wahr, die Ihr Verstand produziert, sondern auch das, was Ihr Unbewusstes Ihnen über Emotionen und Stimmungen vermittelt. Die Kunst besteht darin, Gefühle nicht zu unterdrücken, sondern zu lernen in ihnen zu lesen. Emotionen sind hochintelligente Signale, die Ihr Körper und Ihr Unbewusstes Ihnen senden. Diese gilt es wahrzunehmen, zu verstehen, zu übersetzen, zu vertrauen und mit ihnen zu interagieren. Ist unser Körper gesund und in Balance nimmt er ungleich schneller und weitaus mehr wahr als unser Verstand. Das Zusammenspiel aus emotionalen und körperlichen Signalen und unserer Fähigkeit, diese zu deuten und mit Ihnen umzugehen, wird als emotionale Intelligenz bezeichnet. Psychologen sind sich heute ziemlich einig darin, dass die emotionale Intelligenz (EQ) der intellektuellen Intelligenz (Logik und Verstand) mindestens ebenbürtig ist.

Sie kennen das ganz bestimmt, auch wenn Sie sich lieber auf Ihren Verstand verlassen: Sie betreten einen Raum und spüren, wenn etwas nicht stimmt. Vielleicht verdrängen Sie es, weil Sie es nicht sehen und nicht verstehen können. Und irgendwann stellt sich heraus, dass etwas vollkommen schief läuft, was weder zu erkennen noch abzusehen war. Ihre emotionale Intelligenz hatte es sofort erfasst.

Um die wertvollen Informationen, die uns unsere Emotionen und Gefühle vermitteln, sinnvoll und zielgerichtet zu nutzen, müssen wir die Wahrnehmung unserer Emotionen verbessern und können dann auch lernen, aktiv

Einfluss auf unsere eigenen Gefühle und Reaktionsmuster zu nehmen. Wir können lernen, ihre Ursachen zu erkennen und sie gegebenenfalls zu verändern, um unsere Reaktionen darauf bewusster zu steuern.

So können wir lernen zu unterscheiden, was in uns selbst und was im Außen vorgeht. Wir sind in der Lage, Situationen und Menschen besser einzuschätzen und mit dieser hoch entwickelten Wahrnehmungsfähigkeit die besseren Entscheidungen zu treffen.

Die gute Nachricht: selbst wenn Sie Emotionen oder Gefühle bisher eher als lästig empfunden und möglicherweise sogar unterdrückt haben, sodass Sie Ihre emotionale Intelligenz wenig genutzt oder trainiert haben, können Sie jederzeit mit einem Training beginnen. Es ist nie zu spät, dieses hochintelligente System in unserem Körper zu unserem Nutzen einzusetzen und damit auch Ihre soziale Intelligenz zu erhöhen.

Unser Unterbewusstsein ist ständig damit beschäftigt, uns in Balance zu halten, uns zu schützen und uns zu warnen, wenn es Gefahren wahrnimmt. Wir alle sind unglaublich sensitiv, wenn wir offen dafür sind und unsere Aufmerksamkeit auf das richten, was ununterbrochen auf uns einströmt. Das sind etwa elf Billionen Bits pro Sekunde. Unsere Wahrnehmungsfilter filtern allerdings so viele heraus, sodass nur etwa zweihundert davon in unserem bewussten Verstand ankommen. Unsere Antennen – unsere Fähigkeit über unsere emotionale Intelligenz also über Emotionen beziehungsweise Gefühle wahrzunehmen – können uns weitaus mehr Informationen zur Verfügung stellen, als unser Verstand, der im Vergleich zu unserer emotionalen Intelligenz nur ein winziges Rädchen im Getriebe unseres Lebens ist.

Ein wichtiges Argument, die emotionale und soziale Intelligenz zu trainieren ist die Tatsache, dass Sie als Führungskraft erheblichen Einfluss auf die psychosoziale Gesundheit, das Arbeitsklima, das Wohlbefinden und damit auch die Leistungsbereitschaft Ihrer Mitarbeiter haben. Dieser wichtige Einfluss wird erst dann bewusst und in die richtige Richtung steuerbar, wenn Sie Ihre emotionale und soziale Kompetenz geschult haben und selbstbewusst kommunizieren.

Im Folgenden beschreibe ich, was emotionale und soziale Kompetenz genau bedeuten und wie Sie diese Fähigkeiten trainieren können. Sie finden Hinweise und Übungen, die Sie sicherlich schon weiter bringen werden. Eines möchte ich aber anmerken: Auch wenn dieses Buch ein Arbeitsbuch sein möchte, so kann ich aus Erfahrung sagen, dass es vielen Menschen schwer fällt die eigene emotionale Intelligenz nur über eine Buchlektüre und im weitesten Sinne autodidaktisch zu trainieren. Wenn Sie daher in diesem Arbeitsfeld der Happy-Leading-Formel Nachholbedarf verspüren, dann ziehen Sie in jeden Fall auch ernsthaft Seminare und Coachings in Betracht. Ohne Anleitung und Hilfestellung ist es sehr wahrscheinlich, dass Sie Ihre blinden Flecke nicht sehen und allein nicht wirklich weiterkommen. Allein der Abgleich von Selbstbild zu tatsächlichen Fähigkeiten lohnt meist das Investment in ein paar Coachingstunden.

Erfolgsgeheimnis: Emotionale Intelligenz

Der bewusste Gebrauch ihrer emotionalen Intelligenz und damit die Einbeziehung des Unbewussten sind das bedeutendste Erfolgsgeheimnis der Happy Leader.

Wir brauchen Emotionen und Gefühle zum Überleben, wie die Luft zum Atmen. Sie sind die Sprache unseres Unbewussten, das unserem Verstand, unserem bewussten Wissen um Lichtjahre voraus ist. Als Happy Leader haben Sie Ihre emotionale Intelligenz entwickelt und verstehen damit die Sprache Ihres Unterbewusstseins.

Emotionen haben das Überleben und die Entwicklung der Menschheit maßgeblich begünstigt. Sie helfen uns beim Einschätzen von Situationen und Menschen, beim Planen und Entscheiden, in existenziell bedrohlichen Situationen und dienen als wichtiges Mittel in der zwischenmenschlichen Kommunikation. Ebenso wie Lampenfieber sind Gefühle wie Angst, Wut, Ekel, Scham, Überraschung und Freude intelligente Reaktionen unseres Körpers auf Signale im Außen.

Emotionen sind immer eine Reaktion des Körpers entweder auf Reize von innen, in Form von Gedanken, oder von außen und können uns in Bruchteilen von Sekunden helfen zu entscheiden, wie wir reagieren. Der entscheidende Vorteil unserer Emotionen beziehungsweise Gefühle gegenüber unserem Verstand: Sie sind um ein vielfaches schneller.

Sie sind Teil eines hochkomplexen inneren Systems, der uns Sachverhalte und Situationen blitzschnell einschätzen lässt. Reiz und emotionale Reaktion lösen unmittelbar physische Veränderungen in unserem Körper aus: erhöhter Pulsschlag, Muskelanspannung, Schweißausbrüche, erhöhte Durchblutung und Hirnleistung oder Entspannung, Ruhe und Ausgeglichenheit.

Zur Begriffsklärung: Emotionen werden nach einer Definition des Neurologen António Damásio immer dann zu Gefühlen, wenn die emotionale Reaktion des Körpers bewusst wahrgenommen werden kann. Ob wir die emotionalen Veränderungen in unserem Körper als Gefühl erkennen, hängt also davon ab, ob wir ihnen Aufmerksamkeit schenken. Andernfalls bleibt die Emotion unbemerkt und Informationen, die sie uns vermitteln könnte, gehen verloren.

Maßstab der Einschätzung der auf uns einwirkenden Reize sind unsere früher gemachten Erfahrungen, unsere Bedürfnisse und Werte, unsere Einstellungen, unser Selbstbild und andere persönliche Interpretationsgrundlagen. Das bedeutet also, welcher Reiz welche Emotionen und damit welches Gefühl auslöst, hängt zu einem großen Teil von unserer persönlichen Lebenserfahrung und davon ab, wie wir die Reize für uns ganz persönlich bewerten.

Die Auseinandersetzung mit Ihren Gefühlen hilft Ihnen, sich selbst besser kennenzulernen. Das Wahrnehmen und Interpretieren Ihrer Gefühle kann Ihnen Aufschluss darüber geben, was Sie beflügelt und was Sie hemmt und Ihnen helfen, Hindernisse und Schwierigkeiten im Umgang mit sich selbst und mit anderen auszumerzen. Das Entdecken Ihrer hemmenden oder andersartig negativen und damit destruktiven Gefühle kann Ihnen helfen, die Auslöser dafür zu erkennen und sie zu beseitigen oder zu überwinden. Die bewusste Wahrnehmung positiver Gefühle dagegen kann Ihnen helfen, die Reize und Situationen zu identifizieren, die Ihnen gut tun und geben Ihnen damit Hinweise darauf, was Sie brauchen, um sich wohlzufühlen.

Solange Sie Ihre emotionalen Prozesse und deren Ursachen nicht erkennen und ihnen damit ausgeliefert sind, werden Sie immer wieder in schwierige Situationen geraten. Wie oft höre ich den Satz »So bin ich eben. Ich bin halt ein aufbrausender Typ. Ich lass mir doch meine Persönlichkeit nicht verändern«.

Mit Persönlichkeit hat das wenig zu tun. Ich sage meinen Teilnehmern oft »Solange Sie eine unbewusst ablaufende Reiz-Reaktions-Maschine sind, werden Sie Ihre Ziele im Leben – Ihr Lieblingsleben – sehr wahrscheinlich entweder nur unter großer Anstrengung und damit in reduzierter Lebensqualität oder gar nicht erreichen«.

Emotionale Intelligenz öffnet Türen

Wenn also zum Beispiel ein Chef jedes Mal wütend wird, wenn ihm jemand widerspricht, wird er als Führungskraft bald von Duckmäusern und Ja-Sagern umgeben sein. Warum? Weil diejenigen, die sich das nicht gefallen lassen, kündigen und diejenigen, denen er Angst macht und glauben, sie brauchen ihren Job, damit aufhören, ihre eigene Sichtweise vorzutragen.

So wird dieser Chef andere Sichtweisen gar nicht erst zu hören bekommen, also auch nicht verstehen können. Andere Perspektiven und Lösungswege bleiben ihm verschlossen. Die Kompetenz, für die seine Mitarbeiter schließlich bezahlt werden, bleibt auf der Strecke und er wird den Eindruck bekommen, er müsse alles selbst machen.

Dieser automatisierte Reiz-Reaktions-Ablauf ist vielleicht entstanden, weil sein Vater ihm grundsätzlich widersprochen hat und seine Meinung nicht hat gelten lassen. Er hat sich dann als junger Mensch, der diesem unangenehmen Verhaltensmuster ausgesetzt war, vielleicht einmal geschworen: »Wenn ich erwachsen bin, lasse ich mir gar nichts mehr sagen«.

Obwohl ihm dann im Laufe seines Lebens vielleicht mehr und mehr bewusst geworden ist, dass sein Verhalten ihm schadet, scheint er es nicht abstellen zu können und hat sogar eine gute Erklärung dafür: »Mein Vater war auch schon so. Ich habe dieses Temperament wahrscheinlich von ihm geerbt«.

Tatsächlich ist es jedoch dieser feste Vorsatz, den er gefasst hat, diese Überzeugung »Wenn ich erwachsen bin, lasse ich mir gar nichts mehr sagen«, die er sich als junger Mensch angeeignet hat, die sich ihm gleichsam eingebrannt hat und ihm nicht mehr bewusst ist.

Anderes Denken bewirkt anderes Fühlen bewirkt anderes Handeln

Solche inneren Überzeugungen, Vorsätze oder generell Gedanken, die sich fest verankert haben und für denjenigen, der sie in sich trägt im Unterbewusstsein abgespeichert sind, nennt man Glaubenssätze. Das Fatale an Glaubenssätzen ist, dass man ihren Auswirkungen hilflos ausgeliefert ist, solange sie unentdeckt bleiben. Unheilvolle Glaubenssätze können Sie jedoch verändern. Damit übernehmen Sie wieder die Kontrolle über Ihre Reaktionen.

Dazu bedarf es zweier Schritte, hier dargestellt an meinem Beispiel:

Erstens: Zunächst erwischen Sie sich dabei, wenn Sie wiederkehrende starke Gefühle wie beispielsweise Wut, Ärger, Aversionen wahrnehmen. Finden Sie Ihren Glaubenssatz, der diese Gefühle in Ihnen auslöst. Im erwähnten Beispiel lautet dieser »Wenn ich erwachsen bin, lasse ich mir gar nichts mehr sagen«. Untersuchen Sie, ob Ihr Glaubenssatz tatsächlich zutreffend ist oder nur Ihre persönliche Sicht der Dinge darstellt.

In meinem Beispiel könnte der aufbrausende Chef erkennen, dass jemand, der ihm widerspricht, ihm nicht in jedem Fall beweisen will, dass er besser oder stärker oder machtvoller ist, (wie er das von seinem Vater angenommen hat), sondern lediglich eine andere Sichtweise, eine andere Perspektive hat. Wenn er sich dann klargemacht hat, dass andere Perspektiven auch dazu führen können, Missverständnisse aufzuklären, dass sie neue Lösungsansätze mit sich bringen und seinen eigenen Horizont erweitern können, wird er vielleicht beginnen, sie anders wahrzunehmen und zu schätzen. Damit könnte er seinen Glaubenssatz zum Beispiel umwandeln in »andere Meinungen sind nicht gegen mich persönlich gerichtet und bergen vielleicht interessante neue Aspekte«.

Zweitens: In Situationen, in denen dann wieder eines der starken Gefühle auftaucht, halten Sie einen Moment ganz bewusst inne und reagieren Sie nicht sofort aus diesem Gefühl heraus. Atmen Sie ruhig durch, erinnern sich ihrer neuen Erkenntnis und hören Ihrem Gegenüber ganz offen zu. Dabei richten Sie Ihre Aufmerksamkeit auf das Neue, Ihnen Unbekannte und Sie werden vermutlich überraschende neue Erfahrungen machen.

Wie oft schon bin ich in Seminaren und Workshops resignierten Mitarbeitern von Chefs begegnet, die keinen Widerspruch, keine andere Meinung zuließen. Diese Mitarbeiter liebten ihren Job eigentlich und waren in ihrer Fachdisziplin hoch kompetent. Sie bekamen allerdings keine Chance, ihre Kompetenz einzusetzen.

Beispiel: Mitarbeiter vertreiben leicht gemacht

So zum Beispiel ein Ingenieur aus einem Unternehmen, das elektrische Geräte herstellt: »Mein Chef hört mir einfach nicht zu. Wenn ich eine Idee habe, ein Gerät zu verbessern, oder einen Fehler zu beheben, der uns viel Geld kostet, brauche ich gar nicht erst zu meinem Chef zu gehen. Das habe ich schon ein paar Mal versucht. Er reagiert dann immer total sauer weil er anscheinend denkt, ich wolle es nicht so machen, wie er es angeordnet hat und wolle ihm widersprechen. Wenn es nicht genauso läuft, wie er es sich vorstellt, wird er wütend. Ehrlich gesagt suche ich schon seit einiger Zeit einen neuen Job.«

Wie viel wertvolle Energie, wie viel Kreativität, Genialität und Inspiration würde diesem Chef zur Verfügung stehen, wenn er zuhören und wertschätzen könnte, dass dieser Mitarbeiter sich Gedanken gemacht hat und einen wertvollen Beitrag leisten möchte. Dadurch, dass er das Anliegen des Mitarbeiters falsch deutet und aggressiv reagiert, hat er aus diesem eigentlich motivierten Mitarbeiter einen angepassten Erfüllungsgehilfen gemacht, dessen Motivation durch sein unüberlegtes Reiz-Reaktionsverhalten auf dem Nullpunkt angekommen ist.

In diesem Beispiel wird deutlich, dass emotionale Intelligenz, also die Fähigkeit, auf die eigenen Emotionen und Gefühle zielführende Reaktionen folgen zu lassen, sich lohnt. Diesem Chef fehlt aber nicht nur die emotionale Intelligenz, sondern damit auch die soziale Kompetenz, angemessen und motivierend mit seinen Mitarbeitern zu kommunizieren.

Kontinuierliches Training der emotionalen Intelligenz

Um bewusster im Umgang mit sich selbst zu werden, um die emotionale Intelligenz zu schulen und später in der Lage zu sein, Ihre eigenen Gefühle wahrzunehmen und sich in Gefühlslagen anderer Menschen hineinfühlen zu können, empfehle ich Ihnen, mehrmals am Tag inne zu halten, Ihre Aufmerksamkeit nach innen zu richten und sich zu fragen »Wie fühle ich mich in diesem Moment«. Seien Sie dabei präzise. Ein einfaches »Gut« oder

»Schlecht« reicht nicht aus. Sind Sie erfreut oder begeistert, entzückt oder berührt, gelangweilt oder irritiert? Das sind ganz unterschiedliche gute oder schlechte Gefühle, die unterschiedliche Ursachen haben können. Nehmen Sie sich dazu die Gefühlslisten zur Hilfe, die Sie auf meiner Website *www.happy-leaders.de* finden.

Wenn Sie herausgefunden haben, welches Gefühl es genau ist, finden Sie die Ursache. Sind Sie erfreut, weil Ihre Mitarbeiterin einen guten Job gemacht hat oder sind Sie berührt, weil sie Ihnen erzählt hat, dass sie sich selbst über das gute Ergebnis gefreut hat? Freut es Sie, dass sie sich für ihre Arbeit so eingesetzt hat oder erwärmt es Ihr Herz zu hören, dass sie so engagiert ist und Sie sie offenbar in der richtigen Position eingesetzt haben, wo sie selbst Freude an ihrer Arbeit hat? Oder beides? Und wenn Sie feststellen, dass es Sie berührt, dass Sie dazu beigetragen haben, sie glücklich zu machen, könnte Sie das anspornen, auch bei allen anderen Mitarbeitern verstärkt darauf zu achten, sie in eine Position zu bringen, in der sie ihr Bestes geben und sich daran erfreuen können.

Wenn Sie diese Übung kontinuierlich machen, werden Sie überrascht sein, was Ihnen Ihre Gefühle alles über Sie verraten. Das kostet keine Extra-Zeit und hat erstaunliche Auswirkungen. Wenn Sie weiter trainieren, werden Sie lernen, ganz sensibel auch für die Gefühle anderer Menschen zu werden. Sie werden unterscheiden können, ob das, was Sie spüren, Ihre eigenen Gefühle sind oder ob es sich bei Ihrer Wahrnehmung um die Gefühlslage Ihres Gegenübers handelt. Sie werden Ihr Einfühlungsvermögen verbessern. Das ist dann die Basis für Ihre soziale Kompetenz. Voraussetzung dafür ist, dass Sie sich selbst gut kennen, gesund und in Balance sind und Interesse für andere Menschen haben.

Aber Achtung: Sollten traumatische Erlebnisse in Ihrer Vergangenheit der Grund für bestimmte negative Reiz-Reaktions-Schemata sein, funktioniert eine rationaler Abgleichung mit Ihrem Verstand nicht. Das unbewusste Reiz-Reaktionsmuster läuft bei Traumaerlebnissen als Auslöser immer automatisch ab. In solchen Fällen können Sie sich nicht selbst kurieren. Sie brauchen idealerweise eine professionelle, therapeutische Hilfe, um ein vermutetes Trauma zu identifizieren und aufzulösen. Ohne externe Hilfe wird es Ihnen sehr wahrscheinlich nicht gelingen und Sie werden weiterhin Opfer Ihrer automatischen Reaktionen bleiben.

Gerade weil bei Fragen der emotionalen Kompetenz viele Prozesse dem Unbewussten zufallen und die Ursachen bei Blockaden sehr tiefgehend sein können, empfiehlt es sich nicht alleine im Selbstversuch zu arbeiten.

Einfühlsam die Erfüllung der eigenen Bedürfnisse erbitten

Das Training Ihrer emotionalen Intelligenz wird auch dazu führen, dass Sie sich selbst und Ihre Bedürfnisse besser kennenlernen. Sie werden Gefühle wahrnehmen, die Ihnen signalisieren, dass Ihnen gerade etwas fehlt oder dass im Außen etwas passiert, das Ihr Wohlbefinden beeinträchtigt. Happy Leader finden auf diese Weise heraus, was sie brauchen, um in Balance zu sein, damit sie auf Ihre Mitmenschen einfühlsam reagieren können. Sie nehmen Ihre negativen Gefühle wahr und sorgen dafür, dass deren Auslöser, also die unbefriedigten Bedürfnisse, erfüllt werden. So verhindern sie, zu der besagten wandelnden Umweltverschmutzung werden.

Nicht selten gibt es jedoch Bedürfnisse, die wir nicht ohne die Mitwirkung anderer Menschen erfüllen können. Happy Leader formulieren Ihre Anliegen so, dass Sie eine gute Chance haben von Ihren Mitmenschen das zu bekommen, was Sie brauchen, ohne sie vor den Kopf zu stoßen oder zu verletzen.

Dafür halte ich den Ansatz des Kommunikationsmodells von Marschall Rosenberg, die Gewaltfreie Kommunikation, für eine wirkungsvolle Methode. In Rosenbergs Büchern und den Seminaren, die ich dazu erlebt habe, wird bei der Anwendung allerdings sehr genau auf Wortwahl und Formulierungen geachtet, sodass Rosenbergs Kommunikationsmodell dadurch zu einer »Wissenschaft für sich« geworden ist und nicht wenige Menschen scheitern in dem Versuch, ihre Kommunikation an Rosenbergs Ideen auszurichten. Deshalb möchte ich Ihnen hier nur die Essenz dieser Methode darstellen, ohne hier tiefer einzusteigen, da sie eine nachvollziehbare Art ist, für sein eigenes Wohlergehen zu sorgen und das Miteinander harmonischer zu gestalten. Ich glaube, wer die Essenz verstanden hat und seine Kommunikation danach ausrichtet, macht schon sehr viel richtig und braucht auf seine Wortwahl nicht mehr so penibel zu achten.

Diese Methode besteht aus vier Elementen und beruht auf der Annahme, dass Menschen von Natur aus eher wohlmeinende soziale Wesen sind, die Konflikte vermeiden und gut miteinander auskommen wollen. Sie geht davon aus, dass Bedürfnisse von Mensch zu Mensch äußerst unterschiedlich sind und wir nicht erwarten dürfen, dass andere unsere Bedürfnisse kennen. Außerdem betont sie die Tatsache, dass unsere Bedürfnisse vollkommen legitim sind und wir selbst – und niemand anderes – für deren Erfüllung verantwortlich sind. Die vier Elemente dienen dazu, anderen gleichsam eine Gebrauchsanweisung für den Umgang mit uns zu offenbaren und sie zu bitten, unser Wohlbefinden mit der Erfüllung unserer nachvollziehbaren Bitten wieder herzustellen oder zu erhöhen.

Unser Bedürfnis benennen: Ein wichtiges Element dieses Ansatzes besteht darin, dass wir unserem Gegenüber deutlich machen, wie wir gestrickt sind. Dabei ist es wichtig, sich darüber im Klaren zu sein, dass ein anderer nicht wissen kann (!), welche Bedürfnisse wir haben, wenn wir sie ihm nicht deutlich erklären. Wenn wir durch etwas, was er gesagt, getan oder unterlassen hat in unserem Wohlbefinden gestört sind, sagen wir ihm, welches unserer individuellen Bedürfnisse gerade unerfüllt ist oder welchem unserer Bedürfnisse gerade etwas zuwider läuft. Der andere kann ja nicht wissen, wie wir ticken und was wir brauchen. Also müssen wir es ihm sagen. »Struktur und Ordnung sind mir sehr wichtig.« Und Sie können hier sogar hinzufügen »Sie können das ja nicht wissen, aber das ist etwas, was mir wirklich ungeheuer wichtig ist«.

Unsere Gefühle beschreiben: Wir sagen, was das mit uns macht, das heißt, wie sich das für uns anfühlt, wenn dieses Bedürfnis für uns nicht erfüllt ist. Wir erklären uns ihm so, dass er es besser verstehen kann. Wir geben ihm unser Gefühl preis, denn so kann er nachempfinden, wie es uns gerade geht. »Fehlende Struktur und Ordnung verwirren mich und ich kann mich nicht auf die Arbeit konzentrieren«.

Ja, wir offenbaren, wie wir ticken, sprechen von unseren Gefühlen und Bedürfnissen. So haben wir die Chance, dass wir das bekommen, was uns zu unserer besten Version unserer selbst macht. Wir übernehmen damit die Verantwortung für unsere eigenen Bedürfnisse und geben uns mit dieser Offenbarung als fühlendes Wesen zu erkennen. Und wie schon erwähnt: Wenn andere von uns wissen, was wir brauchen, um uns wohl zu fühlen, wird der Umgang miteinander viel einfacher, weil Menschen von Natur aus eher nach Harmonie streben. Ich habe oft erlebt, wie selbst die härtesten Brocken bei solchen Offenbarungen verblüfft reagierten und sich auf meine anschießende Bitte einließen.

Die Ursache des Unwohlseins benennen: Selbstverständlich muss unser Gegenüber auch erfahren, was unser Unwohlsein ausgelöst hat, was genau es war oder ist, das unserem Bedürfnis zuwider läuft. Woher soll er auch wissen, dass ich ein Bedürfnis habe, das er nicht kennen konnte und mich deshalb aus Unwissen verletzt, geärgert oder irritiert hat. Also sage ich ihm ohne Bewertung, Vorwurf oder Verurteilung, was genau mir fehlt, mich stört oder meinem Wohlbefinden zuwider läuft. »Ich kann in den Unterlagen die Sie mir übergeben haben, keine Struktur erkennen.«

Eine neutrale Darstellung gewährleistet, dass unser Gegenüber sich nicht angegriffen oder verurteilt fühlt und damit automatisch in den Widerstand geht. Wenn ihm Vorwürfe für etwas gemacht werden, das er womöglich ohne böse Absicht verursacht hat weil er selbst ganz anders tickt, wird er in den Widerstand gehen, weil er sich wehren will – und der Konflikt ist vorprogrammiert. Wenn es uns gelingt, ihm die Ursache für unser Unwohlsein neutral darzustellen und er erkennt, dass nicht er sondern unsere eigenen Bedürfnisse unser Unwohlsein ausgelöst haben, wird er uns mit hoher Wahrscheinlichkeit zuhören und unserer Bitte, die wir anschließen, Folge leisten.

In meinen Seminaren nutze ich gern eine Metapher, um mehr Toleranz für die unterschiedlichen Bedürfnisse zu wecken. Stellen Sie sich vor, die Kategorie »Menschen« wäre genauso sichtbar zur unterscheiden wie die Kategorie »Tiere«. Bei den Tieren ist sofort zu erkennen, dass ein Elefant vermutlich anders tickt als eine Katze. Für den Elefanten ist es zum Beispiel ein Bedürfnis, seine nackte Haut durch ein Schlammbad zu schützen. Die reinliche Katze hingegen würde sich damit höchst unwohl fühlen. Wenn sie miteinander auskommen müssten würden die unterschiedlichen Bedürfnisse möglicherweise Konflikte mit sich bringen. Einmal erklärt würden sie ihre unterschiedlichen Bedürfnisse nachvollziehen können und wissen, dass der andere einfach anders tickt und etwas anderes für sein Wohlergehen braucht. Wir Menschen können – im übertragenen Sinne – nicht auf den ersten Blick erkennen, ob wir es mit einem Elefanten, einer Katze, einem Adler oder einem Delfin zu tun haben. Wir denken, alle Menschen seien gleich und neigen dazu, andere zu verurteilen, wenn sie nicht so ticken, wie wir selbst oder wenn die anderen einfach nicht von selbst erkennen, was wir für unser Wohlergehen brauchen.

Eine echte Bitte formulieren: Das vierte Element, eine nachvollziehbare Bitte, ist ein wesentlicher Bestandteil unserer Gebrauchsanweisung, da wir damit verdeutlichen, was genau wir brauchen, um uns wohler zu fühlen. Dabei ist es wichtig darauf zu achten, dass wir die Bitte so formulieren, dass der andere auch tatsächlich verstehen kann, was er tun oder unterlassen soll. »Lass das sein« oder »Können Sie nicht ordentlicher sein« sind bestenfalls fromme Wünsche, deren Erfüllung für andere schwierig ist, da sie nicht wissen können, was Sie mit »das« oder »ordentlicher« meinen.

Eine echte Bitte könnte zum Beispiel so klingen: »Würden Sie mir bitte erklären, nach welchen Kriterien Sie die Unterlagen zusammengestellt haben oder sie nach einem für mich nachvollziehbaren Ordnungsprinzip zusammen stellen? Sei es alphabetisch, chronologisch oder nach Bereichen. «

Es braucht etwas Übung anderen auf diese Weise unsere Ich-Gebrauchsanweisung zu vermitteln. Die Wirkung ist jedoch verblüffend, da wir viel schneller und konfliktfreier das bekommen, was wir brauchen, um uns wohlzufühlen.

Ein wichtiges menschliches Bedürfnis, das alle Menschen teilen

»Menschen wollen verstanden werden.«

Dieses Bedürfnis gehört für mich zu den Grundbedürfnissen. Wer diese Erkenntnis verinnerlicht hat, wird nur noch selten schwierige Gesprächssituationen erleben.

Sie kennen das: Ihr Gegenüber rückt einfach nicht von seiner falschen Interpretation Ihrer Handlungsweise, Ihrer Gefühle oder Ihrer Aussage ab. Zum Beispiel sagt er: »Ich weiß doch, dass du jetzt sauer bist«.

Vielleicht versuchen Sie es zunächst ganz ruhig und erklären, dass Sie nicht sauer sind, sondern zum Beispiel einfach nur überrascht über seinen Vorschlag. Aber Ihr Gesprächspartner bleibt dabei und sagt Sätze wie: »Das sagst du jetzt nur, weil du sauer bist. Ich kenne dich doch.« Sie waren wirklich nicht sauer gewesen. Aber so langsam spüren Sie, wie Ärger in Ihnen hochsteigt. Sie können dem anderen gar nicht mehr zuhören, weil Sie alles daran setzen, ihm klarzumachen, dass Sie nicht sauer gewesen sind, es aber jetzt langsam werden. »Siehst du, wusste ich doch, dass du sauer bist«. »Nein, ich war aber nicht sauer ...« und so weiter. Solange ihr Gesprächspartner es nicht verstanden hat, werden Sie vermutlich nicht locker lassen, die Anspannung eskaliert und ein konstruktives Gespräch ist gar nicht mehr möglich.

Und genauso geht es jedem Menschen. Fühlt er sich missverstanden, wird er nicht in der Lage sein, Ihnen zuzuhören, weil der brennende Wunsch, sich verständlich zu machen, alle Ohren verstopft.

In solchen Situationen ist in jedem von uns alles darauf ausgerichtet, das Verständnis des anderen zu erreichen. Oft mit allen Mitteln. Enttäuscht, verzweifelt, wütend, resignierend. »Nun versteh doch endlich, dass ich dir nicht wehtun wollte.« Oder »Ich habe das doch nur gemacht weil ...« oder »Warum verstehen Sie denn verdammt noch mal nicht, dass ich das mache, weil es gar nicht anders möglich ist«. Das alles sind verzweifelte Ausrufe von Menschen, die sich nicht verstanden fühlen und die deshalb aus Verzweiflung immer wütender und aufgebrachter werden.

Auch wenn ihr Gegenüber versucht, vernünftig oder sachlich mit Ihnen weiter zu sprechen, hat er keine Chance. Solange er nicht wenigstens versucht, Sie zu verstehen, werden Sie nicht bereit oder in der Lage sein, ihm weiter zuzuhören.

Wenn ihr Gegenüber dann vielleicht sagt: »Okay, ach so, ich verstehe, du warst überrascht von meinem Vorschlag. Okay, dann habe ich das wohl falsch interpretiert. Sorry, dann lass uns doch jetzt mal untersuchen, ob mein Vorschlag was taugt.«

Und wahrscheinlich werden Sie damit dann erleichtert bereit sein, hinzuhören und sich wieder auf das Gespräch einzulassen. Es ist verblüffend, wie entspannt Menschen reagieren und wie offen Sie sich zeigen, wenn man ihnen das berechtigte Gefühl vermittelt, man habe sie verstanden oder versuche zumindest, sie zu verstehen.

Es wird uns zwar niemals möglich sein, einen anderen Menschen, seine Bedürfnisse, Gefühle und Handlungsweisen vollkommen zu verstehen. Aber es hat auf jeden Menschen eine verblüffende Wirkung, wenn sein Gegenüber es zumindest versucht: Er entspannt sich. Und ist wieder in der Lage zuzuhören.

Wichtig: Verstehen oder verstehen wollen ist dabei jedoch nicht gleichzusetzen mit einverstanden sein.

Sie können vielleicht verstehen, warum der Mitarbeiter zu spät kam. Sie können die Gründe nachvollziehen. Das hießt aber nicht, dass Sie damit einverstanden sind, dass er sich jeden zweiten Tag verspätet. »Ich verstehe, warum Sie zu spät kommen: weil Ihr Auto als Oldtimer nicht mehr zuverlässig ist. Ich bin allerdings nicht damit einverstanden. Ihre Verspätungen ärgern mich, da mir der reibungslose Ablauf in Ihrer Abteilung wichtig ist (Ihr Bedürfnis). Ihre Kollegen müssen dadurch morgens zunächst Ihre Arbeit mitmachen und kommen mit ihren eigenen Aufgaben ins Schleudern. Dadurch geschehen Fehler. Ich bitte Sie, dafür zu sorgen, künftig morgens pünktlich um acht Uhr hier zu sein.«

Bedürfniserfüllung am Arbeitsplatz – Rahmenrichtlinien als Orientierungshilfe

Immer wieder beschwerten sich meine Klienten darüber, dass ihre Mitarbeiter Dinge machen, die sie stören oder dazu beitragen, dass sie ihre Arbeit als anstrengend und unangenehm empfinden. Auf meine Frage, ob sie ihr Missfallen jemals geäußert hätten oder den Mitarbeitern jemals gesagt hätten, was genau sie störte antworteten sie alle ähnlich: »Ich habe ihnen immer wieder gesagt, sie sollen es unterlassen und endlich das tun, was ich von ihnen erwarte.« Allerdings hatten diese Führungskräfte niemals klar formuliert, was es genau ist, was sie von ihren Mitarbeitern erwarteten.

Beispiel: Klare Grenzen vergrößern den Freiraum

Unternehmer, Ingo B., beklagte sich, dass seine achtzig Mitarbeiter unselbstständig und vollkommen unorganisiert seien. Er war Geschäftsführer eines mittelständischen Unternehmens, das zwar recht erfolgreich war, aber sein Potenzial bei weitem nicht ausschöpfte.

»Es macht mich wahnsinnig, wenn ich sie immer wieder ermahnen muss, selbstständiger zu arbeiten, mitzudenken und sich mehr anzustrengen« beschwerte er sich. »Haben Sie ihnen jemals gesagt, was genau Sie von ihnen erwarten?«, fragte ich ihn, denn ich hatte eine Vermutung. Sehr oft erlebe ich, dass Menschen in ihrer Wahrnehmungs- und Filterblase leben. Sie haben ihre Vorstellung von der Welt und setzen bei anderen Kenntnisse und Handlungsweisen als selbstverständlich voraus, die aber durchaus nicht selbstverständlich sind. So auch Ingo B., der von völlig unrealistischen Voraussetzungen ausging, wie seine Mitarbeiter denken und handeln sollten. Eine typische Äußerung von ihm war: »Das müssen sie doch selbst wissen, das ist doch absolut klar«.

Doch genau hier lag das Problem. Die müssen das eben nicht wissen.
Gespräche mit seinen Mitarbeitern zeigten, dass sich die Angestellten verunsichert fühlten, weil ihnen nicht klar war, was der Chef brauchte, um zufrieden zu sein. Sie konnten nicht erkennen, wie sie sich verhalten sollten, damit er ihnen mehr Wertschätzung entgegen bringen kann. Denn die blieb oft aus. Entweder sagte er gar nichts zu seinen Mitarbeitern oder er ärgerte sich offen über Dinge, die ihm nicht gefielen.

Er ging oft durch sein Unternehmen und beobachtete seine Mitarbeiter. Aber anstatt ihnen zu sagen, was genau er anders haben wollte, führte er eine heimliche Strichliste und wenn es ihm zu viel wurde, ging er zum entsprechenden Mitarbeiter und sagte ihm, was er falsch machte. Nicht jedoch, was genau er erwartete und wie viel Freiraum der Mitarbeiter in der Erfüllung dieser Erwartungen hatte. Da sich einiger Ärger angesammelt hatte, gestalteten sich die Zurechtweisungen oft für beide Seiten höchst unangenehm.

Ich bat ihn, sich einmal die Zeit zu nehmen, seine Bedürfnisse und Erwartungen an seine Mitarbeiter aufzuschreiben sowie die Konsequenzen, die sie zu erwarten haben, wenn sie sich anders verhalten beziehungsweise seine Erwartungen nicht erfüllen.

Die folgende heftige Reaktion hatte ich nicht erwartet. »Das kann ich nicht machen. Ich werde meine Mitarbeiter nicht bestrafen!« »Bestrafen?« »Ja, was sind denn Konsequenzen anderes als Bestrafung? Ich hatte einen Vater, der sehr streng war und uns Kinder immer streng bestrafte, wenn wir nicht das taten, was er wollte und ich habe mir geschworen, nie so zu werden, wie mein Vater.«

Ingo B. hatte die Überzeugung, dass Konsequenzen gleichzusetzen waren mit Strafe. Es half auch nichts, dass ich ihm sagte, dass es den Mitarbeitern mit den Verhaltensleitlinien, den Rahmenrichtlinien, leichter fallen würde, seinen Bedürfnissen und Erwartungen zu entsprechen, weil sie damit klar verstünden, in welchen Bereichen sie frei waren in ihrer Entscheidung und wo es klare Grenzen gab. Dass er dann vermutlich sehr viel entspannter arbeiten könne, weil er seine Mitarbeiter nicht immer und immer wieder auf Fehlverhalten aufmerksam machen müsse.

Erst mit der Metapher, die mir eines Nachts im Traum kam, konnte ich ihn dazu bewegen, diese Aufgabe zu bewältigen. Ich sah Menschen auf einem tausend Meter hohen Tafelberg mit einer Plattform von circa zwanzig Quadratmetern stehen. Die Sonne schien und es war ein herrlicher Tag aber alle hielten sich ängstlich in der Mitte der Plattform dicht gedrängt aneinander fest, um nicht herunter zu fallen. Niemand bewegte sich oder traute sich an den Rand des Tafelbergs.

Szenenwechsel: das gleiche Bild, allerdings war rings um die Plattform oben auf dem Tafelberg ein hoher solider Zaun und die Menschen tanzten fröhlich auf der gesamten Fläche. Der Zaun, die Begrenzung gab ihnen die Sicherheit, dass sie nichts falsch machen konnten. Selbst bis zum äußersten Rand des Tafelbergs trauten sie sich und lehnten sich sogar über den Zaun weil sie wussten, dass ihnen nichts passieren kann. Und gleichzeitig wussten sie, dass sie nicht über den Zaun klettern sollten, da die Konsequenz wäre, dass sie den Sturz aus tausend Meter Höhe nicht überleben würden.

Ingo B. verstand das Bild und schrieb fünfzehn Verhaltensweisen nieder, ganz klar definiert, die er von seinen Mitarbeitern erwartete und die Konsequenzen, die einem oder mehreren Verstößen folgen würden. Er musste erst verstehen, dass er damit mehr Sicherheit als Strafen schaffen würde. Nachdem alles von dem Juristen des Unternehmens geprüft und abgesegnet war, verlas er die Rahmenrichtlinien und die Konsequenzen auf unserer nächsten Großgruppenkonferenz, die wir ein bis zweimal jährlich mit allen Mitarbeitern durchführten. Er war mehr als überrascht, als er dafür Beifall erntete. Die Mitarbeiter verstanden die Bedeutung sofort und waren erleichtert, dass sie nun endlich wussten, was der Chef erwartet und hatten etwas, an das sie sich halten konnten.

Ja, es gab einige wenige Mitarbeiter, die sich auch nach mehreren Ermahnungen oder auch Abmahnungen nicht daran hielten. Sie wussten um die Konsequenzen und nahmen sie in Kauf. Ihre Entlassung wurde von niemandem bedauert, da die Verstöße, wie auch schon vor der Formulierung der Rahmenrichtlinien, immer von den Mitarbeitern aufgefangen werden mussten, die sich daran hielten.

Das Klima in diesem Unternehmen hat sich seither wesentlich verbessert: Es gibt selten Kündigungen, und wenn, dann aus familiären Gründen. Der Krankenstand ist drastisch zurückgegangen und der Chef teilte mir vor einigen Tagen mit, dass er kürzlich den besten Vertriebsmann seines stärksten Mitbewerbers eingestellt hat, weil der sich bei ihm beworben hatte. Dieser hatte von dem guten Betriebsklima gehört und wollte, wie er sagte, bei der Nummer 1 arbeiten«. Sein vorheriges Unternehmen ist zwar auch enorm erfolgreich, allerdings zu dem Preis, dass der Druck auf die Mitarbeiter enorm und die Fluktuation sehr hoch ist.

Teams formen mit sozialer Kompetenz

Wer wirklich gute Teams formen will, der wird sich fragen, ob es ausreicht hierzu die eigene emotionale Intelligenz zu trainieren und einen Kommunikationsstil wie die gewaltfreie Kommunikation anzuwenden. Aus meiner Erfahrung heraus braucht es noch ein drittes Element und zwar soziale Kompetenz.

Es gibt viele unterschiedliche Definitionen für die soziale Kompetenz. Personalabteilungen zählen Fähigkeiten wie Organisationstalent, Verantwortungsbewusstsein, Teamfähigkeit, Flexibilität, Belastbarkeit, Kommunikationsstärke, Zielstrebigkeit, Durchsetzungsvermögen, Selbstbewusstsein und noch einige mehr dazu. Die notwendigen sozialen Fähigkeiten hängen stark vom Umfeld ab. Es versteht sich von selbst, dass eine Führungskraft andere soziale Fähigkeiten braucht als zum Beispiel ein Kinderarzt.

Deshalb hier meine allgemeine Definition:

Soziale Kompetenz

Ein Mensch mit sozialer Kompetenz ist dazu fähig, wesentliche Aspekte des Menschseins zu verstehen, damit einfühlsam umzugehen und dazu beizutragen, eigene und die Ziele anderer zu verwirklichen. Dabei weiß er den kulturellen und sozialen Kontext der Menschen in seinem Beziehungsfeld zu berücksichtigen.

In meiner Definition schreibe ich, dass man wesentliche Aspekte des Menschseins verstehen muss. Was meine ich damit?

Wir kommen zur Welt und jeder von uns lernt auf seine ganz eigene Weise, was es in seinem Umfeld bedeutet, Mensch zu sein und wie wir uns als Mensch in unserer Umgebung und im Umgang mit anderen Menschen in den unterschiedlichsten Situationen zurechtfinden. Als von Natur aus soziale Wesen brauchen wir andere Menschen. Aber wie lernen wir, von anderen Menschen das zu bekommen, was wir brauchen um ein glückliches, erfülltes Leben zu führen?

Zunächst lernen Kinder durch Nachahmen. Sie orientieren sich an ihren Eltern oder denjenigen, die Verantwortung für sie übernommen haben. Das ist, so wird vermutet, ein Instinkt, vielleicht denken sie auch einfach nur »die wissen, wie es geht«. Lange Zeit sind Eltern die wichtigsten Vorbilder. Bis wir eines Tages erkennen »Die wissen ja selbst nicht, wie es geht«. Das ist ein schmerzhafter Moment, weil wir plötzlich keine Orientierung mehr haben. Dann suchen wir vielleicht nach neuen Vorbildern. Andere Erwachsene, die wir bewundern. Vielleicht ein großartiger Lehrer, Filmhelden oder Romanfiguren. Und irgendwann stellen wir fest, dass sie auch nicht immer wissen, wie es geht. Auch die neuen Vorbilder haben Schwächen, versagen in wichtigen Momenten oder enttäuschen unsere hohen Erwartungen an sie. Das ist dann der Wendepunkt, an dem wir erstaunt feststellen, dass wir für uns selbst herausfinden müssen, was es bedeutet Mensch zu sein. Soweit ich das bisher beobachten konnte, gibt es keinen einzigen Menschen, der genau weiß, wie Mensch zu sein geht. Diejenigen, die das aber für sich in Anspruch nehmen und andere Menschen entsprechend maßregeln, halte ich für gefährlich.

Ich kann natürlich auch nicht sagen, wie Mensch zu sein generell funktioniert. Ich bin durch die Lebensphasen gegangen, die ich oben beschrieben habe. Es hat sehr weh getan, als ich etwa mit fünfzehn Jahren bemerkte, dass meine Eltern, die ich immer für erwachsene Menschen gehalten hatte und die wissen, wie man im Leben zurechtfindet, sich in vielen Situationen als hilflos, ungeschickt oder beschämend erwiesen.

Mit meinem erwachenden Erwachsenen-Ich, das seine Umgebung nicht mehr mit dem liebenden Herzen eines Kindes sondern dem geradezu kritiksüchtigen Blick eines pubertierenden Heranwachsenden betrachtete, erkannte ich die begrenzenden Glaubenssysteme »Mann, sind die altmodisch« und unverständlichen Verhaltensweisen »warum streiten die sich um so eine Kleinigkeit« meiner Eltern und anderer Erwachsener. Ich hatte sie bis dahin immer als erwachsen und damit als Wissende in der Disziplin Menschsein betrachtet. Da brach meine Welt das erste Mal zusammen. Und so wurde ich noch viele Male enttäuscht, nachdem sich meine wechselnden Vorbilder in meinen Augen allesamt als inkompetent in Sachen Menschsein herausgestellt hatten.

Soziale Kompetenz bedeutet im Leben mit sich selbst und im Umgang mit anderen Menschen zurechtzukommen. Wenn Eltern und Vorbilder nicht taugen, welche Handlungsrahmen gibt es dann? Früher galten Gehorsam und Disziplin als Grundlagen einer vermeintlich erfolgreichen Erziehung um ein guter Mensch zu sein. Aber dieser militärisch geprägte Glaube an Gehorsam war falsch, weil er Menschen zu angepassten Stehaufmännchen machte. Die so geprägten Kinder machten, was ihre Eltern wollten und schluckten ein Leben lang diszipliniert allen Schmerz über ihr fremdbestimmtes Leben hinunter. Es scheint also so zu sein, dass es keine allgemeingültige Geheimformel gibt, die soziale Kompetenz lehren könnte. Meine persönliche Erfahrung ist, dass jeder seinen eigenen Weg zu sozialer Kompetenz finden muss.

Ich habe in meinem Leben die unterschiedlichsten Menschen kennengelernt und genau das festgestellt. Dabei interessieren mich gestern wie heute besonders die Menschen, die von sich sagen, sie seien zufrieden oder glücklich. Menschen, die das auch tatsächlich kontinuierlich ausstrahlen und damit eine gewisse Anziehungskraft ausüben. Eine Gemeinsamkeit, die ich bei ihnen festgestellt habe ist, dass sie wissen, was sie brauchen, um glücklich zu sein und eine Vorstellung davon haben, womit sie andere Menschen glücklich machen können.

Meine nächste sehr grundlegende Erkenntnis ist, dass andere Menschen im Unterschied zu mir anders fühlen und anders reagieren als ich selbst. Ich lernte unterschiedlichste Menschentypen, Bedürfnisstrukturen und Verhaltensweisen kennen. Ich lernte, mich in andere hineinzuversetzen und zu verstehen, was andere Menschen brauchen, um mit mir oder anderen gut auszukommen, motiviert und bereit zu sein, ihr Bestes zu geben. Damit trainierte ich meine emotionale und meine soziale Kompetenz.

Wenn wir nun den Blick von meiner Person hin zu der Frage wenden, welche sozialen Kompetenzen helfen, damit Teams und Organisationen nicht nur irgendwie sondern bestmöglich funktionieren, dann gibt es soziale Mindestkompetenzen, die sich ein Happy Leader aneignen sollte, sofern er über diese nicht verfügt. Auch hier bietet es sich an, sich nicht nur auf die eigene Wahrnehmung zu verlassen, sondern sich eine Einschätzung von externer Seite zu holen. Unser Selbstwertgefühl und unser Selbsterhaltungstrieb können nämlich sehr stark die eigene Wahrnehmung und Bewertung trüben.

Überlegen Sie, ob Sie über die folgenden sozialen Mindestkompetenzen für Happy Leader verfügen:
- Menschenkenntnis,
- Authentisch sein,
- Aktives Zuhören,
- Empathie empfinden,
- Wertschätzung zeigen,
- Feedback geben,
- Konflikte führen und lösen,
- Inspirieren und begeistern können,
- Selbstverantwortung und konstruktive Selbstkritik.

Wenn Sie für sich an jede Mindestkompetenz einen Haken setzen können, dann gratuliere ich Ihnen. Sie sind sich nicht sicher? Dann lassen Sie uns gemeinsam die genannten Eigenschaften ein wenig genauer betrachten.

Menschenkenntnis

Menschenkenntnis bedeutet nicht, zu wissen, wie *die* Menschen sind. Menschenkenntnis bedeutet zu wissen, dass jeder Mensch anders ist, Menschsein für jeden etwas anderes bedeutet und mit diesen grundlegenden Unterschieden umzugehen. Jemand mit Menschenkenntnis ist offen dafür, die Individualität anderer kennenzulernen, zu respektieren und sich darauf einzustellen.

Außer den persönlichen Erfahrungen können uns die Erkenntnisse von Psychologen, Psychiatern, Anthropologen, Kommunikationswissenschaftlern, Soziologen und Neurologen weiterhelfen. Diese wissenschaftlichen Disziplinen stellen uns Wissen zur Verfügung wie grundsätzliche Typologien (Charaktere) von Menschen, erwartbare Kommunikations- und Verhaltensmuster, Wahrnehmungsphänomene und das Verhalten von Menschen in Gruppen mit Effekten wie Machtstreben, Schwarmeffekten oder Erwartungsdruck der Gruppe. Die Wissenschaft zeigt uns aber auch, dass das menschliche Zusammenleben komplex und alles andere als leicht zu lenken ist.

Heute habe ich verstanden, dass ich froh sein kann, wenn ich mich selbst einigermaßen verstehe und gelernt, dass ich andere Menschen niemals vollkommen verstehen werde. Jeder Mensch ist ein Kunstwerk für sich. Eine individuelle Komposition. Nur durch aufmerksames Hinhören und einfühlsame Gespräche kann ich eine annähernde Ahnung davon bekommen, wie dieser Mensch fühlt und denkt, welche Werte, Bedürfnisse und Erfahrungen ihn leiten und wie wir gegebenenfalls gut miteinander auskommen, arbeiten oder gemeinsam für etwas einstehen können.

Was können nun Happy Leader für ihre Menschenkenntnis tun?

Mit Berücksichtigung des bereits erwähnten Satzes »Menschen wollen verstanden werden« kann man nahezu alle schwierigen Situationen auflösen.

Das Problem ist nur, es wird uns niemals möglich sein, einen anderen Menschen vollkommen zu verstehen. Es ist ja schon schwer genug, sich selbst zu verstehen. Aber es hat auf Menschen eine verblüffende Wirkung, wenn sein Gegenüber es zumindest versucht: Menschen entspannen sich und kommen wieder in einen Zustand, in dem sie in der Lage sind, anderen zuzuhören.

Menschenkenntnis für Happy Leader bedeutet, jemand weiß:
- was er selbst braucht, um sein eigenes Menschsein glücklich zu erleben,
- dass es sehr unterschiedliche Menschentypen es gibt,
- wie diese unterschiedlichen Menschentypen vermutlich wahrnehmen, fühlen und interpretieren,
- welcher Menschentyp er selbst ist um zu wissen, wie er mit den anderen kommunizieren muss um zu verstehen und verstanden zu werden,
- wie man erkennt, mit welchem Menschentyp man es zu tun hat,
- was diese unterschiedlichen Menschentypen brauchen, um sich wohlzufühlen,
- welche unterschiedlichen Kommunikationsstile es gibt,
- wie er im Umgang mit diesen unterschiedlichen Menschentypen am zielführendsten kommuniziert.

Wer diese Lektionen gelernt hat ist im Vorteil, denn er kann erkennen:
- Habe ich es mit einem introvertierten oder einem extrovertierten Menschen zu tun?
- Nimmt er eher visuell, auditiv oder kinästhetisch (also über seine Gefühle) wahr?
- Nimmt er es persönlich, was ich sage? Hört er mich eher sachlich? Interpretiert er in dem was ich sage eine Aufforderung zum Handeln oder lässt er das, was ich sage gar nicht an sich heran sondern interpretiert es wie ein Psychologe in dem Sinn »Wie ist die denn drauf«.

- Ist das, was er sagt, authentisch?
- Hat er Angst vor mir und berichtet mir nur die positiven Dinge?
- Vertraut er mir oder ist er auf der Hut, weil er mit anderen Vorgesetzten schlechte Erfahrungen gemacht hat?
- Braucht er klare Anweisungen oder kann ich an ihn gefahrlos delegieren?
- Wie ist das Klima im Team und kann ich unter diesen Umständen das neue Change-Projekt beginnen oder braucht es noch Maßnahmen zum Verarbeiten der Probleme, die wir mit dem letzten Projekt hatten?

Für einen Happy Leader ist es unerlässlich, eine gute Menschenkenntnis zu haben. Falls Sie es noch nicht getan haben: machen Sie Workshops und Seminare zum Thema »Kommunikationspsychologie«, »Kommunikation« oder »Persönlichkeitsentwicklung«. Lesen Sie Bücher zu diesen Themen, besuchen Sie Vorträge. Seien und werden Sie vor allem neugierig auf die Andersartigkeit ihrer Mitmenschen.

Authentizität

Der Begriff Authentizität ist ein Begriff, der in der Weiterbildung mindestens genauso oft falsch verstanden und angewendet wird wie der Begriff Charisma. Fälschlicherweise wird gerne angenommen, dass authentische Menschen all das unmittelbar nach außen tragen, was sie denken und was sie bewegt. Manche Menschen brüsten sich sogar mit dem Prädikat authentisch zu sein, wenn sie tatsächlich nur ihre unkontrollierten Reiz-Reaktionsimpulse ungefiltert auf andere niederprasseln lassen. Wie zum Beispiel der Chef, der sofort aggressiv reagiert, wenn er einen Mitarbeiter dabei beobachtet, dass er anscheinend etwas falsch macht, ohne ihn zu fragen, warum er es macht.

»Ich bin halt so. Ich sage sofort, was ich denke. Meine Mitarbeiter kennen das. Ich bin halt authentisch.«

Nein. Das ist *nicht* mit Authentizität gemeint, wenn wir uns mit sozialer Kompetenz und Teambuilding beschäftigen.

Authentizität als soziale Kompetenz setzt ein hohes Maß an Selbstbewusstsein voraus. Der Happy Leader, der bewundert, respektiert und als Vorbild anerkannt wird, hat sich damit beschäftigt, was ihn ausmacht, wie er wirken will, was er erreichen will und weiß, dass er nur dann seine Ziele erreichen kann, wenn er andere Menschen respektvoll für sich gewinnen kann.

Nur wenn seine Wertschätzung echt ist, wenn seine Träume und Werte mit denen seiner Mannschaft übereinstimmen, weil er diese dafür inspirieren konnte und er seine Reaktionen, also seine Verhaltensweisen an seinen Werten ausrichtet, erscheint er den Mitarbeitern authentisch und wird positiv wirken (können).

Ein Mensch, der in und mit sich im Reinen ist, der ist aber auch aus einem anderen Grund authentisch. Er muss nicht seine Verhaltensweisen, seine Reaktionen, seinen Kommunikationsstil beständig aktiv kontrollieren. Die Stimmigkeit seiner inneren Haltungen führt dazu, dass er quasi automatisch authentisch erscheint. Denn authentisch kann man nicht wirken, authentisch kann man nur sein. Authentizität ist keine Frage der Worte, sondern eine Frage der Haltungen.

Das bedeutet nicht, dass authentische Menschen nur Emotionen und Stimmungen haben, die zu ihrem Selbstbild als echter Happy Leader passen. Nein, auch als Happy Leader empfindet man Wut, Ärger, Enttäuschung, Ungeduld und Angst. Der Unterschied im Hinblick auf soziale Kompetenz liegt im Umgang mit den unpassenden Gedanken und Impulsen. Statt die eigenen Gefühle einfach laufen zu lassen, trainieren der Happy Leader, innezuhalten, sich zu korrigieren und anzustreben, sich so zu verhalten, wie es seinen Werten und Vorstellungen entspricht.

Er reagiert vollkommen im Einklang mit seiner Idealvorstellung seiner selbst. Aber eben nicht unkontrolliert, sondern sehr achtsam und bewusst.

Aktives Zuhören – Soziale Kompetenz par excellence

Sicher kennen Sie den Begriff des »Aktiven Zuhörens«. Er wird in allen Führungsseminaren als wichtiges Führungstool gelehrt. Die Bezeichnung »Aktives Zuhören« ist ein Fachbegriff aus der Kommunikationswissenschaft. Er ist missverständlich, denn tatsächlich bezeichnet er ein Zuhören, bei dem die eigenen Gedanken und Bewertungsautomatismen weitestgehend inaktiv sind.

Beim aktiven Zuhören geht es um den Sprecher. Es gilt also als derjenige, der das aktive Zuhören praktiziert, sich selbst weitestgehend zurückzunehmen, genau hinzuhören, um sich in den anderen hineinfühlen und hineindenken zu können. Das funktioniert nicht, wenn wir unseren inneren Kritiker mithören lassen und zu allem, was unser Gesprächspartner sagt, sofort eine schlaue Frage oder noch unpassender, die richtige Lösung parat haben und aussprechen.

»Aktiv« in diesem Zusammenhang bedeutet lediglich, dass Sie aktiv darauf achten, was Ihr Gesprächspartner empfindet und Ihnen sagen will und von Zeit zu Zeit mit Ihren eigenen Worten wiederholen was Sie wahrnehmen und verstanden haben. Es bedeutet auch, dass Sie aktiv darauf achten, wie sich Ihr Gegenüber gerade vermutlich fühlt und es ansprechen, wenn ihr Gesprächspartner ausgesprochen hat. Und das hat er erst, wenn er sie aktiv auffordert oder einlädt, selbst etwas zu sagen.

Wenn Sie zum Beispiel bemerken, dass ein Mitarbeiter Ihnen etwas ganz sachlich erklärt und Sie vermuten, dass er sich unwohl dabei fühlt, dann werden Sie vielleicht am Schluss sagen: »Ich verstehe das Problem. Sie sagen, dass das Material, das wir für das Gehäuse dieses Elektromotors benutzen wollen, eine zu kurze Lebensdauer hat und zu schnell korrodiert und Sie schlagen vor, ein anders zu nutzen. Ich sehe, dass Sie bei der Darlegung etwas zittern und bemerke, dass Ihre Stimme ungewohnt leise ist. Ich frage mich, ob es Ihnen unangenehm ist, mir dieses Problem zu schildern.«

Entweder sagt er Ihnen dann zum Beispiel »Ach wissen Sie, unser Kind hat die ganze Nacht geschrien, ich habe wenig geschlafen und bin heute etwas zittrig« und wird positiv überrascht sein über Ihre Feinfühligkeit. Wunderbar. Kompliment an Sie. Ihr Mitarbeiter traut Ihnen und mit Ihrer Bemerkung zeigen Sie ihm, dass Sie sich wirklich für ihn interessieren.

Oder Sie bekommen zu hören »Oh, ja ... also, ähm, ... es ist nämlich so, ich traue mich kaum Ihnen zu sagen, wie viel das Material kostet, was ich Ihnen vorschlagen möchte. Es sprengt das Budget, das Sie uns vorgegeben haben und ich weiß ja, wie Sie dazu stehen«.

Sie können sich vorstellen, dass diese Antwort nun eine größere Aussprache nach sich zieht. Hier offenbart Ihnen ein hoch engagierter Mitarbeiter seine Bedenken und möchte das Unternehmen vor Schaden bewahren. Die Tatsache, dass er zittert und ganz unsicher ist, könnte darauf hindeuten, dass er Angst vor Ihrer Reaktion hat. Was er ja auch durch die Aussagen »ich traue mich kaum« und »ich weiß ja, wie Sie dazu stehen« zum Ausdruck bringt.

Als Happy Leader mit Menschenkenntnis, Respekt und Empathie, der aktives Zuhören anwendet, würden Sie dann vielleicht sagen »Sie haben recht, eine Budgeterhöhung für dieses Projekt ist tatsächlich nicht möglich. Ich bin Ihnen allerdings dankbar für Ihre Information und verstehe, dass wir uns da noch mal was überlegen müssen. An welches Material hatten Sie denn gedacht? Vielleicht finden wir ja noch eine preiswertere Alternative oder können an anderer Stelle einsparen.«

Aktives Zuhören ist eine soziale Kompetenz, die Vertrauen schafft. Sie zeigen Ihren Mitarbeitern damit, dass Sie sie ernstnehmen und wertschätzen und Ihre Mitarbeiter werden es Ihnen danken indem sie mitdenken und Ihnen wichtige Informationen nicht vorenthalten.

Empathie empfinden

Empathie ist die Fähigkeit, sich in einen anderen Menschen hinein zu versetzen.

Was heißt das? Nein, es ist ein Missverständnis zu glauben, dass man genau das fühlen kann, was der andere in dem Moment fühlt. Dazu sind wir viel zu unterschiedlich. Ich denke, niemand kann die Gefühle eines anderen Menschen identisch fühlen. Und wenn, dann werden wir es nie genau wissen. Wenn wir uns selbst und unsere Gefühle gut kennen, werden wir allerdings eine atmosphärische Veränderung spüren. Wir werden uns unwohl fühlen, obwohl es mit uns selbst nichts zu tun hat, da nichts zu entdecken ist, was unseren Bedürfnissen zuwider läuft. Dann können wir davon ausgehen, dass unser Gegenüber sich unwohl fühlt. Und das können wir dann deutlich wahrnehmen. Wir können uns außerdem in jemand anderen hineinversetzen, indem wir achtsam berücksichtigen, was der andere Mensch gerade erlebt, wahrnimmt und in welcher Situation er sich befindet. Das geht natürlich am besten, wenn wir seine Bedürfnisse kennen.

Wenn ich beispielsweise weiß, dass ein Mitarbeiter hochgradig geräuschempfindlich ist und er aufgrund der Bauarbeiten vor seinem Büro tagelang Baulärm ertragen muss, wird es für ihn Balsam auf die Seele bedeuten, wenn sein Chef zu ihm ins Büro kommt und sagt: »Hallo Herr Ton, oh, das ist aber wirklich laut hier. Ich kann mir vorstellen, dass das für Sie höchst unangenehm ist.«

Allein damit bringt er zum Ausdruck, dass er sich Gedanken um Herrn Ton macht und seine Situation versteht. Wenn Sie den wichtigsten Satz im Menschsein verinnerlicht haben, dass Menschen verstanden werden wollen, wird hier klar, dass Herrn Ton allein aufgrund des Verständnisses seines Chefs schon eine riesige Last von den Schultern fällt. Wenn er dann noch hinzufügen würde: »Wissen Sie was. Frau Stephan ist doch noch zwei Wochen in Urlaub. Wie wäre es, wenn Sie sich in der Zeit an ihren Schreibtisch setzen ...« hat er seinem Mitarbeiter deutlich gemacht, dass er sich in ihn hineinversetzt und dass er sich Gedanken um das Wohlergehen seiner Mitarbeiter macht. Das schafft Vertrauen und loyale Mitarbeiter.

Es ist gar nicht so schwer, sich in andere hinein zu versetzen. Und ob Sie richtig liegen mit Ihren Vermutungen oder nicht: allein der Versuch wird Ihren Mitmenschen wohltun und Sie werden von dem, was von den auf diese Weise wertgeschätzten Menschen zurück kommt angenehm überrascht werden.

Trainieren Sie Ihre Empathie, indem Sie sich für die Bedürfnisse Ihrer Mitarbeiter interessieren. Das bedeutet, dass Sie sich für sie als Menschen, nicht als Arbeitskraft interessieren.

Das erscheint Ihnen zu zeitaufwendig? Nun, denken Sie mal darüber nach, wie viel Zeit es Sie kostet, mit Mitarbeitern zu arbeiten, die kein Vertrauen zu Ihnen haben, weil sie den Eindruck haben, dass Sie sich für ihn ohnehin nur als gewinnbringende Arbeitskraft interessieren. Oder wie schwierig es ist, qualifizierte Mitarbeiter und Spezialisten zu finden. Umfragen unter gesuchten, qualifizierten Fachkräften, die sich heute ihre Jobs aussuchen können, haben überdeutlich gezeigt, dass sie nach Jobs suchen, in denen sie Chefs haben, die sich auf ihre Bedürfnisse einstellen können und ihnen alle Freiheit gewähren, die sie brauchen, um ihre Fähigkeiten und Talente bestmöglich entfalten zu können. Das Gehalt spielt dabei nicht die Hauptrolle. Ihnen ist wichtig, dass ihre oft ganz eigene, ungewöhnliche individuelle Art zu arbeiten von empathischen Chefs verstanden und ihnen zugestanden wird.

Echte Wertschätzung als Medizin

Das Grundbedürfnis nach Wertschätzung, also Zuwendung und Anerkennung ist vielfach erforscht worden und führte zu dem beweisbaren Resultat, dass Menschen, die keine solche Aufmerksamkeit bekommen, degenerieren, krankheitsanfällig werden und sogar sterben können. Das gilt besonders für Kinder aber auch für Erwachsene. Bekommen sie keine positive Aufmerksamkeit in Form von Zuwendung und/oder Anerkennung, werden sie in manchen Fällen dafür sorgen, dass sie irgendeine Aufmerksamkeit bekommen – und sei es in Form von aktiver Verachtung oder Strafe. Das passiert auch in Unternehmen und kommt die gleichgültigen Chefs und das Unternehmen als Ganzes teuer zu stehen.

Echte Wertschätzung wirkt sich unmittelbar auf unsere Biochemie aus: Endorphin, Dopamin, Oxytocin und Adrenalin werden vermehrt produziert und das führt zu erhöhtem Wohlbefinden, besserer Konzentration, verbesserten zwischenmenschlichen Beziehungen und gesteigerter Leistungsfähigkeit. Und all das wirkt sich positiv auf Arbeitsklima, Loyalität, auf Motivation und Leistungsbereitschaft aus. Die Arbeitsfehlzeiten gehen deutlich zurück.

Wertschätzung wird oft mit Lob gleichgesetzt. Das ist falsch. Denn echte Wertschätzung kommt aus einer inneren Haltung heraus, die auf Respekt, Wohlwollen und Anerkennung basiert. Sie betrachtet den Mitarbeiter als ganzen Menschen, der aufgrund seiner Fähigkeiten, Persönlichkeit und Einzigartigkeit schon wertvoll ist. Sie bezieht dies alles mit ein.

Lob hingegen ist einzig auf Honorierung und Bewertung einer Arbeitsleistung ausgelegt und wird oft als Motivationsspritze zur Manipulation angewandt. Wer Reinhard K. Sprengers Buch *Mythos Motivation* gelesen hat, weiß, dass solche vermeintlichen Manipulationsmaßnahmen nicht funktionieren oder sogar einen gegenteiligen Effekt haben. »Das sagt er/sie doch nur weil er/sie mich zu noch mehr Leistung anheizen will« ist oft die bewusste oder unbewusste Reaktion des Mitarbeiters und weckt seinen Widerstand.

Wertschätzung setzt also eine innere Haltung voraus, die den Mitarbeiter nicht nur als Arbeitskraft mit gewissen Kompetenzen und Fähigkeiten sehen kann sondern seinen Wert als Mensch in seiner ganzen Persönlichkeit, mit all seinen Bedürfnissen und Gefühlen respektiert und schätzt.

Wie kann nun also echte Wertschätzung zum Ausdruck gebracht werden? Dafür braucht es nicht viel. Wenn sie von Herzen kommt, das heißt, wenn Sie ihre Perspektive und Ihre Grundhaltung auf Wertschätzung eingestellt haben, werden die folgenden kleinen Gesten Ihnen ohne nachzudenken gelingen:

Wertschätzung zeigen – ganz einfach:
- Echtes Interesse für den Menschen haben,
- ein freundliches Lächeln,
- wohlwollendes Hinhören,
- eine interessierte Rückfrage,
- eine kurze Nachricht mit einem Dank oder Glückwünschen,
- eine Bitte um Unterstützung oder Rat,
- ein anerkennendes Kopfnicken,
- eine unerwartete kleine Überraschung,
- ein ehrliches Dankeschön auch für eine Selbstverständlichkeit.

Feedback als Wachstumshelfer
Feedback dient der Entwicklung von Mitarbeitern. Doch verwechseln Sie bitte nicht Feedback mit Kritik. Als Happy Leader dienen Sie Ihren Mitarbeitern, indem Sie das Ganze im Blick behalten, Ihre Mitarbeiter bestmöglich unterstützen und jederzeit erkennen können, ob das Zusammenspiel aller zu den gewünschten Zielen führt.

Ihre Mitarbeiter brauchen Sie als Leitstrahl, als denjenigen, der ihnen hilft, geplante Ziele zu erreichen. Es wird von Ihnen erwartet, dass Sie erkennen können, was zielführend gut funktioniert und was die Erreichung der Ziele gefährdet.

Alles was gut funktioniert tut dies, weil Mitarbeiter gute Arbeit leisten. Dies gilt es anzuerkennen. Auch das ist Ihre Aufgabe. In Form von Wertschätzung und positivem Feedback. Hier liegt der Unterschied zwischen Feedback und Kritik. Feedback gibt positive und negative Signale. Ziel von Feedback ist immer, die Dinge besser werden zu lassen.

Überall dort, wo etwas nicht funktioniert, muss der Chef in letzter Instanz Abhilfe schaffen. Aber eben erst in letzter Instanz! Es sei denn, er hat es selbst zu verantworten.

Gefährdungen eines guten Ergebnisses gehen nicht immer von den Mitarbeitern aus. Sie können viele Ursachen haben. Angefangen mit einer unrealistischen Strategie, einer schlechten Planung, bis hin zu überholten Softwareprogrammen oder veralteten Maschinen. Somit ist es auch immer wieder die Aufgabe der Verantwortlichen sich selbst und die eigenen Beiträge zu der schwierigen Situation kritisch zu hinterfragen. Wenn die Fehler nicht bei der Führung selbst liegen – und da gilt es ehrlich hinzusehen – und Mitarbeiter Fehler machen oder nicht erwartungsgemäß arbeiten, gibt es das Instrument »Feedback geben«. Aber Vorsicht – hier können Sie viel falsch machen.

Es ist nämlich ganz einfach, eingearbeiteten, engagierten Mitarbeitern ihr Engagement, ihre Eigeninitiative und ihre Leidenschaft zu zerstören: bei dem geringsten Anlass negative Kritik äußern, wenig Freiraum gewähren und häufig kontrollieren und korrigieren. Das wirkt garantiert vernichtend, selbst wenn es konstruktiv gemeint ist.

Echtes und funktionierendes Feedback benötigt zwei Dinge: Geduld und Vertrauen. Springen Sie nicht gleich dazwischen, wenn etwas anscheinend schief läuft. Nicht jeder Fehler führt gleich zu einer Katastrophe. Vertrauen Sie Ihren Mitarbeitern, denn Vertrauen wirkt wie der Dünger, der die Ernte reich werden lässt. Mit Vertrauen geben Sie Ihren Mitarbeitern die Wertschätzung, die ihnen die Arbeit leichter und freudvoller macht. Das funktioniert sehr gut, wenn Sie mit Ihnen eine klare Spielregel vereinbaren: »Fragen Sie mich bitte um Unterstützung, wenn etwas schief läuft und Sie es nicht selbst hinbekommen«. Wenn Ihre Mitarbeiter Ihnen vertrauen können Sie sich darauf verlassen, dass die Mitarbeiter sich melden, wenn etwas droht, schief zu laufen.

Mitarbeiter, die noch neu an ihrem Arbeitsplatz sind, brauchen natürlich Anleitung und mehr Feedback. Auch gerne kritisches, denn Sie wollen lernen, es richtig zu machen und möchten darauf aufmerksam gemacht werden, wenn sie etwas falsch machen oder falsch verstanden haben.

Ich habe Chefs erlebt, die nicht verstehen konnten, dass ihr Laisser-faire Führungsstil nicht funktionierte. Sie rühmten sich, alle gleich zu behandeln und allen alle Freiheiten zu lassen. Das funktioniert für eingearbeitete, kompetente Mitarbeiter. Nicht aber für solche, die ihre Aufgabe noch lernen oder die Spielregeln in Ihrem Unternehmen kennenlernen müssen.

Als Basis für eine funktionierende Feedbackkultur empfehle ich folgende Regeln bei jeder Form von Feedback einzuhalten.

Die Regeln für positiv wirkenden Feedbacks:
- beschreibend und vollkommen sachlich,
- Persönliches bleibt außen vor,
- immer konkret, nie allgemein,
- subjektiv individuell formuliert,
- nicht nur negativ,
- konstruktiv und lösungsorientiert.

Kritisches Feedback wird von Ihren Mitarbeitern mit großer Wahrscheinlichkeit ohne Widerstand angenommen, wenn sie Ihre Wertschätzung darin wahrnehmen.

Das könnte dann so klingen: »Herr Gut, ich stelle fest, Ihre Leistungen haben in letzter Zeit nachgelassen. Bis vor vier Wochen haben Sie pro Tag durchschnittlich zwölf Aufträge bearbeitet. Letzte Woche waren es durchschnittlich vier pro Tag. Ich schätze Sie als zuverlässigen Mitarbeiter, der sein Arbeitspensum fehlerfrei und kontinuierlich schafft. Mit Ihren zwölf Aufträgen täglich lagen Sie immer über Durchschnitt. Vier pro Tag liegen weit unter Durchschnitt. Ich frage mich, was diesen Leistungsabfall bewirkt hat und was Sie brauchen, um Ihre guten Ergebnisse wieder erreichen zu können.«

Damit machen Sie zwar deutlich, dass Sie mit der Leistung, die Sie genau benennen, nicht zufrieden sind. Sie machen aber gleichzeitig deutlich, dass Sie eine hohe Meinung von ihm haben, ihn wertschätzen. Sie beweisen durch Ihre Frage nach Ursache und möglicher Unterstützung, dass Sie ihn sehen, wertschätzen und ihn unterstützen wollen. So ist ihr Mitarbeiter eher bereit, Ihnen die Ursache zu nennen – vielleicht sogar ein persönliches Problem – und Ihre Hilfe anzunehmen.

Wie viel anders fühlt sich folgendes Feedback an: »Herr Gut. Sicher ist auch Ihnen aufgefallen, dass Ihre Arbeitsleistung sich deutlich verschlechtert hat. Zwölf Aufträge pro Tag war ihr Durchschnitt. Heute liegt er bei lediglich vier Aufträgen pro Tag. Sie könnten sich mal wieder mehr Mühe geben. Ich finde das außerordentlich bedauerlich. Sie verstehen sicherlich, dass ich das nicht akzeptieren kann. Ich erwarte, dass Sie wieder ihre übliche Leistung bringen«.

Feedback annehmen

Falls Sie in der Position sind, hin und wieder auch Feedback zu erhalten, wissen Sie nun, wie gutes Feedback funktioniert und dass es gar nicht so einfach ist. Positives Feedback anzunehmen, ist ja nicht schwer. Bedanken Sie sich einfach. Wenn Sie wollen, fügen Sie hinzu, was Ihnen das bedeutet.

Seien Sie gewiss, dass es denjenigen, die Ihnen ein kritisches Feedback geben, vielleicht schwer fällt und es ihnen nicht immer perfekt gelingt. Feedback ist auch immer Ausdruck der subjektiven Wahrnehmung des anderen. Also: nehmen Sie es nicht persönlich, auch wenn ein kritisches Feedback nicht nach den guten Regeln ausgedrückt wird und Sie das ganz anders sehen. Vergewissern Sie sich, dass Sie die sachlichen Inhalte richtig verstanden haben. Richten Sie Ihre Aufmerksamkeit auf das aus, was Sie daraus lernen können. Bleiben Sie der souveräne Happy Leader, der um seine Stärken weiß und nehmen Sie das Feedback für ehrliche Selbstreflexion.

Konfliktfähigkeit als Basis einer starken Gemeinschaft

Wer eine Führungsrolle innehat, der benötigt eine passende Haltung zu Konflikten, denn Konflikte entstehen überall dort, wo Menschen miteinander leben oder arbeiten und gemeinsame Ziele verfolgen. Jedes Gehirn denkt für sich und so liegt es in der Natur der Sache, dass durch das Zusammenleben in Gruppen Interessenskonflikte entstehen. Manche Konflikte entstehen auch einfach aus Missverständnissen und damit verletzten Gefühlen. Konflikte bilden sich natürlich auch zwischen unterschiedlichen Gemeinschaften, die sich an unterschiedlichen Werten orientieren.

Selbst Menschen, die sich eigentlich lieben, geraten in Konflikt, weil es Missverständnisse gibt, weil sie unterschiedliche Bedürfnisse und Werte haben oder sich auseinander leben.

Konflikte können jedoch tief greifende positive Veränderungen mit sich bringen, wenn man mit ihnen konstruktiv umzugehen und ihre möglichen positiven Auswirkungen zu nutzen weiß. Sie können beleben, Bewusstsein erweitern und eine Partnerschaft oder eine Gemeinschaft – Belegschaft oder einzelnes Team – festigen und stabilisieren. Sie merzen maskenhafte Höflichkeit und unaufrichtige Angepasstheit aus und ermöglichen es den Menschen in einer Gemeinschaft, offen und vertrauensvoll miteinander umzugehen.

Neue Perspektiven und ein ehrlicher Umgang miteinander tragen in der kreativen Arbeit zu neuen Ansätzen bei und im zwischenmenschlichen Kontakt zu mehr Tiefe und Vertrauen in den Partner oder das Team.

Beispiel: Konflikte sind wichtig und notwendig

Dies wurde mir in einem zweitägigen Workshop mit dreißig Teilnehmern zutiefst bewusst, in dem ich einen beeindruckenden Prozess zur Konfliktlösung durchlebte. Der Erfinder dieses Prozesses namens Community Building, Scott M. Peck, hatte vier Phasen als wesentliche Schritte zur Überwindung von Konflikten identifiziert, ohne die keine Gemeinschaft, kein Team zu einer echten, eingeschworenen Gemeinschaft werden kann. Die beiden Moderatoren dieses Prozesses hielten sich vollkommen zurück, griffen nur ein, wenn Teilnehmer sich entziehen wollten oder sich gegenseitig persönlich angriffen.

In der ersten Phase, genannt Pseudo-Gemeinschaft, waren die die Teilnehmer noch zurückhaltend, hielten sich an die ungeschriebenen Regeln der Höflichkeit, zeigten sich von ihrer besten Seite, selbst wenn es unangenehm wurde. Über mehr als vier Stunden erlebten wir den typischen oberflächlichen Umgang miteinander, wie er auch oft in Unternehmen anzutreffen ist: Maskerade, Inauthentizität, die gute Miene zum bösen Spiel. Die Spannung nahm immer mehr zu. Bis es nicht mehr auszuhalten war und sich in der nächsten Phase, dem sogenannten Chaos, aller Unmut, aller Ärger und die zurückgehaltene Wut Luft machten. Zu Beginn des Prozesses hatten wir versprochen, bis zum Schluss dabei zu bleiben, deshalb mussten wir dadurch. Es war für mich kaum zu ertragen.

Differenzen und Konflikte wurden jetzt nicht mehr versteckt, einige versuchten vielmehr, sie auszulöschen. Einer versuchte den anderen zu bekehren. Ein typisches Bestreben im Zustand des Chaos besteht darin, andere heilen zu wollen. Differenzen dürfen nicht sein, schmerzliche Gefühle auch nicht. Sie werden mit guten Ratschlägen oder tröstenden Worten gleich zugedeckt.

Die beiden Moderatoren saßen nur da und signalisierten, dass alles in Ordnung sei. Sie sagten nichts und ließen einfach geschehen, was da vor sich ging.

Das ging einige Stunden so weiter bis es plötzlich ganz still wurde und die dritte Phase, die Stille, begann. In der Beschreibung der Methode heißt es an dieser Stelle »Schließlich stirbt die Gruppe dann doch den großen Tod und wird neu geboren in den Zustand der Gemeinschaft. Ein dramatischer Wandel setzt nun ein.« Mehr als drei Stunden sagte keiner ein Wort. Dann geschah etwas Wundervolles, Unerwartetes: Verletzlichkeit, Mut, Mitgefühl, Vergebung und tiefe Zuneigung waren präsent und wuchsen mit jeder Mitteilung, die den Raum in immer höhere Schwingungen versetzte. Ich hatte buchstäblich Herzschmerzen vor lauter Glückseligkeit. Es war wie eine Erlösung.

Bei jedem, der in dieser letzten Phase, der Phase der echten »Gemeinschaft« sprach, brachen mir die Tränen aus. Als ich mich umsah, entdeckte ich auch viele Männer, die sich ohne Scham die Tränen wegwischten oder einfach rollen ließen.

Was nun passierte, hat Scott Peck unübertrefflich beschrieben: »In diesem letzten Stadium breitet sich eine sanfte Stille aus. Es ist eine Art Frieden. Der Raum badet in Frieden. Dann beginnt ein Mitglied ganz ruhig über sich zu sprechen. Sie ist sehr verletzlich. Sie spricht aus dem tiefsten Teil ihrer selbst. Die Gruppe ist gefesselt von jedem Wort. Niemand hatte realisiert, dass sie zu solcher Eloquenz fähig ist. Nachdem sie geendet hat, beginnt eine Stille. Sie hält lange an, obwohl es nicht so scheint. Sie wirkt nicht unbehaglich. Langsam, aus der Stille heraus, beginnt ein weiteres Mitglied zu sprechen. Er spricht ebenfalls sehr tief, sehr persönlich über sich selbst. Er versucht nicht, seine Vorrednerin zu heilen oder zu bekehren. Er versucht nicht einmal, ihr zu antworten. Nicht sie, sondern er ist das Thema. Doch die anderen Mitglieder der Gruppe haben nicht das Gefühl, dass er sie ignorierte. Was sie vielmehr empfinden ist, dass er sich neben sie auf den Altar gelegt hat. Die Stille kehrt zurück. Und während es so weitergeht, dass mehr und mehr Teilnehmer ganz ruhig und ehrlich von sich selbst sprechen, wird viel Traurigkeit und Kummer zum Ausdruck gebracht; zugleich wird aber auch viel gelacht und viel Freude empfunden.«

Warum erzähle ich diese Geschichte? Weil ich damals zum ersten Mal verstanden habe, dass etwas sehr Wertvolles darin liegt, sich Konflikten zu stellen. Was dann passierte, hatte ich nämlich nicht erwartet. Alle Teilnehmer dieses Workshops waren mir plötzlich so vertraut, als kenne ich sie seit meiner Schulzeit. Obwohl wir uns erst seit zwei Tagen kannten, waren wir uns so nah wie Familienmitglieder. Die Atmosphäre in dieser Gruppe war leicht, vertraut und es entstanden lang anhaltende Freundschaften, die ich noch heute, achtzehn Jahre später schätze.

Erst Konflikte machen eine Pseudo-Gemeinschaft zu einer echten Gemeinschaft, ein Pseudo-Team zu einem Hochleistungsteam und ein Unternehmen, das aus Mitarbeitern besteht, die vorher angepasst den Regeln der Höflichkeit folgten, zu einer eingeschworenen Gemeinschaft.

Was heißt das? Nein, Sie sollen jetzt nicht willkürlich Konflikte anzetteln – es gibt vermutlich genug schwelende Konflikte in Ihrem Unternehmen die ohnehin ausbrechen werden. Sie sollen auch nicht zum Konfliktlöser oder Mediator für die Konflikte in Ihrem Unternehmen oder Ihrer Abteilung werden.

Happy Leader wissen, dass Konflikte notwendig sind und wie wichtig es ist, konstruktiv mit ihnen umzugehen. Nehmen Sie sich einen Coach, wenn Sie selbst in einem Konflikt stecken und nicht weiter wissen oder holen Sie einen Mediator, der Ihren Mitarbeitern hilft, ihre Konflikte heilsam und gemeinschaftsfördernd zu lösen.

Wenn Sie es nicht schon längst getan haben: tun Sie sich den Gefallen und lernen Sie durch professionelle Unterstützung Konflikte zur Verbesserung Ihrer Beziehungen und des Unternehmensklimas zu nutzen. Erkennen

Sie frühzeitig Missverständnisse und andere Auslöser von Konflikten wie unterschiedliche Werte (ethische, religiöse, materielle, …), unterschiedliche Auffassungen (politische, weltanschauliche, Geschmacksfragen, …) und unterschiedliche Interessen/Ziele (in jeglichem Bereich).

Es gibt nicht nur eine Art, Konflikte zu beenden
Nicht jeder Konflikt muss damit enden, dass alle unterschiedlichen Sichtweisen angepasst und für alle zufriedenstellende Lösungen oder Kompromisse gefunden werden.

Diese vier Möglichkeiten machen es einfacher, Konflikte zu beenden:
• Waffenstillstand vereinbaren, das heißt, unterschiedliche Sichtweisen bleiben bestehen und die Konfliktparteien lassen es so stehen, respektieren sich dennoch und/oder gehen sich aus dem Weg.
• Kompromisse finden, das heißt Frieden schließen, wobei jede der Parteien einen Schritt auf den anderen zugeht.
• Übereinstimmung finden: Sie können Ihren Gesprächspartner von Ihrer Sichtweise überzeugen oder er überzeugt Sie von seiner.
• Harmonie entdecken: Sie stellen fest, dass die möglichen unterschiedlichen Perspektiven gut zueinander passen und etwas Neues möglich machen oder Sie stellen im Gespräch fest, dass es nur ein Missverständnis war und sie beide eigentlich das gleiche meinten. In einer Partnerschaft nennt man diese Harmonie auch Liebe.

Grundvoraussetzung für die souveräne Lösung eines Konfliktes
Wenn Sie selbst in einen Konflikt geraten, hier einige wesentliche Tipps zur Konfliktlösung. Zusammen mit den Regeln der Wertschätzung und dem bewussten Einsatz Ihrer emotionalen und sozialen Kompetenz gehören folgende Punkte zu den Grundvoraussetzungen zur Lösung eines Konfliktes:

Fokus auf das gemeinsame Ziel: behalten Sie das gemeinsame Ziel immer vor Augen. In Ihrem Unternehmen wollen Sie, ebenso wie ihr Gesprächspartner gute Ergebnisse, in Ihrer Ehe wollen Sie vielleicht Ihre Kinder gemeinsam glücklich groß werden sehen, in meinem Gemeinschaftsworkshop wollten wir eine echte Gemeinschaft hervorbringen … das stärkt das Durchhaltevermögen und die Bereitwilligkeit, auch durch unangenehme Phasen zu gehen.

Gefühle managen: Bleiben Sie in Ihren Aussagen sachlich und vermischen Sie den Sachverhalt nicht mit Ihren Interpretationen darüber. Keine Bewertung, keine Vorwürfe, keine Schuldzuweisungen. So vermeiden Sie Widerstand und Emotionen bei Ihrem Gesprächspartner. So wächst die Chance, den Konflikt als Missverständnis zu entlarven und aus der Welt zu räumen.

Wertschätzende Haltung und Werte bewusst machen: Behalten Sie eine respektvolle und wertschätzende Haltung der anderen Partei gegenüber und handeln Sie auf der Basis Ihrer Werte. Seien Sie keine Reiz-Reaktions-Maschine. Bleiben Sie auch in einer emotional aufwühlenden Situation wie einem Konflikt Ihren Werten und Ihres Bildes von sich selbst bewusst und handeln danach.

Die Konfliktpartei verstehen: Seien Sie sich dessen bewusst, dass die Gegenseite sich verstanden fühlen muss, bevor Sie bereit ist, sich Ihren Standpunkt anzuhören und ihn zu verstehen. Auch wenn es schwerfällt: lassen Sie den anderen ausreden, bis er sich mit Recht verstanden fühlt. Versuchen Sie, sich in ihn hinein zu versetzen und seine Perspektive zu verstehen. Das bedeutet nicht, dass Sie seiner Sichtweise zustimmen oder damit einverstanden sind. Hören Sie genau hin, geben Sie mit eigenen Worten wieder (aktives Zuhören), was Sie verstanden haben – ohne es zu bewerten – erst dann schildern Sie Ihre Sichtweise.

Spielregeln vereinbaren: Sachlichkeit, Respekt, Redezeiten, bei längeren Konflikten auch Reaktionszeiten. Wenn Sie dies von vorn herein machen, werden im Laufe der Konfliktlösung, in einer ohnehin hoch emotionalen Phase nicht noch weitere Konflikte entstehen.

Konflikte eskalieren, wenn die Beteiligten das eigentliche/gemeinsame Ziel aus den Augen verlieren und sich auf ihre egoistischen Standpunkte, auf Recht haben und weiter dann auf Zerstörung fokussieren.

Inspirieren statt Motivieren

Dass Motivierung, also das Erhöhen der Motivation durch äußere Reize wie Incentives und andere finanzielle Anreize nicht funktioniert, hat Reinhard K. Sprenger schon in den neunziger Jahren in seinem Buch *Mythos Motivation* anschaulich und nachvollziehbar dargelegt. Er macht deutlich, dass Motivierung von außen die Motivation sogar zerstört. Er schreibt: »Mir ist klar geworden, dass Motivieren nichts anderes meint, als die fünf großen ›B‹:

Belohnen – **B**elobigen – **B**estechen – **B**edrohen – **B**estrafen«.

Die Motivation, also die persönlichen Beweggründe zu Leistungswilligkeit und Leistungsfähigkeit Ihrer Mitarbeiter, ist wichtig. Ohne Motivation würden sie nicht ihr Bestes geben. Aber Motivation ist ihre eigene innere sogenannte Triebstärke, die durch äußere Reize zwar kurzzeitig erhöht werden kann, aber nicht nachhaltig, da Reize bei uns Menschen schnell abflachen und, wie Sprenger es nennt, in die allerorts grassierende Anspruchsinflation führt.

Ich habe Unternehmen erlebt, in denen die Mitarbeiter mit Boni und Incentives verwöhnt wurden wie kleine Prinzessinnen und die Verantwortlichen ratlos waren, warum sogar ihre besten Pferde im Stall immer frustrierter, nachlässiger, lustloser und verantwortungsloser wurden. Die Mitarbeiter benahmen sich wie verwöhnte, belohnungssüchtige Kinder, die nach immer mehr Belohnungen verlangten und quengelten, wenn sie etwas ohne Extra-Bonus tun sollten.

Wenn Mitarbeiter in ein Unternehmen kommen, sind sie meist hoch motiviert. Sie wollen ihr Bestes geben, sie wollen Ziele erreichen und Anerkennung ernten.

Und dann geht es in der Zusammenarbeit nicht darum, Motivation durch Motivierung anzukurbeln, sondern darum, die Motivation, die ohnehin da ist, den Trieb, gute, kompetente, anerkennenswerte Arbeit zu machen, zu erhalten und ihr Raum zu geben.

Und das geschieht durch Inspiration.

Inspiration geschieht nicht durch äußere Anreize sondern dadurch, dass den Mitarbeitern Möglichkeiten und Freiräume geboten werden, die sie herausfordern. Aufgaben und Ziele, die sie erreichen WOLLEN, weil sie damit gefordert sind, sich beweisen können, ihre Lebensaufgabe erfüllen können, weil sie einer von ihnen als gut empfundenen Sache beitragen können und nach getaner Arbeit das gute Gefühl haben können, etwas Sinnvolles und Gutes beigetragen zu haben.

Menschen wollen einen eigenen, ganz persönlichen, sinnvollen Beitrag leisten. Sie wollen gebraucht werden. Sie wollen – bewusst oder unbewusst – ihren Lebenssinn erfüllen. Oder wie andere es formulieren: Sie wollen ihren Seelenauftrag erfüllen. Ihre Arbeit kann ein altruistischer Beitrag sein, wie bei Mutter Theresa, es kann die Unterstützung anderer Menschen sein, wie sie in sozialen Berufen stattfindet, es kann aber auch die Mitarbeit an einem großen Ziel sein, wie es Gandhi oder Martin Luther King ausgemalt haben. Und es kann die Erreichung Ihrer Unternehmensvision sein, die von allen Ihren Mitarbeitern mit getragen und mit vollem Einsatz verfolgt wird. Wenn Ihre Mitarbeiter abends nach Haus kommen und mit ihrem Beitrag zufrieden sind, weil sie wissen, warum sie es tun und den Freiraum haben, ihr Bestes zu geben, werden Sie loyale Mitarbeiter haben.

Tipp: Wie Sie Ihre Mitarbeiter inspirieren können

Sie werden feststellen, dass einige davon bereits in anderen Kapiteln genannt wurden:

- Sie selbst sind inspiriert von Ihren Zielen und gehen als gutes Beispiel voran.
- Sie sind bereit, Ihre Mitarbeiter zu fördern und ihnen zu dienen.
- Sie sorgen dafür, dass die natürlichen Talente und Potenziale des Mitarbeiters erkannt und seinem Entwicklungsstand entsprechend gefördert werden und an der richtigen Stelle zum Einsatz kommen.
- Sie bemühen sich, soweit es die Unternehmenskultur und die Umstände es zulassen, die Bedürfnisse der Mitarbeiter zu berücksichtigen, sodass sie sich in ihrer Arbeit verwirklichen können.
- Sie fordern Ihre Mitarbeiter, schaffen reizvolle, verantwortungsvolle Herausforderungen.
- Sie vereinbaren Ziele – das heißt, der Mitarbeiter erklärt sich mit Zielen, Zeiten und Vorgehensweise einverstanden – Sie geben Ziele nicht vor!
- Sie geben ihnen einen angemessenen Handlungsspielraum für die eigene Kreativität.
- Sie formulieren klare Givens, die unveränderbaren Rahmenrichtlinien und Grenzen, innerhalb derer die Mitarbeiter sich frei entfalten können und kommunizieren ebenso klar die Konsequenzen bei Nichtbefolgung.
- Sie geben klares, ehrliches, respektvolles und wertschätzendes Feedback.
- Sie kommunizieren selbstbewusst, klar, respektvoll und einfühlsam
- Sie geben Vertrauensvorschuss und vereinbaren, dass Sie im Notfall gerufen werden.
- Sie mischen sich nicht ein und geben Ihren Mitarbeitern die Chance, es anders richtig zu machen, als Sie selbst es machen würden.

Selbstverantwortung und Selbstkritik

Selbstverantwortung oder auch Eigenverantwortung ist im Business-Kontext eine Qualität, ohne die eine Führungskraft nicht bestehen kann. Es bedeutet, dass eine Führungskraft sich der Tatsache und Pflicht bewusst ist, dass sie allein und niemand anders für ihr Handeln, ihr Unterlassen und für ihre Ergebnisse verantwortlich ist und die Konsequenzen ihres Handelns und Unterlassens trägt.

Das funktioniert dann am besten, wenn Sie Ihr Potenzial, Ihr Können und Ihre Talente selbst anerkennen. Dann werden Sie Ihre Fehler als Fehler, nicht aber als Katastrophe betrachten können, weil Sie wissen, dass Sie trotz des Fehlers weder ein schlechter Chef noch ein miserabler Experte Ihres Faches sind. Es wird Ihnen leichter fallen zu akzeptieren, dass auch Ihnen mal Fehler passieren können und Sie übernehmen damit die Verantwortung für die Pannen ebenso wie für die positiven Resultate.

Sie verdienen sich damit auch den Respekt Ihrer Mitarbeiter, denn jeder weiß, dass auch Sie nicht perfekt sind. Wer Verantwortung für seine Fehler übernimmt beweist Reife und Souveränität. Wenn ich Führungskräfte kennenlerne, die mir erzählen, wie nachlässig, faul und unmotiviert ihre Mitarbeiter sind, weiß ich, dass sie Selbstverantwortung weit von sich weisen und recht unglücklich sind, weil sie alle Mühe haben und viel Energie dafür aufbringen müssen, ihre unbewusst wütende Selbstkritik zu unterdrücken.

Indem Sie selbst Verantwortung für Ihre Fehler übernehmen, gehen Sie mit gutem Beispiel voran. Als Vorbild signalisieren Sie, dass niemandem der Kopf abgerissen wird, wenn er mal einen Fehler macht und stärken das Vertrauensverhältnis zu Ihren Mitarbeitern.

Selbstverständlich haben Sie deutlich gemacht, dass Ihnen fehlerfreies Arbeiten wichtig ist und lassen auch keinen Zweifel darüber, dass eine zu hohe Fehlerquote Konsequenzen hat. In jedem Fall werden Sie im Sinne der Selbstverantwortung untersuchen, ob Ihre Personalauswahl richtig war und sich fragen, ob Sie den Mitarbeiter, der wiederholt Fehler in seinem Aufgabenfeld macht, an den richtigen Platz gesetzt haben und ob seine Potenziale an einem anderen Platz vielleicht besser aufgehoben wären.

Das arme Opfer – Aufgabe der Selbstverantwortung
Spätestens im zweiten Kapitel haben Sie erfahren, dass niemand außer Ihnen selbst für Ihr Wohlbefinden verantwortlich ist. Sie sind nicht Opfer der Umstände, Sie allein können dafür sorgen, dass die Umstände sich ändern.

Und so ist das mit allem, was Ihnen missfällt oder Ihnen Magendrücken und Stress verursacht. Sie kennen sicher den Satz »Love it, change it or leave it«. Entweder Sie lieben Ihre Lebensumstände und Situationen oder Sie machen sich daran, sie zu verändern. Wenn das aus irgendeinem Grund nicht geht sehen Sie zu, dass Sie diese Umstände schnellstmöglich verlassen.

Ihre Mitarbeiter machen nicht das, was Sie von Ihnen erwarten? Überprüfen Sie, ob Sie die richtige Personalauswahl getroffen haben. Und wenn Sie da sicher sind, überprüfen Sie Ihre Kommunikation und finden Sie heraus, ob sie Ihnen vertrauen. Wenn nicht: das Kapitel *Abschied von der Sachlichkeit. Happy Leaders kommunizieren anders* und auch das folgende Kapitel *Happy-Leading-Tools* helfen Ihnen, das Vertrauen Ihrer Mitarbeiter zu gewinnen.

Die Strategie hat Fehler oder es stimmt was nicht mit der Organisationsstruktur? Okay, haben Sie sie selbst entwickelt? Dann noch mal ran. Ist es die Strategie oder die Organisationsstruktur des Unternehmens, in dem Sie angestellt sind? Sorgen Sie dafür, dass daran gearbeitet wird. Wenn das trotz Ihres Drängens nicht geschieht, überlegen Sie sich, ob Sie tatsächlich in diesem Unternehmen bleiben wollen.

Sie sind für die Qualität Ihres Lebens, Ihrer Arbeit und für das, was Sie eines Tages der Welt hinterlassen, ganz allein verantwortlich.

Ist das nicht eine großartige Erkenntnis? Wenn Sie selbst dafür verantwortlich sind, dann haben Sie die Zügel in der Hand. Niemand anderes.

Beispiel: Ich kann doch nichts dafür ...

Immer wieder habe ich Teilnehmer in meinen Seminaren, die an dieser Stelle richtig patzig werden. »Wenn Sie wüssten, Sie haben ja keine Ahnung. Ich habe vier Kinder, ich muss diesen Job machen, der mich langsam aber sicher krank macht. Ich kann nicht einfach sagen ›das gefällt mir hier nicht, ändern kann ich es auch nicht, also kündige ich‹. Wie können Sie behaupten, ich bin selbst dafür verantwortlich! Und ich habe da schon gar nicht die Zügel in der Hand. Ich kann nicht kündigen!«

Das ist eine typische Opferhaltung, die sowohl diejenigen, die sie haben als auch ihre Umgebung unglücklich macht! Die Verantwortung wird den Umständen zugeschoben. Weit weit weg geschoben und damit zu einem guten Grund, nichts daran zu ändern, weiter zu leiden und anderen die Schuld dafür zu geben. Diese Taktik des Selbstbetrugs dient oft als Selbstschutz und lässt ein schwaches Selbstbewusstsein vermuten.

Aber sehen wir es uns genauer an. Es geht ja um Verantwortung. Um Entscheidungen, die getroffen wurden. Wenn wir Verantwortung abgeben, von uns weisen, behaupten, es sei nicht unsere Schuld, haben vermeintlich andere die Entscheidungen getroffen, die uns in diese missliche Lage gebracht haben. Dieser Mensch hat vier Kinder und eine Frau, für die er verantwortlich ist und er kommt dieser Verantwortung auch nach, wobei er sich jedoch als Opfer empfindet.

In solchen Situationen laufen dann immer wieder ähnliche Dialoge ab: »Wer hat denn die Entscheidung getroffen, vier Kinder zu haben?« Schweigen ... oder »Meine Frau, ich wurde ja nicht gefragt«. »Okay, wer hat die Entscheidung getroffen, diese Frau zu heiraten?« Schweigen. »Okay, und Sie sagen, Sie können nicht kündigen«. »Ja, klar. Ich habe Ihnen doch eben erklärt, dass ich vier Kinder habe und eine Frau.« »Ja, das habe ich verstanden. Was

*würde denn passieren, wenn Sie kündigen würden.« »Sie sind gut. Das ist
doch klar. Dann hätte ich kein Einkommen mehr und die Folgen brauche ich
Ihnen nicht zu erklären.« »Das heißt, Sie haben eben gesagt, Sie können
nicht kündigen. Das stimmt dann offenbar nicht. Sie können kündigen, aber
dann käme Ihre Familie in finanzielle Schwierigkeiten.«*

*Noch immer ist der Teilnehmer ziemlich aggressiv aber ich sehe, dass da
schon Erkenntnis dämmert. »Sie haben also entschieden, nicht zu kündigen,
weil Ihnen die finanzielle Sicherheit Ihrer Familie wichtiger ist, als die Situation in Ihrem Job. Sie könnten zwar kündigen, sind aber nicht bereit, die
Konsequenzen auf sich zu nehmen. Das verstehe ich und frage mich, wer das
entscheidet.«*

*An dieser Stelle versteht der Teilnehmer meist, dass nicht andere für ihn
entschieden haben, dass er nicht Opfer ist, sondern dass es seinem freien
Willen, seiner eigenen Verantwortung entspringt, sich dieser Situation zu
stellen. »Sie handeln also aus freien Stücken und gehen freiwillig zur Arbeit,
weil Ihnen das Wohl Ihrer Familie wichtig ist. Sie selbst haben entschieden,
die negativen Konsequenzen einer Kündigung nicht auf sich zu nehmen sondern ziehen vor, diese Arbeit, die Ihnen missfällt, weiterzumachen.«*

*In diesem Moment spüre ich oft, dass in dem Teilnehmer eine Wandlung vor-
geht. Er ist plötzlich nicht mehr Opfer der Umstände sondern es ist ihm klar,
dass er die Umstände selbst kreiert hat. Damit hat er sozusagen die Zügel
für sein Leben wieder in der Hand. Das verändert zwar nicht die äußeren
Umstände, aber es fühlt sich vollkommen anders an.*

*»Was käme denn dabei heraus, wenn Sie einmal Bilanz ziehen: Ihre Arbeit
ist offenbar so kräftezehrend und unangenehm, dass Sie fürchten, krank zu
werden. Wenn das so ist: was möchten Sie lieber. Einen Burn-out riskieren,
krank werden und deshalb nicht mehr arbeitsfähig sein und für Ihre Familie
sicher kein ausgeglichener und liebender Vater und Ehemann, oder bevor-
zugen Sie gesund zu bleiben aber im schlimmsten Fall zeitweise arbeitslos.*

Gesund haben Sie sicher alle Chancen einen neuen Job zu finden, in dem Sie sich besser fühlen oder Sie machen sich mit Ihrer Kompetenz selbstständig. Ihre Situation ist schwieriger als die eines Singles, klar. Wenn Sie wüssten, dass allein Sie entscheiden, was Sie mit Ihrem Leben machen, was würden SIE dann machen?«

Nicht selten habe ich von solchen Teilnehmern später gehört, dass sie den Job gewechselt oder sich selbstständig gemacht haben.

Seien Sie sich also bewusst, dass das meiste von dem, was Ihnen geschieht, die Konsequenz aus Entscheidungen ist, die Sie selbst getroffen haben. In den seltensten Fällen sind Sie Opfer, Sie sind fast immer der Schöpfer all dessen, was Ihnen passiert.

Und wenn Sie das nun wissen: Welche Entscheidungen möchten Sie als nächstes treffen, um mehr Spaß im Leben und mehr Erfolg in Ihrer Arbeit zu haben?

Konstruktive Selbstkritik

Konstruktive Selbstkritik ist die Fähigkeit, sein eigenes Tun und Handeln im Wissen um die eigenen Qualitäten kritisch zu hinterfragen, eigene Fehler zu erkennen, die Ursache zu identifizieren, daraus zu lernen um sich damit weiterzuentwickeln.

Selbstkritik hält uns davon ab, uns für unfehlbar oder perfekt zu halten, uns über andere hinweg zu heben, eingebildet und überheblich zu werden.

Wenn wir grundsätzlich alle Schuld von uns weisen, anderen Menschen oder Umständen unsere Fehler zuschreiben und niemals ehrlich zugeben, wenn uns ein Fehler unterlaufen ist, spricht man von Selbstbetrug. Ein Zeichen für eine Störung der Selbstwahrnehmung oder schwachen Selbstbewusstseins. Diese Taktik kann Ausdruck einer Angst vor Bestrafung, oder ein Indiz für ein aufgeblähtes Ego sein.

Selbstkritisch zu erkennen, wenn etwas schief gelaufen ist oder die eigenen Unzulänglichkeiten zuzugeben, ist emotional nicht so leicht zu bewältigen. Grübeleien, Selbstanschuldigungen und das Versagen an sich können großen Schmerz verursachen. Wenn wir unsere Stärken, Talente und unsere Erfolge jedoch nicht aus den Augen verlieren und wohlwollende Nachsicht mit uns üben, bereit sind, unsere Fehler zu erkennen, kritisches Feedback anzunehmen und aus unseren Fehlern zu lernen, beherrschen wir die Grundvoraussetzungen zu unserer charakterlichen Entwicklung.

Fünf Tipps zur konstruktiven Selbstkritik
Tipp 1: Betrachten Sie – wie beim Feedback-Geben – nur bestimmte, veränderbare Verhaltensweisen oder den Sachverhalt, der nicht funktioniert hat, vollkommen sachlich. Tappen Sie nicht in die Falle der allumfassenden Verteufelung »Ich bin einfach zu blöd« oder »Ich kriege einfach nichts auf die Reihe«. Hier vermengen wir den zu kritisierenden Sachverhalt oder falsches Verhalten mit unserer Interpretation darüber. Wir gehen in die Selbstverurteilung, anstatt ganz sachlich zu untersuchen, was genau da schief gelaufen ist. Dieser Selbsthass hält uns davon ab, genau hinzusehen um zu identifizieren, wo wir uns das nächste Mal anders verhalten können.

Tipp 2: Analysieren Sie genau mit dem Ziel, eine bessere Lösung zu finden. Sammeln Sie alle Informationen und machen Sie sich ein Bild davon, was genau und warum es nicht funktioniert hat. Erkennen Sie Ihren Eigenanteil ohne sich zu zerfleischen. Vollkommen neutral. Wie ein Wissenschaftler, der eine Versuchsreihe durchführt. Denken Sie daran, Sie wollen dazu lernen, um das nächste Mal besser, präziser, zuverlässiger oder sogar fehlerfrei handeln zu können.

Tipp 3: Entschuldigen Sie sich, wenn Sie Ihre Fehler erkannt haben und andere zu Schaden gekommen sind und arbeiten Sie aktiv an den offensichtlichen Defiziten.

Tipp 4: Ändern Sie Faktoren, die eine Mitschuld tragen. Manchmal sieht es so aus, dass wir nichts dafür können wenn Fehler passieren. Aber Achtung: wenn ein Fehler in unserem Verantwortungsbereich liegt, gilt die Selbstverantwortung: Immerhin haben wir es soweit kommen lassen. Seien Sie schonungslos ehrlich sich selbst gegenüber: hat sich dieser Fehler nicht doch schon vorher angekündigt oder erahnen lassen? Und dann tun Sie aktiv etwas dafür, dass es nicht wieder vorkommt.

Tipp 5: Seien Sie einfühlsam und wertschätzend sich selbst gegenüber. Nur weil auch Sie wie jeder andere Mensch Fehler machen, sind Sie deshalb weder weniger liebenswert noch inkompetent. Im Gegenteil: Ihre Mitmenschen werden Sie anerkennen für Ihr Selbstbewusstsein, Ihre schonungslose Ehrlichkeit und Ihren Mut, die Dinge so darzustellen, wie sie sind.

Selbstbewusstsein ohne Selbstkritik funktioniert nicht – und umgekehrt funktioniert auch Selbstkritik nicht ohne Selbstbewusstsein!

Vermeiden Sie destruktive Selbstkritik

Destruktive Selbstkritik hingegen wirkt kontraproduktiv. Sie zerstört Ihr Selbstbewusstsein, Ihre Motivation und Ihr Wohlbefinden.

Meist sind wir selbst unser eigener schärfster Kritiker. Wenn die Selbstkritik in Selbstzerfleischung, Erniedrigung und Selbstentwertung umschlägt, wenn wir uns selbst runtermachen und uns als hoffnungslosen Loser sehen, manövrieren wir uns immer tiefer in Minderwertigkeitsgefühle, Angst und Depression.

Die Ursachen der destruktiven Selbstkritik liegen meist in der Kindheit. Wer als Kind von Eltern oder anderen Erwachsenen immer wieder zu hören bekam, er sei zu faul, zu dumm oder sonst wie nicht in Ordnung, nimmt dieses Urteil an und verinnerlicht es. Destruktive Selbstkritik ist dann neben Selbstbestrafung und Selbstverachtung eine vermeintlich probate Methode, um einer Bestrafung von außen zu entgehen und sich zu bessern.

Früher habe ich mir alles zu Herzen genommen, was an mir kritisiert wurde. Alles! Ich war unsicher, vorsichtig, versuchte Fehler zu vermeiden oder zu vertuschen und wurde von der kleinsten negativen Äußerung aus der Bahn geworfen. Heute weiß ich, dass ich nicht in allem perfekt sein muss und reagiere ganz anders: Meine Schwester und ihr Partner lieben Skat und ich spiele oft mit ihnen. Ich spiele lausig schlecht, aus dem Bauch und kann mir einfach die gefallen Stiche nicht merken. Das führt ganz oft zu Kopfschütteln oder ärgerlichen Bemerkungen meines jeweiligen Mitspielers. Ich zog mir das nie an, aber vor kurzem wurde es mir doch zu viel und auf die Bemerkung »Also, dein Skatspiel hat sich aber echt nicht wesentlich verbessert«, sagte ich »Dafür kann ich fünf Sprachen« und wir alle brachen in großes Gelächter aus. So gehe ich heute damit um.

Destruktive Selbstkritik ist ohne Hilfe meist nicht zu überwinden. Menschen, die zu destruktiver Selbstkritik neigen, können diese mit der Unterstützung eines Psychologen jedoch überwinden.

Sollten Sie das von sich kennen, holen Sie sich Hilfe. In Ihrer Position als Führungskraft schaden Sie sich selbst, da andere Ihr Glaubenssystem durchschauen und Sie genauso ablehnen werden, wie Sie sich selbst. Darüber hinaus schaden Sie Ihrem Unternehmen, weil ein Chef mit der Tendenz zur destruktiven Selbstkritik in schwierigen Situationen versagen wird. Er ist so sehr mit sich und seiner Selbstbestrafung beschäftigt, dass er Bedrohungen nicht schnell genug abwenden oder falsch einschätzen wird.

Exkurs: Coaching als Teambuildingmaßnahme?

Coaching wird in den letzten Jahren immer wieder als Führungsqualität gefordert und gehört in einigen Unternehmen zu den Einstellungsvoraussetzungen. Der Gedanke dahinter ist, dass Führende ihre Mitarbeiter befähigen sollen, sich bestmöglich zu entwickeln. So möchte das Unternehmen das Maximum an Wertschöpfung aus seiner teuersten Ressource, den Mitarbeitern, sich erschließen.

Studien vermitteln den Eindruck, dass Arbeitnehmer sich Führungskräfte wünschen, die sie coachen. Als jemand, der sich fast dreißig Jahre mit Coaching beschäftigt, muss ich Ihnen aber mitteilen, dass Führung und Coachsein sich ausschließen. Happy Leader sind keine Coaches und wollen es auch nicht sein.

Meine Vermutung ist, dass sich Befragte in derartigen Studien eher eine andere Art von Vorgesetzten wünschen. Sie wünschen sich einen Vorgesetzten, der ihnen konstruktives Feedback und Hinweise darauf gibt, wie sie sich weiterentwickeln können.

Ein Coach macht etwas anderes. Auch wenn »Coach« (noch) kein geschützter Beruf ist, ist Coaching eine Disziplin, die nicht en passant, also eben mal nebenbei gelernt werden kann. Ein guter Coach, der etwas bewirken kann, hat ein hohes Maß an persönlicher Reife und oft jahrelange, hochkarätige Ausbildungen.

Er ist dem Coachee gegenüber neutral und darf keine eigenen Interessen verfolgen. Das ist im Verhältnis »Führung/Mitarbeiter« schon von vorn herein kaum erreichbar. Das heißt echtes Coaching kann eine Führungskraft nicht anbieten, da sie natürlicherweise ein Interesse daran hat, den Mitarbeiter zu fördern, um ihn für sein Unternehmen oder für seine Abteilung zu einem wertvolleren Beitrag zu bewegen und damit für das Unternehmen zu einem gewinnbringenderen Mitarbeiter zu machen.

Im echten Coaching sind Um-zu-Interessen nicht erlaubt und kontraproduktiv. Der Coach wird unglaubwürdig. Der Coachee nimmt ihm nicht ab, dass es um ihn geht. Ein unbedingtes Vertrauensverhältnis ist jedoch für gutes Coaching eine wichtige Voraussetzung. Der Coachee muss sich sicher fühlen und darauf vertrauen können, dass der Coach das ihm anvertraute Wissen nicht missbraucht.

Ein Happy Leader als Coach – funktioniert nicht

Da Sie Führungskraft und nicht Coach sind, kann niemand von Ihnen verlangen, dass Sie eine qualifizierte Coaching-Ausbildung machen. In Ihrer Rolle ist es allerdings sinnvoll zu erkennen, wann Sie einen professionellen Coach für sich selbst oder Ihre Mitarbeiter hinzuziehen sollten.

Selbst wenn Sie eine Coaching-Ausbildung gemacht haben, werden Sie in der Doppelrolle Coach und Führungskraft nicht die notwendige Neutralität aufbringen können, die allgemein als notwendige Voraussetzung für gelingendes Coaching angesehen wird. Als Führungskraft tragen Sie die Verantwortung für die Ergebnisse Ihres Unternehmens oder Ihrer Abteilung und es ist Ihre Pflicht, im Sinne des Unternehmens zu denken. Das schließt Neutralität aus. Somit können Sie grundlegende Qualitäten des Coach-Seins nicht einbringen, nicht das volle Vertrauen Ihrer Coachees gewinnen und damit auch nicht die Ergebnisse erzielen, die ein ausgebildeter, neutraler Coach erreichen könnte.

Ein Happy Leader ist ein guter Mentor

Ganz besonders für Mitarbeiter, die noch viel Begleitung und Unterstützung benötigen, um sich in ihrer Position zu entfalten und ihr Bestes geben zu können, bietet sich statt Coaching das Mentoring an.

Der Begriff Mentor stammt aus der Odyssee, wo sich ein Lehrer dieses Namens um die Erziehung von Odysseus Sohn Telemach kümmert. Die Verkörperung eines idealtypischen Mentors hat der Film *Club der toten Dichter* zum Thema, in dem Robbin Williams als Lehrer John Keating seine Schülern mit unkonventionellen Methoden zu selbstständigem Handeln und freiem Denken anregt. Er ermutigt sie immer wieder, sich mehr zuzutrauen und ihre Möglichkeiten auszuloten. Sich selbst, ihre persönlichen Wünsche und Potenziale zu entdecken und zu entfalten.

Für den Mentor gelten die gleichen Voraussetzungen, wie für den Coach, außer dass seiner Rolle auch die größere Erfahrung und eine höhere Kompetenz zugeschrieben wird, ohne dass der Mentee sich dadurch zurückgesetzt, bevormundet oder unter Druck gesetzt fühlt. Von einem Mentor wird erwartet, dass er berät und sein Erfahrungswissen anbietet.

Mit Feingefühl werden Sie bemerken, wie viel Mentoring und wie viel Coaching Ihr Mitarbeiter braucht, um sich in seiner Position weiterentwickeln zu können.

Wenn es um fachliche Themen handelt, ist ihre vertrauensvolle Aufgabe als Mentor gefragt. Wenn es um persönliche Themen geht wie innere Blockaden, Mangel an emotionaler und sozialer Kompetenz oder ganz persönliche, private Probleme, die den Mitarbeiter davon abhalten sein Bestes zu geben, überlegen Sie sich gut, ob Ihr Vertrauensverhältnis zum Mitarbeiter stark genug ist und Sie neutral genug sein können, um ihn mit Coaching selbst zu unterstützen oder ob Sie besser einen professionellen Coach dazu holen wollen.

Wenn es Anzeichen dafür gibt, dass ein Mitarbeiter sich Ihnen nicht voll und ganz öffnen kann, wenn er persönliches Coaching benötigt und es wichtig ist, dass er oder sie ein Problem löst, um seine oder ihre Aufgaben wieder mit Freude und hundertprozentigem Einsatz erledigen zu können, sei Ihnen geraten, einen guten externen Coach hinzuzuziehen.

Auch wenn das eine zusätzliche Investition bedeutet, wird sie sich unter dem Strich lohnen. Ein verpatztes Coaching im Selbstversuch ist nicht nur für Ihren Mitarbeiter negativ. Es belastet auch Ihre Position als Führungskraft. Ihr Vertrauensverhältnis ist dann möglicherweise beschädigt und die Leistungsfähigkeit des Mitarbeiters dauerhaft reduziert.

Je nachdem, welche Position der Mitarbeiter hat und wie sehr sich seine verminderte Leistung auf die Leistung weiterer Mitarbeiter und damit auf das Gesamtergebnis auswirkt, wird sich ein erfolgreiches Coaching durch einen externen Coach lohnen. Meine Erfahrung ist, dass Mitarbeiter, die ihre Probleme selbst erkannt haben, offen für ein Coaching sind. Wenn sie von Ihrem Arbeitgeber einen Coach gestellt bekommen, fühlen sie sich wertgeschätzt und engagieren sich nach erfolgreichem Coaching oft weit mehr als je zuvor.

Happy-Leader-Tools für Teams und Meetings

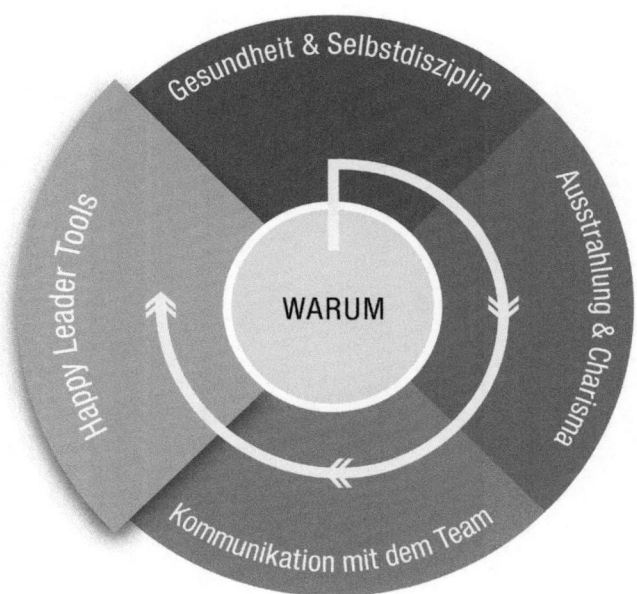

Abbildung 6: Phase 5 der Happy-Leading-Formel © Sabine Bredemeyer
(abgeleitet aus dem Organisationskompass© des Genuine Contact™ Program)

Im fünften Arbeitsbereich für Happy Leader geht es um Tools, die im Tagesgeschäft wie in Projekten und Veränderungsprozessen aus meiner Sicht die nachhaltigste Wirkung haben. Ein Happy Leader braucht heute ein alternatives Steuerungsrepertoire, mit dem er jederzeit auf Happy People, also engagierte Mitarbeiter, zählen kann.

Klassische Führung nach tayloristischer Denke ist geprägt von Command-and-Control-Denken. Unternehmen werden sehr mechanistisch betrachtet. Mitarbeiter bekommen Aufgaben, die sie zu erledigen haben. Führende geben die Richtung vor und überwachen die Zielerreichung. Die klassischen Instrumente des Managements sind Tools zur Entscheidungsfindung, Delegation, Zielvereinbarung und Zielmessung, Motivation, Kritik (Fehlverhalten ansprechen), Konfliktlösungstools und Mitarbeitergespräche als Ausdruck von Führen mit Zielen.

Ein menschenzentrierter Ansatz wie Happy Leading ist anders, da er die Ressource Mensch anders begreift. Nicht nur für den Happy Leader selbst, sondern auch für Mitarbeiter wird akzeptiert, dass gute Leistungen nur erbracht werden können, wenn ein Sinn in der Arbeit erkennbar ist und die Arbeit insoweit menschlich ist, als dass sie menschlichen Bedürfnissen Rechnung trägt. Eine Motivation by Karotte wird fallengelassen zu Gunsten eines ganzheitlichen Denkens.

Wenn Menschen für Leistung und insbesondere Spitzenleistung mehr benötigen als nur das Gehalt, wenn soziale, zwischenmenschliche und eine grundlegenden Bedürfnissen Rechnung tragende Arbeitsorganisation angestrebt wird, dann braucht es mehr als Zielvereinbarungen und Erfolgsmessungen. Den operativen Erfolgen sind, dass weiß der Happy Leader von sich selbst, weiche Faktoren vorgelagert. Menschen wollen sich wohlfühlen, als Mensch gesehen und respektiert werden.

Damit Happy Leader Dinge wie die Unternehmenskultur und das Miteinander im Alltag gestalten können benötigen sie zusätzlich zu klassischen Tools wie Delegation und Zielvereinbarungen andere Tools. Die sollen weiche Faktoren wie die Unternehmenskultur, Stimmungen und das Betriebsklima erfassen und gestaltbar machen. Sie sollen die Mannschaft inspirieren und ihnen ermöglichen, auch und gerade in herausfordernden Situationen hoch motiviert zu performen.

Ein Happy Leader benötigt:
1. Mindestens ein Werkzeug zu Situationsbestimmung von Unternehmensklima und Stimmung. Hierzu wird der Kreislauf der Veränderung vorgestellt.
2. Mindestens ein Werkzeug um das Miteinander im Businessalltag positiv zu gestalten. Hierzu werden neue Ansätze zur Vorbereitung, Durchführung und Nachbereitung von Meetings vorgestellt. Denn Meetings sind die prägende Komponente für moderne Arbeitsformen.

3. Ein sicheres Verständnis von partizipativer Führung, deren Sinnhaftigkeit ich hier darlege.

4. Mindestens ein Tool, das ihm bei Planung, Diagnose und Evaluierung von Projekten und Prozessen mehr Sicherheit vermittelt und ihm hilft zu entscheiden, wann partizipative Prozesse Sinn machen. Hierzu stelle ich den Organisationskompass© nach dem Genuine Contact™ Program vor.

5. Zumindest ein Basiswissen über partizipative Großgruppen-Interventionen und ihre Einsatzmöglichkeiten, die dazu beitragen, dass die kollektive Intelligenz der Mitarbeiter genutzt werden kann. Hierzu beschreibe ich, was Großgruppen-Interventionen sind und welchen Nutzen sie bringen.

6. Ideen zur Gestaltung der eigenen Arbeitgeberattraktivität, damit er die Experten und Fachkräfte anziehen kann, die das Unternehmen braucht. Hierzu gebe ich Ihnen ein paar Anregungen.

Die Werkzeuge, die ich Ihnen vorschlage, sind simple Tools mit großer Wirkung. Simpel deshalb, weil komplizierte Tools gerade in Change-Prozessen nur noch mehr Schwierigkeiten, Hindernisse und Konflikte hervorrufen und damit die Motivation und Leistungsbereitschaft lähmen.

Eine Anmerkung vielleicht noch, die immer gilt wenn Sie mit Methoden die Leistungen ihrer Teams verbessern wollen. Jedes Tool ist immer nur so gut, wie der Mensch, der es einsetzt. Wenn Sie gesund und in Balance mit sich selbst sind, wenn es Ihnen gelungen ist, ihren Traum, Ihre Vision, Ihre Ziele zu identifizieren und Sie selbst dadurch so inspiriert sind, dass ihre Kraftreserven und ihr Durchhaltevermögen schier unbegrenzt zu sein scheinen, dann können Sie mit geeigneten Tools ihre Wirkung verbessern. Wenn Sie aber die ersten Schritte der Happy-Leading-Formel für sich nicht geklärt haben, dann werden die folgenden Seiten Ihnen noch nicht so viel bringen. Denken Sie immer daran, Toolwissen kann Führung verbessern, wer aber sich selbst noch nicht führt, der wird von den Tools wenig profitieren.

Kreislauf der Veränderung: Analysetool für Change-Prozesse

Für das Gelingen eines jeden Change-Prozesses ist das Klima unter den Beteiligten ausschlaggebend für seinen Erfolg. Wer verstanden hat, wie Menschen grundsätzlich auf Veränderung reagieren und weise mit den einhergehenden emotionalen Reaktionen umzugehen weiß, kann dazu beitragen, dass Change-Prozesse mit weniger Widerstand und weniger Hindernissen gelingen. Deshalb stelle ich Ihnen hier als erstes dieses aufschlussreiche Analysetool dar, das Ihnen in jeder Situation und vor jedem neuen Vorhaben in Ihrem Unternehmen verdeutlichen kann, was zu tun ist, um die Voraussetzungen für gelingende Veränderungen zu schaffen.

Nicht nur Pflanzen und Tiere brauchen ein gutes Klima um wachsen und gedeihen zu können! Das gilt auch für uns Menschen – im buchstäblichen wie im übertragenen Sinne.

Wenn in Ihrem Unternehmen oder in Ihrer Abteilung ein eher defensives Klima herrscht, das die Lebensenergie und Leistungsbereitschaft Ihrer Kollegen und Mitarbeiter beeinträchtigt oder sie vergiftet und ihnen ihre proaktive Energie und Leistungsbereitschaft raubt, können Sie sich auf den Kopf stellen: in so einer Situation ist es unmöglich, wirklich gute Arbeit zu leisten oder gar komplexe Change-Prozesse gelingen zu lassen.

Wenn schlechte Stimmung herrscht, der Krankenstand und die Fluktuation hoch sind, wenn häufig Konflikte auftreten und Mitarbeiter eher Dienst nach Vorschrift machen anstatt sich kreativ, eigenständig und eigenverantwortlich einzubringen, können Sie davon ausgehen, dass sich dieses schlechte Klima in Ihrem Unternehmen – manchmal auch nur in einigen Abteilungen – extrem auf Ihre Ergebnisse auswirken wird.

Ursachen dafür gibt es viele. Die Verantwortung liegt allerdings in letzter Instanz immer bei den Führenden. Entweder liegt es an deren Verhalten oder aber – und das ist häufiger der Fall – den Verantwortlichen ist der Grund für die Missstimmung entgangen und sie haben deshalb nichts unternommen, um Abhilfe zu schaffen und schnellstens dafür zu sorgen, dass das Unternehmensklima sich ändert.

Ich benutze absichtlich die Bezeichnungen »defensiv«, »Lebensenergie und Leistungsbereitschaft beeinträchtigend oder vergiftend« und »Lebendigkeit fördernd« als Merkmale für Unternehmensklimata. In den letzten zwanzig Jahren, in denen ich mit Unternehmen unterschiedlicher Größen und Branchen, mit Städten, Behörden und Ministerien gearbeitet habe, konnte ich immer wieder den Zusammenhang zwischen Betriebsklima und den Auswirkungen auf Mitarbeiter und Ergebnisse beobachten. Je besser das Unternehmensklima, desto agiler, kreativer und leistungsfähiger die Mitarbeiter. Eigentlich völlig logisch.

Aber wie schafft man es, das Kind aus dem Brunnen zu ziehen, wenn die Stimmung erst einmal am Boden liegt? Wie ist es möglich, aus einem vergiftenden Klima ein die Lebendigkeit förderndes Klima zu machen? Dazu dient das Werkzeug »Kreislauf der Veränderung« nach Elisabeth Kübler-Ross.

Der Kreislauf der Veränderung – auch für Unternehmen ein Thema

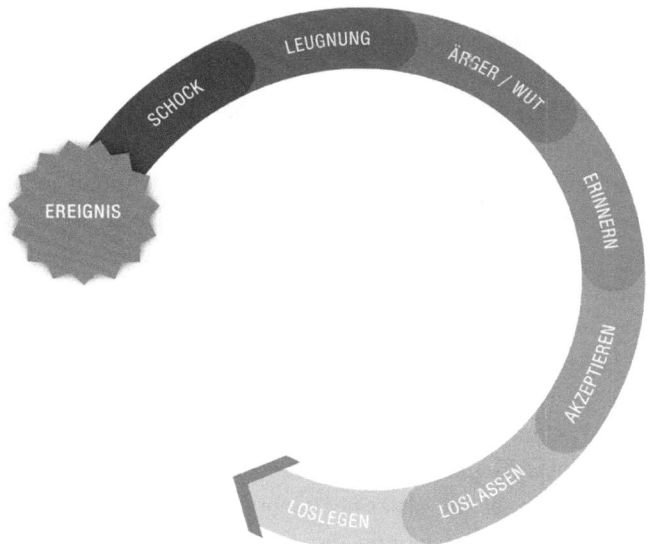

Abbildung 7: Der Kreislauf der Veränderung auf Basis des Trauerzyklus
nach Elisabeth Kübler-Ross

Dieses Werkzeug ist kein klassisches Managementtool, sondern ist von der bekannten Psychiaterin ursprünglich für den Umgang mit Trauerprozessen entwickelt worden, doch es funktioniert zur raschen Überwindung defensiver Phasen in Organisationen wirklich herausragend. Ich konnte jedenfalls sehr oft verblüffende Ergebnisse erzielen. Es ist ein Basis-Analysetool, das auch für viele weiterführende Prozesse sehr nützlich sein kann.

Um zunächst einmal festzustellen, wie das Klima in einem Unternehmen oder einer Abteilung ist und wo die Ursachen für ein mögliches schlechtes Klima liegen, benutze ich dieses Werkzeug sehr gerne. Elisabeth Kübler-Ross erforschte den Verlauf von Trauer und stellte fest, dass sie im Wesentlichen sechs emotionale Stadien durchläuft.

Jeder Mensch erlebt beim Tod eines nahestehenden Menschen diese sechs emotionalen Phasen, wobei sie individuell unterschiedlich lang sein können. Genau dieser Prozess findet auch in Unternehmen statt – zunächst hier erklärt an dem Verlust einer nahestehenden Person:

Das erste emotionale Stadium der Hinterbliebenen ist der Schock. Gleich darauf folgt aber schon die Leugnung. Hier tun wir so, als wenn nichts geschehen wäre und machen genauso weiter wie bisher. Augen zu und »Das kann ja wohl nicht wahr sein« oder »Nein lass man, ist nichts passiert.«

Danach kommt das Stadium von Schmerz, der sich in Ärger und Wut zeigt. Diese können sich äußern in Sätzen wie »Wie kann dieser Mensch mich jetzt allein lassen«.

Im nächsten Stadium kommt das Erinnern, dem oft beim Beerdigungskaffee Raum gegeben wird. Geschichten werden erzählt über den Verstorbenen und wie es doch damals war, als er noch lebte. Diese Phase ist sehr wichtig zur Überwindung des Schocks und der folgenden Stadien und hilft, den Verlust zu verstehen, emotionale Prozesse in den Verstand zu bringen und das Unwiederbringliche zu akzeptieren.

Akzeptanz des Unwiederbringlichen ist damit das nächste Stadium. Das Hinnehmen der Tatsache, dass das Leben nun ohne den Verstorbenen anders weitergeht.

Erst dann sind die Betroffenen bereit und fähig, in das nächste Stadium zu wechseln, das Loslassen. Die Bereitschaft, den Verstorbenen loszulassen, den Schmerz loszulassen und in die neue Zukunft, die nun ohne ihn stattfindet, loszulegen.

Wenn diese sechs Stadien abgeschlossen sind, ist die emotionale Belastung durch die Trauer soweit aufgelöst, dass die Betroffenen wieder mit voller Kraft und Lebensenergie loslegen können, ihr Leben unbeeinflusst weiter zu leben und neue Pläne zu schmieden.

Wer diese sechs Phasen nicht vollständig durchläuft, steckt irgendwo im Trauerzyklus fest. Manche Menschen leugnen den Verlust und leben so weiter, als sei nichts passiert. Sie unterdrücken alle Stadien, die danach dran wären. Bestimmt kennen auch Sie Menschen, die schon sehr jung ihren Partner verloren haben, sich nie neu binden und ein Leben lang ihre Geschichten über ihren geliebten Partner erzählen. Ein deutliches Zeichen dafür, dass sie nicht akzeptieren können, was passiert ist und deshalb auch kein neues Leben ohne ihren Partner leben können.

Diese emotionalen Stadien finden auch in Unternehmen statt, die mit Veränderungen zu tun haben. Wenn ein Unternehmen zum Beispiel gezwungen war, Mitarbeiter zu entlassen, beginnt unter den verbleibenden Mitarbeitern ein Trauerzyklus mit zunächst mit einem Schock der Betroffenen, gefolgt von der Leugnung dessen, was geschehen ist. Sie verhalten sich dann so, als wäre nichts passiert und scheinen die notwendigen Veränderungen einfach zu ignorieren. Wenn Leugnen dann aber nicht mehr funktioniert, weil die Veränderungen tatsächlich nicht mehr zu leugnen sind, folgen Wut und Ärger. »Wie können die nur«, »Dicke Vorstandsgehälter zahlen, aber Leute entlassen«, »Bin ich verrückt, mich für so ein Scheiß-Unternehmen noch zu engagieren, wer weiß, wann ich dran bin« sind Reaktionen, die dann auftauchen.

Die Führungskräfte, die meist schon viel länger über diese Maßnahme Bescheid wissen, da sie diese oft über einen längeren Zeitraum geplant haben, sind zwar selbst in dem Trauerzyklus, der auch sie betrifft, allerdings sind sie schon viel weiter fortgeschritten und können sich oft nicht vorstellen, warum die Mitarbeiter so heftig reagieren. Die Kraftreserven des Unternehmens, das Engagement, die Leistungsbereitschaft und Leistungsfähigkeit der Mitarbeiter sind auf ein Minimum reduziert, paralysiert, stehen nicht zur Verfügung. Wenn Führungskräfte diese Verhaltensweisen ihrer Mitarbeiter in so einer Situation als Dickfelligkeit oder gar Widerstand fehldeuten, kommt es zu paradoxen und vollkommen kontraproduktiven Reaktionen, die lediglich eine gegenteilige Reaktion und Verlängerung der emotionalen Stadien bewirken.

Auslöser von Trauerprozessen und ihr Verlauf in Unternehmen

Auslöser für den Trauerzyklus sind jedoch nicht nur negative Einschnitte wie Entlassungen, Merger, Kundenverluste, Umsatzeinbrüche, drastische Change-Projekte oder Fehlentscheidungen der Führung. Auch positive Veränderungen wie zum Beispiel die Erweiterung eines Unternehmens, ein Zukauf oder große Kundengewinne können genauso erschütternd sein und somit die emotionalen Stadien des Trauerzyklus auslösen. Jegliche Art von Veränderung kann die Ursache sein.

Unmittelbar nach dem Bekanntwerden der Veränderung und dem ersten Schock verhalten sich die Betroffenen oft noch so, als wenn nichts geschehen wäre und machen wie unbeeindruckt genauso weiter, wie davor. Als hätten sie Scheuklappen auf gehen alle neuen Gegebenheiten, die Umverteilung der Aufgaben und mögliche neue Strukturen an ihnen vorbei. Wie bei Dickhäutern scheint rein gar nichts zu ihnen durchzudringen. Alles Neue, alles, was anders läuft als vorher, scheint auf Widerstand zu stoßen.

Dieser vermeintliche Widerstand ist eine sehr menschliche, oft unbewusste Reaktion auf Veränderung. Wer als Führungskraft in so einer Situation das Verhalten seiner Mitarbeiter als Renitenz oder absichtliches Fehlverhalten interpretiert, riskiert, das Vertrauen der Mitarbeiter zu verlieren und es kommt zu großen Missverständnissen.

Fehler und Konflikte häufen sich in diesem Stadium und die Führungskräfte sind hoffnungslos überfordert, wenn ihnen nicht klar ist, dass dieses die völlig normalen Reaktionen sind, dass der Widerstand in einer Neuorientierung eine Begleiterscheinung ist, die sich wieder legt und dass die Mitarbeiter Zeit brauchen, um auch dieses Stadium des Trauerzyklus zu durchlaufen.

Manchmal folgt das nächste Stadium, Wut und Ärger, sehr schnell auf die Leugnung. Oft ist es ein fließender Übergang oder ein Hin-und Herschwanken zwischen Leugnung und Wut. In diesem Stadium helfen kein gutes Zureden, keine vernünftige Argumentation, keine Beteuerungen, dass diese Maßnahme lebensnotwendig für das Unternehmen war und nur so die übrigen Arbeitsplätze gesichert werden konnten. Die Betroffenen wird das nicht überzeugen. Sie sind wütend – und in so einem Zustand ist kein Mensch für vernünftige Argumente zugänglich. Im Gegenteil, es reizt sie nur noch mehr.

Verständnis und professionelle Interventionen beschleunigen die Heilung

Manche Unternehmen glauben, die Mitarbeiter in so einem Moment mit Motivationsveranstaltungen wieder inspirieren und in die alte Leistungsbereitschaft zurückführen zu können. Solche Motivationsveranstaltungen nützen wenig, da sie oft lediglich Resignation und Zynismus hervorrufen: »Das machen die doch bloß, um uns bei der Stange zu halten.«

Ich habe oft Anrufe von verzweifelten Geschäftsführern oder PE-lern bekommen mit ähnlichen Inhalten: »Wir haben tausendfünfhundert Leute entlassen müssen. Die Stimmung ist grauenvoll. Unsere Mitarbeiter brauchen dringend Motivation. Bitte kommen Sie und machen sie eine Großgruppenkonferenz. Wir haben dafür einen Tag Zeit.«

Es kostet mich dann oft viel Geduld und Überzeugungskraft, um den potenziellen Auftraggebern diese Idee aus dem Kopf zu schlagen. Innerhalb eines Tages ist es unmöglich, Menschen durch die emotionalen Stadien des Kreislaufes der Veränderung hindurch zu führen, damit sie wieder voll motiviert arbeiten können.

Wenn mein Gesprächspartner verstanden hat, dass seine Intention nicht im Hau-Ruck-Verfahren zu realisieren ist und mir die Gelegenheit gibt, mit Betroffenen aus seinem Unternehmen zu untersuchen, wo genau die Belegschaft sich im Trauerzyklus befindet, kann ich Vorschläge machen, die den Menschen helfen, schneller wieder in ihre Leistungsfähigkeit zu kommen.

Kreislauf der Veränderung im Unternehmenseinsatz

Wenn Widerstände und Verhaltensweisen von Mitarbeitern in einem Unternehmen darauf schließen lassen, dass das Klima schlecht ist und sie offensichtlich in einem kontraproduktiven emotionalen Stadium feststecken, stelle ich zunächst zusammen mit einer Planungsgruppe, einem repräsentativen Querschnitt der Mitarbeiter im Unternehmen fest, was genau der Auslöser für die Trauer war und wo genau sich der Großteil der Belegschaft emotional im Kreislauf der Veränderung befindet. Sind sie noch im Schock, in der Leugnung, in der Wut oder beginnen sie schon zu akzeptieren?

Anhand einer Darstellung des Kreislaufs der Veränderung auf einem Flipchart erkläre kurz die Stadien, sodass jeder genau versteht, wie sie zu erkennen sind. Dann lasse ich die Teilnehmer Klebepunkte an den Kreislauf kleben auf die Frage: » Wo stehen Ihre Kollegen Ihrer Meinung nach in Bezug auf den Auslöser dieses Trauerzyklus? Entscheiden Sie ganz intuitiv.« Und innerhalb weniger Minuten zeigt sich am Flipchart ein klares Bild des Unternehmensklimas.

In einem solchen Planungsmeeting wird allen Anwesenden innerhalb weniger Stunden glasklar, was genau den emotionalen Kreislauf ausgelöst hat, wo sie stehen und mit welchen Maßnahmen und Methoden die Menschen unterstützt werden können. Im Anschluss daran kann ein sinnvolles Konzept entstehen, mit dem die Betroffenen das bekommen, was sie brauchen, um den Trauerprozess zu durchlaufen um sich wieder mit voller Kraft einsetzen zu können. Als Happy Leader können Sie die oben beschriebene Analyse mit den Klebepunkten zu bestimmten Themen auch mit den Betroffenen einfach selbst durchführen.

Was tun, um ein defensives Klima schneller zu überwinden?

Manchmal reicht es aus, den Mitarbeitern die Gelegenheit zu geben, das Stadium »Erinnern« gemeinsam zu durchlaufen. Das kann dann in einem gemeinsamen Storytelling stattfinden, drei bis fünf Stunden, in denen sie sich an die guten, alten Zeiten erinnern können, bevor diese Veränderung stattfand, die sie alle erschüttert hat. Hier findet Heilung statt und gemeinsam bewegen die Menschen sich ins Akzeptieren und Loslassen, sodass sie wieder loslegen können.

In anderen Fällen habe ich im Rahmen einer Großgruppenkonferenz ein Ritual eingesetzt, mit dem alle Anwesenden gemeinsam das Alte begraben und das Neue willkommen heißen konnten.

Professionell begleitet und an der richtigen Stelle im Kreislauf der Veränderung öffnet ein bewegendes Ritual wieder die Herzen und bringt auch dem Neuen gegenüber die alte Loyalität zum Vorschein.

Innerhalb von zwei bis drei Tagen kann eine Gruppe von Menschen die Stadien des Kreislaufs der Veränderung einmal durchlaufen wenn ihnen die Zeit und der Raum dafür zur Verfügung gestellt wird. Statt sofort in einen Veränderungsprozess zu starten ist gerade bei Change-Prozessen, die tief greifende Umstrukturierungen und möglicherweise Entlassungen mit sich bringen, meine Empfehlung, bewusst eine Intervention einzuplanen, welche die Erkenntnisse aus der Untersuchung des Kreislaufes der Veränderung berücksichtigt.

Wenige Tage, in denen Menschen ihre Emotionen loslassen um sich gemeinsam auf eine neue, gemeinsame Zukunft einlassen können, sind gut investierte Zeit und berücksichtigen, dass Menschen sich nicht allein aufgrund rationaler Entscheidungen verändern können. Sie ersparen oft Monate quälender Zusammenarbeit, in denen Vertrauen verloren geht und funktionierende zwischenmenschliche Beziehungen zerstört werden.

Es lohnt sich auch zu überlegen, für eine solche Intervention professionelle Berater einzubeziehen. Zum einen kann es hilfreich sein, wenn ein Externer, der als frei von Interessen wahrgenommen wird, Führung und Mitarbeiter moderierend begleitet. Er kann wie ein Vermittler zwischen verschiedenen Interessengruppen agieren. Zum anderen ist es für das Gelingen der Intervention fast schon essenziell, Experten dabei zu haben, die mit der Dynamik solcher Prozesse vertraut sind und über einen großen Methodenschatz verfügen.

Hinweis:
Mit dem Kreislauf der Veränderung nach dem Trauerzyklus von Elisabeth Kübler-Ross und anderen zeitgemäßen Führungstools arbeiten wie ich auch andere Berater und Trainer des Genuine Contact™ Ansatzes. Informationen und Ansprechpartner finden Sie auf *www.genuine-contact.net*.

Eine effektive Meetingkultur fürs Daily Business

Neben Change-Phasen gibt es in jeder Organisation das tägliche Geschäft und die tägliche Arbeitsroutine. Wesentlich für das Erleben der Zusammenarbeit im Unternehmen ist die Art, wie Meetings ablaufen. Meetings prägen, mehr als mancher Führungskraft es bewusst ist, das Unternehmensklima und die Qualität der Ergebnisse.

Wie oft haben Sie sich schon in Meetings gefragt, was Sie hier eigentlich machen, worum es eigentlich geht und was Ihnen das nun bringen soll? Selbstdarstellungen, Animositäten, sinnlose Diskussionen, eine völlig chaotische Agenda und ein überforderter Meetingleiter spannen Ihre Geduld auf die Folter. Danach ärgern Sie sich über die ausgebliebenen Ergebnisse und sind so frustriert, dass Sie sich nicht mehr auf Ihre eigentliche Arbeit konzentrieren oder den Feierabend genießen können.

Sie waren nach dem Meeting nicht schlauer als vorher, Sie konnten nichts beitragen und Sie konnten auch nichts Konstruktives für sich mitnehmen. Sie ärgern sich über die unproduktiv vergeudete Zeit. Ganz zu schweigen von dem Geld, das aus dem Fenster geworfen wurde. Millionen Euro werden so jährlich von den Unternehmen verbrannt. Ihre Mitarbeiter frustriert.

Als Happy Leader sollten Sie sich immer bewusst machen, dass fehlende Vorbereitung, inkompetente Moderation, mangelnde Einhaltung von Meetingregeln, die falschen oder zu viele Teilnehmer und unproduktive Nachbereitung sinnvolle Ergebnisse verhindern. Schlechte Meetings haben einen bedeutsamen negativen Einfluss auf die Stimmung und die Performance in jeder Organisation.

Es spielt eine entscheidende Rolle, wie Meetings gestaltet und moderiert werden, damit die Teilnehmer überhaupt beitragen und ihr Bestes zur Verfügung stellen können. Im Folgenden verrate ich gerne meine Erfolgsrezepte.

Meetingitis erkennen und bekämpfen

Wenn Sie feststellen, dass in Ihrem Unternehmen zu viele Meetings stattfinden und viele Stunden mit ineffektiven Sitzungen und Zusammentreffen Ihrer Mitarbeiter vergeudet werden, leidet es an Meetingitis – einer formellen und funktionellen Degeneration der eigentlichen Bedeutung von Meetings. Es lohnt sich zu untersuchen, welche Ursache dieser Entartung zugrunde liegt.

Vor jedem Meeting, das einberufen wird, sollte überlegt werden, ob es sich lohnt dafür die wertvolle Zeit der Teilnehmer in Anspruch zu nehmen, ob die Teilnehmer tatsächlich etwas dazu lernen oder beitragen können. Wenn dem nicht so ist, sollte darauf verzichtet werden:

Hieran erkennen Sie entbehrliche Meetings:

- Wenn lediglich Informationen weitergegeben werden sollen, gibt es viele andere Wege. Oft reicht ein Status-Update per Mail. Reine Informationsveranstaltungen, in denen Interaktion, Beiträge oder die Meinung anderer nicht gefragt sind und die Teilnehmer nichts dazu lernen, was sie sich nicht selbst anlesen können, können guten Gewissens gestrichen werden. Diejenigen, welche die Informationen brauchen, können sich dann ihre Zeit selbst einteilen und sich mit den Informationen dann vertraut machen, wenn sie Zeit haben und aufnahmefähig sind.
- Falls Sie mit Scrum arbeiten, achten Sie darauf, dass das daily scrum tatsächlich nicht länger als fünfzehn Minuten dauert und verlegen Sie die Beantwortung aufkommender Fragen auf einen anderen Termin.

Meetings hingegen, in denen etwas gemeinsam entwickelt oder gemeinsam entschieden werden soll, in denen es auf die Meinung und Mitwirkung der Teilnehmer ankommt und ein Maximum an Beteiligung und genialen Beiträgen aller Teilnehmer erreicht werden muss, brauchen gute Vorbereitung und eine besondere Art der Moderation.

Vorbereitung und Nachbereitung machen den Unterschied
Wenn es sich um eine Entscheidungsfindung oder das gemeinsame Erarbeiten von Projekten und Lösungen handelt, sollte nicht nur der Organisator/Moderator gut vorbereitet sein, sondern auch die Teilnehmer. Um die Richtigen einzuladen hilft oft ein Anruf um festzustellen, ob der mögliche Teilnehmer etwas beitragen kann oder Informationen unmittelbar aus diesem Meeting benötigt.

Vor solchen Meetings ist folgendes zu bedenken:
- Wessen Wissen, Kompetenz oder Meinung ist hier von Bedeutung?
- Wie viele Teilnehmer sind für dieses Thema sinnvoll?
- Mit welchem Vorwissen kommen die Teilnehmer – was kann ich ihnen vorab zur Vorbereitung geben?

- Was muss ich in der Vorbereitung bedenken, damit ich im Meeting die richtigen Informationen, Entscheidungsgrundlagen und Materialien zur Hand habe?
- Wie genau heißt das Thema, auf das sich alle einstellen sollten?
- Was will ich konkret erreichen? Was sind meine Ziele? Was brauche ich dafür?
- Was gehört in die Agenda?

Gedanken zum Design des Meetings:
- Wie binde ich die Teilnehmer sinnvoll ein? Welche Interaktionen kann ich einbauen?
- Wie gestalte ich das Design des Meetings, so dass die unterschiedlichen Teilnehmer (Lerntypen) auch über eine längere Zeit konzentriert dabei bleiben und sich aktiv einbringen können?
- Wie viel Zeit brauche ich, um dieses Thema bei dieser Teilnehmerzahl so zu bearbeiten, dass ein gutes Ergebnis zu erwarten ist?
- Wie lange soll das Meeting maximal dauern?
- Wann könnte ein mögliches Follow-up stattfinden?
- Wie wird eine mögliche Dokumentation und das Follow-up gestaltet werden? Von wem?

Bei größeren Meetings oder solchen, bei denen es auf ein gutes Ergebnis ankommt, empfehle ich, einen erfahrenen Facilitator hinzuzuziehen (facile = französisch für leicht). Ein Facilitator ist ein Moderator, der sich während des Meetings weitgehend im Hintergrund hält und den Teilnehmern einen Raum zur Verfügung stellt, in dem es ihnen leichtfällt, ihre Antworten und Lösungen selbst zu finden. Die Hauptarbeit des Facilitators liegt in der Vorbereitung, im Design des Meetings, in dem maximale Freiräume für die Teilnehmer geschaffen werden. Er weiß, welche Interaktionen und Abfolgen von Interaktionen im Design gewährleisten können, dass die Teilnehmer konzentriert und engagiert beitragen und mögliche Konflikte im Vorfeld abgewendet oder angemessen moderiert werden können. Bei größeren Meetings empfiehlt sich hierzu der erwähnte Kreislauf der Veränderung.

Das alles mag aufwendiger sein, als Meetings bisher in Ihrem Unternehmen vorbereitet wurden. Es kostet die Zeit des Organisators/Moderators, das Meeting so professionell vorzubereiten, aber es ist nur die Zeit einer einzigen Person. In einem schlecht vorbereiteten Meeting vergeudet der Organisator die eigene und die Zeit aller Anwesenden. Hochgerechnet eine kostspielige Nachlässigkeit, die viel Zeit, Geld und hohe Einbußen an Motivation kostet.

Wenn ein Facilitator all dies bedenkt und eine Agenda beziehungsweise ein Design gestaltet, das alle Lerntypen berücksichtigt – visuelle Umsetzungen, langsame Sprechweise, Metaphern, Lesestoff, interaktive Aufgaben – und ihnen damit die Chance gibt, Zugang zu ihren eigenen Ressourcen zu bekommen und aktiv beitragen zu können, ist die Wahrscheinlichkeit hoch, dass die kollektive Intelligenz der Teilnehmer erstaunliche Ergebnisse hervorbringen wird.

Starke Meetings – Entschleunigen zum Fahrt aufnehmen

In Führungsseminaren wird vermittelt, dass professionelle Meetings neben einer guten Vorbereitung auch ein sinnvolles Design benötigen, also eine gewisse Ablaufplanung. Doch ein sehr wesentlicher Punkt fehlt hierbei. Generell machen Meetings nur dann Sinn, wenn die Teilnehmer die Möglichkeit bekommen, aktiv teilzunehmen. Machen Sie sich dazu bitte einmal folgendes klar: Jeder Teilnehmer, der an einem Meeting teilnimmt, kommt aus einer anderen Situation, aus einem anderen Meeting, aus einem konzentrierten Arbeitsvorgang oder einer stressigen Situation. Jeder hat vor dem Meeting unterschiedliche Erfahrungen gemacht, hat unterschiedliche Sorgen, hat einen eigenen Lernstil, hat unterschiedliche Annahmen oder Vermutungen über dieses Meeting und eine unterschiedliche Motivation, an diesem Treffen teilzunehmen. Mit anderen Worten: Jeder Teilnehmer kommt in einem vollkommen unterschiedlichen Zustand in das Meeting. Dies gilt es zu berücksichtigen, damit alle sich überhaupt auf das Thema einlassen können.

Um mitmachen zu können brauchen die Teilnehmer zunächst eine Starthilfe, um in einen Zustand zu kommen, in dem sie mit ungeteilter Aufmerksamkeit und vollem Einsatz dabei sein können. Sie haben es mit Menschen zu tun, deren emotionaler Zustand darüber entscheidet, inwieweit sie sich einlassen und beitragen können.

So unterschiedlich wie Bedürfnisse von Menschen sind, so sind es auch deren Denk- und Lernstile. Ich lasse meine Teilnehmer daher zum Beginn eines Meetings grundsätzlich in einem Stuhlkreis Platz nehmen, auch wenn es manchen Teilnehmenden stets ungewohnt und sogar befremdlich erscheint. Ein Kreis hat eine besondere, sehr förderliche Wirkung. Schon unsere Vorfahren saßen im Kreis um ein Feuer herum, tauschten sich aus und lernten voneinander. Diese Formation schafft Vertrauen, Nähe und unterstützt die Kreativität. Das ist auch bei den Menschen im 21. Jahrhundert nicht anders als vor zweitausend Jahren und es geschieht ganz unbewusst.

Beispiel: Wenn du es eilig hast, gehe langsam
Vor einigen Jahren hatte ich in einem Unternehmen eine Großgruppenkonferenz mit circa vierhundertdreißig Führungskräften geleitet, in der es um die Implementierung der neuen Unternehmensstrategie ging.

Die Konferenz war großartig gelaufen, hatte mir allerdings auch deutlich gemacht, dass die Führung in diesem Unternehmen mehr tun musste, um das Vertrauen ihrer Mitarbeiter zu gewinnen. Um dies und die Ergebnisse der Konferenz mit der obersten Hierarchieebene zu besprechen kam ich zwei Wochen danach noch mal in das Unternehmen. Ich traf den Vorstand und weitere acht Führungskräfte und hatte drei Stunden Zeit für dieses Follow-up.

Ich wusste inzwischen, dass diese Teilnehmer aus Zeitmangel nur äußerst ungern in mein Meeting kommen würden. In diesem Unternehmen herrschte ein spürbarer Druck, Hetze und damit mangelnde Konzentration. Das war mir schon bei der Vorbereitung der Konferenz aufgefallen.

Ich begann pünktlich mit dem Meeting, obgleich nur sechs der acht Teilnehmer anwesend waren. Zwei kamen zu spät und entschuldigten sich mit ihrer vielen Arbeit und dringenden Angelegenheiten. Wie immer hatte ich einen Stuhlkreis aufgestellt und dieses Mal in die Mitte des Kreises eine Sammlung von verschiedenen Natursteinen gelegt. Ich bemerkte zwar den inneren Widerstand bei einigen Anwesenden, ließ mich aber nicht beirren und moderierte nach meiner Einleitung die erste Übung an: »Bitte nehmen Sie sich einen Stein aus der Mitte und beschäftigen Sie sich zwei Minuten mit der Frage: »Was sagt Ihnen dieser Stein über Ihre Großgruppenkonferenz. Danach finden Sie einen Partner, mit dem Sie sich zehn Minuten darüber austauschen«.

Einige, besonders die Frauen unter den Führungskräften, suchten sich sofort ihren Stein aus. Andere zögerten einen Moment, sahen, dass andere mitmachten und ließen sich dann auch darauf ein. Ich bemerkte, dass der Vorstandsvorsitzende, der mit verschränkten Armen da saß und sich nicht von der Stelle rührte, kurz vor dem Explodieren war. Ich wartete und sah ihn an als er losplatzte: »Also Frau Bredemeyer, das ist doch nicht Ihr Ernst. Steine sprechen nicht.«

Da ich solche Reaktionen gut kenne antwortete ich ganz ruhig: »Oh, Sie müssen die Übung nicht mitmachen, wenn Sie nicht wollen.« Da er sah, dass alle anderen ihren Stein bereits genommen hatten schob er nach: »Also meinetwegen. Dann holen Sie mir halt einen Stein. Aber ich mache die Übung nur mit Ihnen.«

Ohne auch nur ein Wort über den Stein zu verlieren, teilte er mir während dieser Übung seine Beobachtungen von der Konferenz mit. Ich ließ ihn gewähren und er war sichtlich beruhigt. Als die Teilnehmer danach im Kreis mitteilten, was ihre Partner in der Übung zum Stein und zur Veranstaltung gesagt hatten, war er offensichtlich beeindruckt. Sagte aber nichts. Noch immer saß er mit verschränkten Armen auf seinem Stuhl, hörte aber sehr aufmerksam zu.

Danach ließ ich sie ihre Hoffnungen und Befürchtungen zur heutigen Fol-
low-up Veranstaltung aufschreiben und wir besprachen sie, sodass sie frei
davon arbeiten konnten. Mit diesen zwei Übungen verging bereits gut ein
Drittel der Zeit.

In den folgenden zwei Stunden erarbeiteten sie vollkommen konzentriert
eine Liste von Themen, die weiter verfolgt und bearbeitet werden sollten und
notierten Beobachtungen, die sie in der Konferenz als Schwachpunkte im
Unternehmen oder in der Führung entdeckt hatten.

Daraufhin entstanden zu jedem dieser Punkte ein erster Maßnahmenplan,
nächste Schritte und eine klare Rollenverteilung. Als die drei Stunden ver-
gangen waren, war alles geschafft, was auf meiner Agenda gestanden hatte.
Die Feedbacks in der Abschlussrunde gingen von »Hat Spaß gemacht«, »Hät-
te nie geglaubt, dass wir das schaffen« bis hin zu »Unglaublich, was wir jetzt
noch aus der Konferenz rausgeholt haben«. Das interessanteste Feedback
bekam ich allerdings vom Vorstandsvorsitzenden »Also Frau Bredemeyer, ich
muss Ihnen ja sagen: ich habe noch nie ein Meeting erlebt, in dem in drei
Stunden so viel geschafft wurde. Ich bin beeindruckt.«

Ich konnte mir einfach nicht verkneifen zu sagen »Das liegt zum großen
Teil an den ersten zwei Übungen, mit denen Sie alle sich entschleunigt
haben und damit voll und ganz, konzentriert und fokussiert dabei sein
konnten.«

Den ganzen Menschen einbeziehen

Jedes Meeting, das länger als eineinhalb Stunden ist, beginne ich grundsätzlich mit zwei Übungen. Die erste ist eine Assoziationsübung, die sich
bereits direkt auf das Thema bezieht. Sie wirkt entschleunigend und hilft
den Teilnehmern, die Hetze, den Druck oder andere störende Einflüsse
hinter sich zu lassen, um im Moment, also im Meeting anzukommen. Die
Übung ist interaktiv und öffnet den Teilnehmern ihren Zugang zu allen
Gehirnbereichen. Sie wirkt anregend und bringt die Teilnehmer vom pas-

siven, eher beobachtenden und bewertenden in den aktiven, beitragenden Modus.

Dazu verwende ich entweder Karten, Steine oder andere Naturobjekte wie Muscheln, kleinere Hölzer oder Federn. Alles, was die Teilnehmer zum Reflektieren anregt.

Dann lasse ich die Teilnehmer zum Beispiel eine Karte wählen und frage beispielsweise in einem Strategie-Meeting: »Was sehen Sie auf der Karte, das Sie mit einer funktionierenden, starken Strategie in Verbindung bringen?« Ich betone, dass es bei dieser Übung kein Richtig oder Falsch gibt sondern sich um eine reine Assoziationsübung handelt.

Jeder hat dann zwei Minuten, sich allein mit der Karte zu beschäftigen, um sich danach einen Partner zu suchen, mit dem er sich die nächsten zehn bis zwanzig Minuten darüber austauscht. Wenn alle wieder im Kreis sitzen, stellt jeder seinen Partner vor anhand dessen, was dieser in seiner Karte entdecken konnte.

Es ist für mich immer wieder erstaunlich, wie viel von dem, was in dieser allerersten Runde mitgeteilt wird, später als gute Idee in diesem Meeting wieder auftaucht und genutzt werden kann. Während die Teilnehmer ganz spielerisch und ungezwungen, ohne bewertet zu werden, alle Wahrnehmungskanäle nutzend, Kontakt zu einem anderen aufnehmen und ihre Stimme benutzen, kommen sie aus dem passiven in den aktiven Modus. Alle Sinne sind angetriggert. Wenn sie danach von ihrem Partner im Kreis mit ihren eigenen Gedanken zur Karte vorgestellt werden, sind sie hellwach und positiv angerührt durch die Wertschätzung, die ihnen ihr Partner offenbart. Jedenfalls habe ich es noch nie anders erlebt.

So sind alle gut vorbereitet und es gilt in der zweiten Übung noch die Emotionen sichtbar zu machen, die eine konstruktive Zusammenarbeit möglicherweise behindern oder beeinträchtigen würden: die Hoffnungen und Befürchtungen der Teilnehmer des Meetings.

Hoffnungen und Befürchtungen sichtbar machen

Gerade in der Vorbereitung von Meetings werden oft nur die rationalen Aspekte berücksichtigt. Viel Zeit wird investiert in Fragen darüber, was besprochen werden soll, welche Informationen auszutauschen sind und welche Dinge beschlossen werden können. Das alles sind Sachfragen. Vergessen wird die emotionale Komponente. Vergessen werden Ängste, Hoffnungen, Erwartungen, Wünsche. Vergessen wird das mächtige Unterbewusstsein der Teilnehmenden.

Wie Sie sich vorstellen können, kommt jeder in ein Meeting mit seinen Hoffnungen und Befürchtungen. Unausgesprochen wirken diese im Unterbewusstsein während des ganzen Meetings auf die Energie der Teilnehmer ein. Bewusste oder unbewusste Gedanken nehmen dem Meeting die Kraft. Gedanken wie

- »Hoffentlich wird es nicht wieder so langweilig«,
- »Ich hoffe, ich kann heute hier mal meine Gedanken zum Thema loswerden«,
- »Das dauert wahrscheinlich wieder ewig, bis wir uns hier einigen« oder
- »Wahrscheinlich bekommen wir wieder nicht das Budget, was wir brauchen ...«.

Wenn sie nicht vorher ausgesprochen werden können, lauern solche und ähnliche Gedanken die ganze Zeit über im Untergrund, lähmen einen flüssigen Ablauf und wirken sich destruktiv auf Kreativität und Einsatzfreudigkeit aus.

Anders läuft es, wenn der Initiator des Meetings gleich nach der ersten Übung ganz offen nach den Hoffnungen und Befürchtungen zum aktuellen Meeting und seinem Thema fragt. Nachdem die Teilnehmer in Gruppen alle Hoffnungen und Befürchtungen auf Flipcharts geschrieben haben, wird das Gesammelte vorgelesen und ich habe als Initiator und Verantwortlicher die Möglichkeit, bereits vorab klarzustellen, welche Hoffnungen sich vermutlich erfüllen werden und welche nicht. Und ebenso kann ich gegebenenfalls noch die Agenda modifizieren, ich kann Befürchtungen entkräften oder von vorn herein klären, dass die Wahrscheinlichkeit besteht, dass sie eintreffen werden. Und ob das dann geschieht oder nicht: alles ist angesprochen und die lähmenden Gedanken im Untergrund sind ausgesprochen und verlieren ihre blockierende Wirkung.

Meine Erfahrung ist, dass Menschen mit Klarheit sehr gut umgehen können. Sie schätzen es, wenn sie wissen, was auf sie zukommt. »Ihre Befürchtung ist also, dass das Budget für das Projekt nicht im geplanten Umfang zur Verfügung steht. Ja, das stimmt. Und deshalb brauchen wir heute jede Idee, jeden Vorschlag um weiter zu planen und zu untersuchen, wie wir dieses Projekt bestmöglich über die Bühne bringen. Das Budget ist tatsächlich nun um fünf Prozent niedriger, als ursprünglich geplant«.

Außerdem nutze ich diese Gelegenheit gern, um deutlich zu machen, dass die Teilnehmer eine Mitverantwortung für das Gelingen des Meetings tragen. »Wenn Sie bemerken, dass eine Ihrer Befürchtungen einzutreffen droht, wie zum Beispiel Langeweile, dann möchte ich Sie an dieser Stelle bitten, es auszusprechen oder selbst dazu beizutragen, dass dies nicht geschieht.« Viele der Befürchtungen, die von Teilnehmern aufgeschrieben werden, entstehen oft aus der Teilnahmslosigkeit der Anwesenden und können so bewusster vermieden werden. Fehlende Lösungen, keine Resultate, schlechtes Follow-up, Zeitverschwendung. Mit dieser Übung haben sie die klare Einladung, sich aktiv einzubringen oder sich anschließend nicht zu beschweren.

Nachdem diese zwei Übungen gemacht wurden, kann mit der Agenda gearbeitet werden. Sie werden sehen, auch wenn die Entschleunigungsübungen Zeit kosten, werden Ihre Meetings damit deutlich effektiver und Sie
können Ihre Agenda zügiger abarbeiten.

Virtuelle Meetings gezielt nutzen

Knowledge-Management, Open Innovation, Virtual Teamwork, Social
Collaboration und die zahlreichen Online-Plattformen, die virtuelle Zu-
sammenarbeit ermöglichen, gehören heute zu den selbstverständlichen
Arbeitsinstrumenten.

Viele Online-Plattformen für Video-Konferenzen kleinerer Gruppen wie
Google Hangouts oder Skype sind zudem kostenfrei. Andere wie Zoom oder
GoToMeeting für größere Gruppen sind für wenig Geld zu haben.

Wer hier den Zug der Zeit verpasst, wird dies schmerzhaft zu spüren bekommen. Moderne Führung bedeutet daher auch, dass sich Happy Leader
ein Grundwissen für den Einsatz virtueller Meetings aneignen sollten. Als
Meetingverantwortlicher müssen Sie die Technik und Möglichkeiten soweit
beherrschen, dass Sie entscheiden können, ob sie ein virtuelles Meeting
statt dem Präsenzmeeting wählen wollen und sie müssen das geeignete
Tool auswählen können.

Auch wenn die Anbieter von Onlinetools gerne den intuitiven Umgang betonen, so zeigt sich in der Praxis, dass es doch nicht so einfach ist. Wenn
nicht nur Updates und Informationsaustausch online stattfinden sollen,
sondern im virtuellen Meeting an Strategien, Innovationen, Projekten oder
in komplexen Prozessen gearbeitet werden soll, dann braucht es Tools, die
hierfür Werkzeuge bereitstellen und es bedarf der Übung.

Happy Leader, die mit virtuellen Meetings auch Wirkung entfalten möchten, werden daher um Einführungstrainings nicht herumkommen. Aber es
lohnt sich, denn mit den Profitools für virtuelle Meetings können sich

die Teilnehmer beispielsweise auf mehrere virtuelle Räume aufteilen und simultan an komplexen Themen arbeiten.

In den virtuellen Gruppenräumen stehen Whiteboards zur Verfügung, also ein leerer Bildschirm, den alle Teilnehmer von ihrem Platz aus interaktiv gestalten können: Jeder kann schreiben, zeichnen, Bilder und Vorlagen einklinken. Die Ergebnisse können anschließend gemeinsam im virtuellen Hauptraum präsentiert und diskutiert werden.

Gute Vorbereitung, intelligente Designs und kompetente Moderation von virtuellen Meetings ist meiner Ansicht nach eine Kompetenz, die Mitarbeiter bei modernen Führungskräften erwarten können.

Regeln für virtuelle Meetings

Für virtuelle Meetings gelten etwas andere Regeln, als für die Präsenz-Meetings. Ich sagte schon, dass der Moderator sich bestens mit der Technik auskennen sollte. Weiterhin sind folgende Besonderheiten zu beachten:

Die wichtigsten Regeln für einen Online-Moderator:

1. Interaktive Videokonferenzen mit vielen intelligenten Features sind effektiver als Online-Meetings, in denen die Teilnehmer sich nicht sehen und nicht einbringen können.
2. Bereiten Sie das Meeting gut vor: Machen Sie sich mit der Technik vertraut, benennen Sie einen Co-Moderator, der für die Teilnehmer telefonisch erreichbar ist und die Technik ebenso gut wie Sie bedienen kann, während Sie vielleicht mit der Präsentation beschäftigt sind.
3. Machen Sie eine sinnvolle Agenda, in der Sie Präsentationen und mögliche interaktive Sequenzen einbauen. Auch im virtuellen Raum wollen Menschen gefragt werden.
4. Stellen Sie klare Meetingregeln auf wie »Wir beginnen und enden pünktlich«, »Wer etwas sagen möchte, zeigt das durch ... an« oder »Sprechen Sie immer in der Ich-Form« oder »Während ein Teilnehmer spricht werden keine Kommentare oder Bewertungen abgegeben« ...

5. Versenden Sie die Informationen zum Meeting, mögliche Hinweise zur Technik und den Link zum Meeting frühzeitig, am besten in nur einer Mail, und fordern Sie die Teilnehmer auf, sich bereits einige Minuten vorher einzuwählen.
6. Haben Sie alle Materialen – Informationen, Tabellen, Filme et cetera – auf Ihrem Desktop griffbereit, die Sie während des Meetings präsentieren wollen.
7. Seien Sie darauf vorbereitet, neue Teilnehmer kurz in die Software oder Ihre Meetingregeln einzuführen.
8. Sprechen Sie deutlich und langsamer als gewöhnlich.
9. Geben Sie den Teilnehmern bei längeren Meetings ebenso die Gelegenheit anzukommen wie im klassischen Meeting. Machen Sie also eine Entschleunigungsübung und fragen Sie nach den Hoffnungen und Befürchtungen. Beenden Sie das Meeting mit einer kurzen Abschlussrunde, in der jeder Teilnehmer die Gelegenheit bekommt, zu sagen, was er sich aus dem heutigen Meeting mitnehmen wird.

Die Grenzen virtueller Meetings

Virtuelle Meetings können Präsenzmeetings nicht ersetzen, denn zwischenmenschliche Beziehungen und Vertrauen können in der persönlichen Begegnung viel leichter wachsen. Für regelmäßige Updates, Abstimmungen und Brainstormings und wenn große Entfernungen zu überbrücken sind, bieten sich diese Formen des Austausches an. Es bleibt aber ein Schwachpunkt: Die Bereinigung atmosphärischer Störungen im zwischenmenschlichen Miteinander ist virtuell schwierig bis unmöglich. Ein Happy Leader sollte daher mit Bedacht überlegen, wo er auf Präsenzveranstaltungen besteht.

Selbst wenn regelmäßige virtuelle Zusammenarbeit die Fähigkeit verstärkt, sich auch vor dem Bildschirm mit den Gesprächspartnern verbunden zu fühlen, ist für den Aufbau echter, zwischenmenschlicher Beziehungen die Face-to-face-Begegnung mit dem lebendigen Gegenüber wichtig. Sie ist mehr als die Quelle guter Ideen und zuverlässiger Lösungen.

In der echten Begegnung berühren sich gleichsam die Seelen und es entstehen Vertrauen stärkende Bande, tiefe zwischenmenschliche Verbindungen und emotionale Verknüpfungen, die jede Zusammenarbeit bereichern. Vielleicht ist das bei den jungen Menschen in der Generationen Y und Z, geboren nach 1979 anders, weil sie mit dem Internet groß geworden sind. Ich glaube allerdings, dass sie als soziale Wesen den echten Kontakt ebenfalls brauchen, um Vertrauen fassen und sich wohlfühlen zu können.

Beispiel: Ohne persönliche Begegnungen funktioniert es nicht
Sechs Jahre lang war ich Mitglied des Leadership-Boards einer internationalen Organisation. Die sechs bis neun Teilnehmer von fünf unterschiedlichen Kontinenten führten und managten auf diese Weise eine Organisation, zu der circa eintausendfünfhundert Menschen gehören. Hier erarbeiteten wir und weitere Mitglieder dieser Organisation Strategien, Projekte und Maßnahmenpläne, was durch die parallel nutzbaren virtuellen Räume und die Vielfältigkeit dieser virtuellen Online-Plattform (Blackboard) möglich war.

Dennoch trafen wir uns einmal jährlich Face-to-Face irgendwo auf der Welt, um unsere persönlichen Beziehungen zu vertiefen und das vertrauensvolle, geradezu freundschaftliche Klima in unserem Board aufzufrischen und zu festigen. In unseren drei- bis fünftägigen Präsenz-Meetings wurden unter anderem Missverständnisse geklärt, Konflikte ausgetragen und gelöst, gemeinsam gefeiert und gelacht. Damit waren unsere Beziehungen untereinander geklärt, gestärkt und die Zusammenarbeit in den nächsten zwölf Monaten lief ohne größere Störungen. Selbst wenn solche auftauchten, konnten sie auf der Basis unserer guten Beziehungen schnell geklärt werden.

In den letzten zwei Jahren unserer Zusammenarbeit kamen die persönlichen Treffen aus unterschiedlichsten Gründen nicht zustande. Spannungen und Missverständnisse nahmen in einem Maße zu, dass es sogar zu vorzeitigen Rücktritten in der Führungscrew und ernsten Verstimmungen kam.

Inspiration durch Partizipation

Zur Inspiration aber auch um mithilfe der kollektiven Intelligenz ihrer Mitarbeiter zu wachsen ermöglichen Happy Leader ihnen die unmittelbare Mitgestaltung und Mitverantwortung des Unternehmenserfolgs.

Menschen möchten mitgestalten und Verantwortung übernehmen. Aus diesem Grunde werden im Rahmen der New-Work-Bewegung selbstorganisierende und demokratische Unternehmensformen immer beliebter. Das geschieht nicht ohne Grund, denn ein psychologisches Grundbedürfnis ist der Wunsch nach Gestaltung. Gerade leistungsorientierte Mitarbeiter schätzen Partizipation.

Happy Leader berücksichtigen diese Grundbedürfnisse und bieten Mitgestaltung und Mitverantwortung am Unternehmenserfolg bewusst an. Die Einbeziehung des geistigen Potenzials von vielen Menschen mit unterschiedlichen Kompetenzen und Perspektiven hilft Veränderungsprozesse flexibler zu meistern und innovativere Lösungen zu entwickeln.

Hierbei ist ein Vorgehen sinnvoll, das nicht an der Oberfläche, also mit dem Einsatz der einen oder anderen Methode sondern mit der Bewusstmachung der darunter liegenden Zusammenhänge und Interdependenzen arbeitet.

Seit vielen Jahren arbeite ich in dieser Weise mit einem Werkzeug, das sich hierfür als hochwirksam erwiesen hat. Dem Organisationskompass, einem Planungstool, das Happy Leader sicher durch Projekte und Change-Prozesse navigieren und Orientierung in Fragen der Partizipation geben kann. Dieses Führungstool wurde von Birgitt und Ward Williams entwickelt und von meinen Kollegen, die mit dem Genuine Contact™ Ansatz arbeiten, weltweit erfolgreich angewendet. Dieses relativ simple Tool geht in die Tiefe, macht unsichtbare Zusammenhänge bewusst und gibt Aufschluss darüber, wann die Einbeziehung der kollektiven Intelligenz der Mitarbeiter sinnvoll ist. In einem hochkomplexen System sind es wie schon erwähnt die simplen

Tools, die Anforderungen und notwendige Schritte transparent und nachvollziehbar machen können.

Der Organisationskompass – ein vielfältiges Planungstool

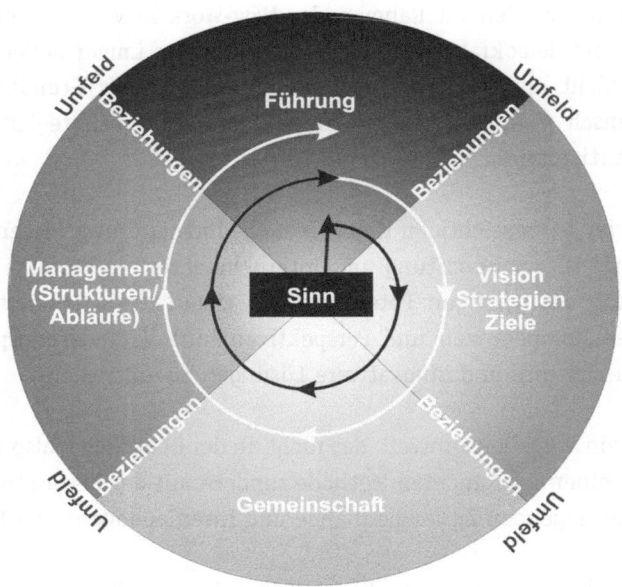

Abbildung 8: Der Organisationskompass© des Genuine Contact™ Program

Ähnlich einem Computer kann auch ein Unternehmen ohne funktionierendes Betriebssystem nicht auf seine Software zugreifen. Aus einem ganzheitlichen Verständnis heraus, bildet dieses Tool gleichsam wie bei einem Computer alle Bausteine des Betriebssystems einer Organisation ab. Es dient dazu, die einzelnen Elemente zu visualisieren und deren Interdependenzen transparent zu machen um den Beteiligten somit zu ermöglichen,

Zusammenhänge zu verstehen und die eigene Rolle darin zu verorten. In seiner Funktion als vielfältige Planungs- und Entwicklungsmatrix kann der Organisationskompass auf jegliches Thema im Unternehmen angewendet werden, auf jeden Prozess und jedes Projekt. Er ermöglicht die Auftragsklärung, die Diagnose, die Entwicklung oder Evaluierung von Projekten und Prozessen und erleichtert den Beteiligten die Zusammenarbeit durch die Klarheit, die er schafft. Sicher kommt er Ihnen nun schon bekannt vor: auch ich habe ihn bei der Entstehung dieses Buches und der Happy-Leading-Formel als Entwicklungsmatrix benutzt.

Ich empfehle dieses Werkzeug zur Schaffung eines Rahmens, der Projekte und Prozesse gleich von Anfang an ins Laufen bringt. Insbesondere wenn in einem laufenden Projekt oder Prozess die Zusammenarbeit aus welchen Gründen auch immer gestört ist, hilft ein Vorgehen nach und mit dem Organisationskompass das betroffene Team wieder arbeitsfähig zu machen.

Wie oft bin ich zu laufenden Projekten und Prozessen hinzugezogen worden, in denen keiner so richtig wusste, welchem Zweck sie dienten, wer eigentlich was zu sagen hat, wie sie in die Unternehmensvision passten und welche Mitarbeiter oder externen Spezialisten sinnvollerweise einbezogen werden sollten. Wenn diese Voraussetzungen, Rahmenbedingungen und Ziele vor Beginn oder im Falle der Stagnation geklärt sind, kann wieder mit gebündelter Energie und maximalen Freiräumen für Kreativität gearbeitet werden, da die organisatorisch aber psychologisch relevanten Fragen geklärt sind. Klarheit setzt die Energien wieder frei.

Die Anwendung des Organisationskompasses als Auftakt zu einem Projekt oder Prozess sorgt dafür, dass alle seine Bereiche gemeinsam mit allen vermeintlichen Mitspielern bewusst gemacht und gleichsam kalibriert werden. Es entsteht ein vertrauensvolles Verhältnis zwischen den unterschiedlichen Mitspielern im Unternehmen. Fehlendes Verständnis oder zwischenmenschliche Animositäten werden reduziert, eine eingeschworene Gemeinschaft macht sich nach Anwendung des Organisationskompasses auf den Weg.

Eine solche Vorbereitung ist zu vergleichen mit der Vorbereitung einer Katze vor dem Sprung. Vollkommen fokussiert auf ihre Beute nimmt sie sich die nötige Zeit, bis die Position genau stimmt, jeder Muskel wird angespannt und auf das Ziel ausgerichtet. Wenn sie nach dieser konzentrierten Vorbereitung springt, dann mit maximaler Sprungkraft und absoluter Präzision.

Der Organisationskompass ist eigentlich sehr simpel und gerade deshalb so ungeheuer vielfältig einsetzbar. Ein wahres Multitalent, mit dem ein Happy Leader sich und seinen Mitarbeitern viel Zeit und Mühen ersparen kann.

Ich stelle Ihnen hier das Arbeiten mit diesem Planungstool anhand des Vorgehens in Projekten vor und gehe auch darauf ein, wie es für die Zukunftsplanung eines gesamten Unternehmens einsetzbar ist. Je nach Umfang des Projektes dauert die Bearbeitung der einzelnen Bereiche zwischen einer Stunde und mehreren Tagen. Das Arbeiten läuft immer in der folgenden Reihenfolge ab. Die Sinnhaftigkeit der Abfolge wird sich Ihnen fast automatisch erschließen:

1. Sinn und Zweck – das WARUM

Im ersten Schritt geht es um die Beantwortung der Frage nach dem Sinn und Zweck. Welches ist der Sinn und Zweck des geplanten Projektes? Können wir mit ein, zwei Sätzen sagen, welchem Zweck das Projekt dient, welchen Beitrag es der Abteilung, dem Unternehmen, den Kunden oder gar der Menschheit leistet, welche Mission es verfolgt? Der Sinn und Zweck eines Projektes kann ebenso eindeutig und klar den Weg zu seiner Realisierung weisen und Entscheidungen erleichtern wie der Lebenssinn es für einen Menschen tut.

Menschen wollen außerdem wissen, warum sie tun was sie tun und wofür sie es tun. Wenn Klarheit darüber herrscht, worum es in einem Projekt geht, können Beteiligte von Beginn an mitdenken und sich einbringen.

Um Ihnen einen Eindruck davon zu vermitteln, warum die Kenntnis von Sinn und Zweck auch für ein ganzes Unternehmen wertvoll ist, hier zwei Beispiele:

Ich kenne wenige Führungskräfte, die mir auf Anhieb die Frage nach dem Sinn und Zweck ihres Unternehmens beantworten konnten. Das ist schade, denn wenn sie es wüssten und kommunizieren würden, könnten sie auf engagiertere Mitarbeiter zählen. »Wir produzieren hochleistungsfähige Premium-Autos die ihren Besitzer Premium-Fahrvergnügen bereiten« kam da als Antwort oder »wir liefern Wasser und sorgen dafür, dass die Abwasserbearbeitung und Kanalisation in unserer Stadt reibungslos funktionieren«. Ja, sicher, das ist das, was sie tun. Es ist austauschbar und wenig inspirierend.

Wenn man jemanden fragen würde, der das WARUM seines Unternehmens kennt und seine Arbeit mit voller Leidenschaft macht, würde der vielleicht sagen »Sinn und Zweck unseres Unternehmens ist es, uns für eine Zukunft stark zu machen, in der unsere Kinder gesund aufwachsen können und wir setzen alles dran, Autos zu entwickeln und zu bauen, die ein Höchstmaß an Sicherheit, Komfort und Leistung bieten und durch ihre schadstoffarme Technologie die Schönheit und Unversehrtheit unseres Planeten nicht gefährden. Wir wollen, dass alle Mitarbeiter, unsere Kunden, unsere Lieferanten und unsere Familien stolz auf uns sind.« Oder »Sinn und Zweck unseres Unternehmens ist es, den Menschen unserer Stadt Lebensqualität zu sichern und mit allem was wir tun, unsere Stadt schöner und lebenswerter machen. Wir fühlen uns bestätigt durch die Begeisterung unserer zufriedenen Kunden.« Dafür lohnt es sich, als Mitarbeiter morgens aufzustehen. Und mich als Kunden überzeugen diese Unternehmen. Nicht mit ihren Produkten, sondern mit dem, wofür sie stehen. Ihrem WARUM.

Wer definiert den Sinn und Zweck des Unternehmens? Diese wichtige Aufgabe ist ein Privileg der Führung. Aber auch hier ist es wertvoll, die Mitarbeiter mit einzubeziehen, die jeden Tag für Ihr Unternehmen tätig sind.

Stellen Sie ihnen Ihr WARUM vor, den Sinn und Zweck Ihres Unternehmens, wie Sie ihn sehen und fragen Sie sie, wie sie den Sinn formulieren würden. Lassen Sie sich überraschen von der Kreativität, die dabei zutage kommt. Und seien Sie offen dafür, den einen oder anderen Aspekt, den Sie aus Ihrer Perspektive vorher vielleicht noch gar nicht entdeckt hatten, in Ihre Formulierung mit aufzunehmen.

Beispiel: Ein von allen getragener Sinn und Zweck als Brandbeschleuniger

So habe ich mit einem Unternehmen gearbeitet, in dem ich im Rahmen mehrerer Workshops die Entstehung der Strategie begleitet habe. Der Geschäftsführer, der schon länger mit mir arbeitete und wusste, dass er bereits engagierte Mitarbeiter hinter sich hatte, die seine Begeisterung für die gemeinsame Vision teilten, lud eine Gruppe von acht Führungskräften zur gemeinsamen Entwicklung ihrer Strategy-Map ein. In den Vorjahren existierte keine von allen erarbeitete Strategie. Das war auch an den Jahresbilanzen sichtbar. Trotz des hohen Engagements der Führungsriege waren sie eher enttäuschend. Jeder gab sein Bestes, es fehlte jedoch das Verständnis vom Sinn und Zweck des gemeinsamen Tuns. Da die Strategie bis dahin lediglich aus Zahlen, Daten und Fakten bestand, wurde sie eher als Last denn als Ansporn gesehen. Und so kamen die Führungskräfte am Morgen unseres ersten Meetings auch recht lustlos in den Workshopraum.

Nach meinen ersten beiden Übungen – den Entschleunigungsübungen -bestand ihre erste Aufgabe darin, in Gruppen zusammenzutragen, welchem Sinn und Zweck die neue Strategy dienen sollte, damit sich alle voll darauf einlassen könnten. Das inspirierte sie. Die Teilnehmer erkannten die Möglichkeit etwas zu schaffen, hinter dem alle voll und ganz stehen konnten. Der Geschäftsführer war verblüfft, wie kreativ seine Führungskräfte plötzlich mit dem Thema Strategie umgehen konnten.

Das Ergebnis der WARUM-Formulierung und damit des ersten Schrittes im Organisationskompass konte sich sehen lassen:

»Sinn und Zweck unserer Strategy-Map sind: Die Ausrichtung und Bündelung der Energien von uns allen auf die Erfüllung unserer Vision. Sie wird uns ermöglichen, Prioritäten neu zu setzen, effiziente Prozesse und Strukturen zu schaffen, Erfolgskontrolle und Optimierungen zu ermöglichen. Unsere Strategie wird Klarheit und Transparenz schaffen, unser Bewusstsein für die Verantwortung eines jeden Mitarbeiters schärfen, Konsequenzen persönlichen Handelns aufzeigen und wir werden uns mit gesteigertem Selbstbewusstsein für die Unternehmenssicherheit und den wirtschaftlichen Erfolg unseres Unternehmens stark machen können.«

Diese Klärung des WARUMs inspirierte die Beteiligten so sehr, dass die neue, unterstützende Strategie-Map schon knapp zwei Monate später allen dreihundertsiebzig Mitarbeiter auf einer Großgruppenkonferenz vorgestellt wurde, wo diese eingeladen wurden, einen ganzen Tag lang Veränderungswünsche und weitere Umsetzungsideen dazu beizutragen. Am Abend der Konferenz waren auch die Mitarbeiter mit der Strategie vertraut, wussten genau, was von ihnen erwartet wurde. Mit Kollegen hatten sie schon an den ersten Schritten zu Umsetzung gearbeitet. Eine Vielzahl von Maßnahmenplänen, die simultan und abteilungsübergreifend erarbeitet worden waren, entstanden an diesem Tag und dienten dazu, die neue Strategie gleich vom nächsten Tag an sinnvoll und effizient umzusetzen. Jeder kannte seine Aufgabe darin und wusste, dass sein Beitrag zur Erreichung des gemeinsamen Ziels von Bedeutung war.

Ob Sie nun eine neue Strategie erarbeiten wollen, ein neues Projekt, einen komplizierten neuen Prozess implementieren wollen: beziehen Sie Ihre Mitarbeiter nach der Vorarbeit, die grundsätzlich die Führung leisten muss, sofort mit ein. So können sie sich vom ersten Moment an einbringen und begeistern weil sie wissen warum sie tun was sie tun. Weil sie es selbst mit erarbeitet haben.

2. Führung

Nachdem geklärt wurde, warum das bearbeitete Thema entstehen oder durchgeführt werden soll und klar ist, wem es dient, ist als nächstes der Führungsquadrant des Kompasses zu bearbeiten und die Frage nach der angemessenen Führung zu beantworten.

Wer übernimmt die Verantwortung und welche Art der Führung ist hierfür sinnvoll? Welche Werte sind dieser Führung wichtig und wie sollen sie umgesetzt werden?

Je früher diese Fragen geklärt sind, desto früher werden sich die Auserwählten mit ihrer Rolle identifizieren und Verantwortung auch schon in der Vorbereitungsphase übernehmen können.

Gibt es nur einen oder mehrere Verantwortliche? Wie sind die Rollen verteilt? Erst viel später werden im Management-Quadranten die Fragen geklärt, in denen es darum geht, wie die Führung arbeitet, was sie zu erarbeiten hat und mit welchen Methoden gearbeitet wird.

Die Werte klären und transparent machen

Werte sind auch im Unternehmenskontext die unterbewussten Regulatoren von Haltung und Verhaltensweisen. Deshalb gehört ihre Klärung im Kontext des bearbeiteten Themas an diese Stelle im Kompass.

Handelt es sich um die Führung eines Projektes, gilt es, sich einige Fragen zu stellen: Welche Werte spielen hier eine Rolle? Gibt es Unternehmenswerte, die auch hier zur Anwendung kommen oder erfordert dieses Projekt eine Überarbeitung der Werte, da es sich in diesem speziellen Projekt um eine Aufgabe handelt, die anders geartet ist, als das übliche Arbeitsgebiet der Mitarbeiter.

Falls Sie den Organisationskompass nicht auf ein einzelnes Projekt sondern auf ihr gesamtes Unternehmen anwenden, ist die Frage nach den Werten, für die das Unternehmen einsteht, ganz besonders bedeutsam.

Wer definiert die Werte? Wie auch die Definition von Sinn und Zweck ist das Einbringen der Werte im ersten Schritt die Aufgabe der Führung. Um zu gewährleisten, dass jeder Mitarbeiter das berechtigte Gefühl hat, beigetragen zu haben, gilt es, diese in den Werteprozess mit einzubeziehen. Bei der Definition von Unternehmenswerten bekommen dann die Mitarbeiter in einem partizipativen Meeting, einer Großgruppe oder einer anderen Form der Mitarbeiterbeteiligung die Gelegenheit, ihre Werte beizusteuern. So kann eine Liste von Unternehmenswerten kombiniert werden, für die alle sich einsetzen werden.

Was nicht funktioniert und doch so oft praktiziert wird, ist das Diktieren von Werten: Die Führung setzt sich zusammen, listet Werte auf, die ihnen gut und richtig erscheinen und verkündet dann feierlich, dass ab morgen die folgenden Werte in diesem Unternehmen gelten. Was sie damit erreichen ist bestenfalls ein wohlwollendes Zur-Kenntnis-Nehmen, schlimmstenfalls die Erweckung des rebellischen Kind-Ichs das in jedem von uns lauert »Ph, wie komme ich dazu.« Auch Workshops, in denen die Werte in jede Abteilung getragen werden sollen, funktionieren nur bedingt, da auch solche Workshops als eine Maßnahme von oben herab wahrgenommen wird.

Sie können selbst mit den Verantwortlichen die Werte gemeinsam erarbeiten oder Sie holen sich professionelle Hilfe von außen. Stellen Sie in jedem Fall sicher, dass die Betroffenen sich voll einbringen und Ihre Werteliste von allen angenommen und gelebt wird.

Exkurs: Unternehmenswerte als Erfolgsfaktoren

Fest steht: Unternehmenswerte entfalten ihre stabilisierende Wirkung, wenn sie von allen geteilt, also bestenfalls auch von allen gemeinsam entwickelt werden.

In einer Langzeitstudie über vier Jahre in jeweils neun bis zehn Unternehmen in zwanzig unterschiedlichen Branchen, die von Kotter und Heskett an der Harvard Business School durchgeführt wurde, wurde deutlich, dass diejenigen Unternehmen mit einer starken, anpassungsfähigen Kultur mit von allen geteilten Werten denjenigen Unternehmen mit einer rigiden oder schwachen Unternehmenskultur ohne Werte weit überlegen waren. Die Unterschiede in den Gewinnmargen waren beträchtlich. Im Durchschnitt wuchs der Gewinn viermal schneller, siebenmal mehr Jobs wurden geschaffen, die Aktiengewinne wuchsen zwölfmal schneller und die Gewinnentwicklung war siebenhundertfünfzigmal höher.

Kunden wie Mitarbeiter wollen wissen, mit wem sie es zu tun haben. Ein bewusst gemachtes WARUM und gelebte Werte spiegeln das am besten wider.

Unternehmenswerte von allen getragen
Für die Entwicklung von Unternehmenswerten nutze ich gern das Modell von Richard Barrett, der sich als ehemaliger Berater und Mitarbeiter der World Bank die Themen Führung, Unternehmenskultur und Werte auf die Fahnen geschrieben hat. Er hat unter anderem das viel beachtete Buch *Building a Values Driven Organization* geschrieben, das ich sehr empfehlen kann.

Sein Modell nennt sich Corporate Transformation Tools. Es ist ein Online-Werte-Assessment, mit dem Werte und damit der Zustand der Unternehmenskultur identifiziert werden können. Es wird nicht nur in Unternehmen und Organisationen genutzt, sondern tatsächlich auch in Ländern eingesetzt, welche die Werte für ihre Nation identifizieren und für alle Bürger greifbar machen wollen.

Barrett hat für sein Modell alle Werte in sieben Kategorien unterteilt. Es wird Sie nicht erstaunen dass Barrett aufgrund der Arbeit mit hunderten Unternehmen nachwies, dass ein gesundes, wirtschaftlich erfolgreiches Unternehmen aktuelle Kulturwerte hat, die sich bestenfalls auf alle sieben Kategorien verteilen:

Kategorie	Beispielwerte
1. Überleben	Shareholder Value, Profit, wirtschaftliche Stabilität
2. Beziehungen	Kundenzufriedenheit, offene Kommunikation, Respekt
3. Selbstwertgefühl	Effizienz, Produktivität, Qualität
4. Transformation	Innovation, Vielfältigkeit, Flexibilität
5. Innerer Zusammenhalt	Integrität, Kooperation, Gemeinsame Leitsätze
6. Einen Unterschied machen	Umweltbewusstsein, Strategische Allianzen, Erfüllung für die Mitarbeiter
7. Service	Ethik, soziale Verantwortung, Langzeitperspektive für nachfolgende Generationen berücksichtigen

Da es sich bei Barretts Ansatz um ein Online Assessment handelt, mit dessen Hilfe je zehn persönliche Werte, zehn aktuell wahrgenommene Kulturwerte und zehn gewünschten Werte der Teilnehmenden identifiziert werden, kann es diese Werte einer schier unbegrenzte Zahl von Betroffenen erfassen und auswerten. Diese Auswertung dient anschließend als Grundlage für einen Werteprozess, in dem die Beteiligten eingeladen sind, sich an der Auswahl der von allen gewünschten maximal zehn Unternehmenswerte zu beteiligen.

Es ist erstaunlich, was eine anonyme Befragung aller Beteiligten zutage fördert. Wenn man die persönlichen mit den aktuellen Kulturwerten vergleicht, oder die aktuellen mit den in Zukunft gewünschten Werte wird überdeutlich, mit welcher Art Unternehmenskultur man es zu tun hat.

In einer Dokumentation zur Auswertung wird klar, ob sich die Mitarbeiter in ihrer Unternehmenskultur wohlfühlen, weil ihre persönlichen Werte weitgehend mit denen des Unternehmens übereinstimmen, oder ob es sich um eine Organisation handelt, in der die Menschen gegen ihre Werte und Überzeugungen arbeiten müssen. In dem Fall stimmen weder die persönlichen mit den aktuellen Werten überein noch die aktuellen mit denen, die sich die Beteiligten in Zukunft für das Unternehmen wünschen.

Beispiel: Gemeinsame Werte bewirken Wunder

Einer der ersten Werteprozesse, die ich mit einem Kunden machte, ist mir besonders in Erinnerung. Das Unternehmen hatte bereits seine Unternehmenswerte mit allen Mitarbeitern auf andere Weise erarbeitet. Das Klima war gut und es war schwer zu verstehen, warum die Ergebnisse nicht besser waren. Also schlug ich dieses Werte-Assessment vor.

Alle Mitarbeiter machten das anonyme Assessment mit. Der Kommentar von Richard Barrett: »Ich habe noch nie ein Unternehmen erlebt, in dem persönliche und aktuelle Werte so stark übereinstimmen. Das Klima müsste sehr gut sein. Allerdings – kann es sein, dass das Unternehmen nicht so viel Gewinn macht, wie es sich das wünscht?« Ich war verblüfft, dass er das allein aufgrund der Auswertung erkennen konnte. »Genau – woran ist denn das zu erkennen?«

Richard Barrett hatte festgestellt, dass die Mitarbeiter in den Kategorien zwei bis sechs Werte angegeben hatten, die sie sowohl persönlich lebten als auch in der aktuellen Unternehmenskultur wiederfanden und sich auch für die Zukunft wünschten. Die Mitarbeiter fühlten sich also offensichtlich pudelwohl. Das war auch mein Eindruck. Was allerdings Aufschluss darüber gab, dass das Unternehmen offenbar finanziell nicht so gesund war, war die Tatsache, dass fast niemand Werte aus der Kategorie 1 » Überleben« genannt hatte. Offenbar war niemandem so recht klar, dass es im Unternehmen auch darum ging, Geld zu verdienen. Aspekte wie Wirtschaftlichkeit, Gewinne erzielen, Profit erwirtschaften waren nicht präsent.

Das wunderte mich nicht. Ich kannte die meisten Mitarbeiter und wusste, dass die Mitarbeiter ausschließlich im Hinblick auf Kundenzufriedenheit berieten und dabei kamen auch Beratungen zustande in denen es hieß: »Ja, ich verstehe, was Sie suchen. Das können wir Ihnen nicht bieten. Aber da kann ich Ihnen empfehlen zur Firma XY zu gehen. Die haben das ...« Und so freute sich die Konkurrenz über bestens beratene Kunden, die einfach nur noch zum Kaufen kamen.

In der folgenden Großgruppenkonferenz präsentierten wir allen Mitarbeitern das Ergebnis Ihres Assessments und die direkten Auswirkungen – die Unternehmenszahlen. Ohne Anklage, sehr wertschätzend und gleichzeitig sehr anschaulich.

Danach schlug der Geschäftsführer einige Werte vor, die das Bewusstsein für den notwendigen wirtschaftlichen Erfolg des Unternehmens schärfen konnten und die Mitarbeiter wurden eingeladen, sich drei davon auszusuchen, um sie in die Unternehmens-Werte-Liste aufzunehmen.

Der Geschäftsführer buchte außerdem einige Verkaufstrainings, in denen die Verkäufer auf der Basis der neuen Werte lernten, ihre Verkaufsgespräche ebenso kundenfreundlich jedoch mit anderem Ausgang zu führen.

Im folgenden Jahr konnte das Unternehmen einen deutlichen Gewinnzuwachs verzeichnen, der sich seit damals, 2009, jährlich kontinuierlich steigert.

3. Vision

Visionen sind Vorstellungsbilder einer gewünschten Zukunft, die unvorstellbare Kräfte freisetzen können. Was genau soll realisiert werden? Wie wird es ein, wenn das Projekt abgeschlossen, der Prozess gelungen ist? Was wird anders und besser sein? Wer oder was profitiert davon? Was werden wir darüber sagen? Wie wirkt sich das auf alles andere aus?

Wenn diese Fragen von Beginn an geklärt sind, können sich alle Kräfte auf genau diese Zukunftsvorstellung ausrichten. Kennedys Vision vom 25. Mai 1961 beispielsweise hat in nur acht Jahren unmöglich Erscheinendes möglich gemacht: Er sagte »Noch vor Ablauf der nächsten zehn Jahre wird ein US-Amerikaner den Mond betreten und gesund wieder auf die Erde zurückkehren. Es ist an der Zeit, dass diese Nation eine klare Führungsrolle im Weltraum einnimmt.« Dies ist für mich ein großartiges Beispiel dafür, wie die Vision dieses Projektes ausgedrückt wurde und wir alle wissen, was sie möglich machte. Die Führung formuliert die Vision.

Im zweiten Schritt werden die Mitarbeiter hinzugezogen. Ähnlich wie bei den Werten werden sie eingeladen, die Vision eventuell zu ergänzen, damit sie dieses Zukunftsbild verinnerlichen und sich damit identifizieren können. Sinnvoll hierfür ist ein partizipatives Meeting mit den Beteiligten am Projekt oder Prozess oder bei einer Unternehmensvision eine Großgruppenkonferenz, wo alle ihre Ideen und Vorstellungen einbringen und die ersten Schritte in die gemeinsame Richtung planen können.

Was ist eine Vision im Unterschied zum Sinn und Zweck?

Eine Vision unterscheidet sich vom Sinn und Zweck dadurch, dass sie konkreter ist und ein Bild von der Zukunft zeichnet, in der das Unternehmen prosperiert, die Idee oder das Projekt bereits umgesetzt und die Erfolge zu spüren sind. Im Sinn und Zweck wird die Intention ausgedrückt. Mit der Vision wird ein konkretes Vorstellungsbild der gewünschten Zukunft komponiert, das den bereits erfüllten Sinn und Zweck abbildet.

Die Zukunftsbilder von Projekten und Prozesse bilden ab, welche Veränderungen ihr Gelingen mit sich bringen werden.

Eine funktionierende Unternehmensvision enthält den Aspekt »Positiver Beitrag für die Welt«, oder zumindest für eine bestimmte Zielgruppe. Sie sollte so formuliert sein, dass jeder in Ihrem Unternehmen sich dem verpflichtet und seinen Beitrag, seine ganz persönliche Erfüllung des eigenen Lebenssinns für die Welt darin erkennen kann.

In vielen Unternehmen habe ich alle gemeinsam ein Bild malen oder eine Collage anfertigen lassen, die ihre gemeinsame Vision abbildet. Ich habe sie gemeinsam einen Visionstext schreiben lassen, der im Präsens abgefasst wird und die umgesetzte Vision, die fünf, zehn oder fünfzehn Jahre später realisiert sein wird erscheinen lässt, als sei sie bereits Realität.

Das begeistert und setzt starke Kräfte frei. Die Vision wird Teil der bewussten Realität aller. Jeder Beteiligte hat sie gleichsam eingebrannt in sein (Unter-) Bewusstsein. Jede Handlung, jeder Arbeitsschritt ist durch sie informiert. Die Ausrichtung aller ist kraftvoll in die gleiche Richtung gebündelt. So kann sie sich manifestieren.

Auch Martin Luther King bewies mit seinem Traum, wie wirkungsvoll eine Vision andere inspiriert und entzündet. Er beschrieb das Bild einer besseren Zukunft und die Menschen, die daran mitwirken würden, hörten sie, ergänzten sie durch ihre eigenen Vorstellungen, verinnerlichten sie und traten dafür ein. Seine Vision und das, was die Anhänger für ihren eigenen Beitrag zu diesem Erfolg daraus ableiteten, schürte diese weitreichende Energie, die hunderttausenden von Menschen zur Freiheit verhalf.

Ganz wichtig: In einer Vision sind nicht Details dieser Zukunft oder der Weg dorthin beschrieben. Zu detailliert kann die Vision sogar irritieren und Flexibilität einschränken. Wenn ein Unternehmen vor zwanzig Jahren eine Vision kreiert hat für das Jahr 2018, dann werden sich die Beteiligten noch nicht der Macht der Digitalisierung bewusst gewesen sein. Deshalb beschreibt eine gute Vision nicht den Weg dorthin sondern nur das Ergebnis. Denn wir wissen nicht, welche künftigen technischen Möglichkeiten den Erfolg des Unternehmens begünstigen könnten.

So könnte zum Beispiel die Vision eines Herstellers von Lampen und Leuchtmitteln lauten: »Unsere intelligenten, energieeffizienten Lichtinstallationen verbessern weltweit die Atmosphäre von Gebäuden und Räumen.«

Und als interne Langversion: »Wir schreiben das Jahr 2025. Als führender Hersteller von Lichtinstallationen aller Art haben wir weit über die Landesgrenzen hinaus den Ruf, eines der innovativsten Unternehmen dieser Branche zu sein. Unsere Produkte sind in ihrem Design und technischen Intelligenz so innovativ, dass wir weltweit gefragt sind, architektonische Meisterwerke mit verblüffenden Lichteffekten und perfekter Ausleuchtung zu vervollständigen. Privathaushalte schätzen unser intelligentes Sortiment, das innovativ, energieeffizient und erschwinglich für jeden ist. Wir sind stolz, dass unsere Branche, unsere Kunden und die internationale Presse uns schätzen und uns für unsere Erfolge in den Bereichen Innovation, Service und Umweltbewusstsein auszeichnen.«

Sie können sich vorstellen, dass aus dieser Vision eine Vielzahl von konkreten Zielen und nächsten Schritten abzuleiten sind, die allerdings erst in den nächsten Quadranten des Organisationskompasses bearbeitet werden. Eins nach dem anderen!

4. Gemeinschaft

Im nächsten Quadranten untersuchen Sie mit den Beteiligten, wer zur Gruppe der Menschen gehört, die das Projekt, den Prozess oder das Unternehmen voran bringen, unterstützen oder als Berater dienen kann. Es lohnt sich, genau hinzusehen. Nicht nur Mitarbeiter und Kunden sondern auch Lieferanten, Banken, manchmal auch Nachbarn, Gemeinde, Presse und Berater könnten Co-Produzenten Ihrer ehrgeizigen Vision sein. Vielleicht gehört ein Berufsverband zu Ihrer Gemeinschaft dazu, weil Sie über ihn bessere PR bekommen oder ein Netzwerk von Unternehmern, mit denen Sie gemeinsam Unterstützungsmodelle entwickeln können, um der Übermacht von größeren Unternehmensketten entgegenwirken zu können.

In Prozessen und Projekten sind es nicht nur diejenigen, die diese verantwortlich umsetzen und implementieren und diejenigen, die direkt betroffen sind. Untersuchen Sie, ob der Prozess oder das Projekt darüber hinaus noch weitere Kreise zieht, ob Menschen involviert sind oder einbezogen werden müssen, die als Kommunikatoren dienen und auch andere Zielgruppen informieren können. Vielleicht kann Ihre Marketing-Abteilung oder Ihr Verkauf die Einführung des neuen Prozesses oder Projektes positiv in ihre Argumentation einbeziehen.

Erst wenn Sie alle Mitwirkende identifiziert haben, können Sie zum Management übergehen. Wobei Management hier nicht eine Gruppe von Menschen bezeichnet sondern das Managen und Umsetzen dessen, was das Objekt Ihrer Planung an Aufgaben mit sich bringt.

5. Management

Erst jetzt, nachdem alle anderen Bereiche des Organisationskompasses bearbeitet, alle absehbaren Aspekte des Projektes oder des Prozesses herausgearbeitet wurden und das Ziel allen klar ist, macht es Sinn, an die konkrete Umsetzung zu gehen. Jetzt, da alle wissen worum es geht, wohin die Reise geht und wer beteiligt ist, kann geplant werden: Organisation, Investitionen, Strukturen, Regeln, Rahmenbedingungen, Koordination und Controlling. Passgenaue, unterstützende Schritte, welche die Mitarbeiter und die Führung darin unterstützen, die gemeinsamen Ziele treffsicher zu erreichen. Mit all den Informationen die Sie bis hierher bereits gesammelt haben, mit dem Engagement und der aktiven Beteiligung der informierten Mitarbeiter, kommen Projekte schnell in Gang.

Bei großen Projekten oder weit reichenden Prozessen haben sich als Auftakt für das Management Großgruppenkonferenzen, die in einem späteren Kapitel näher erläutert werden, als sehr wirkungsvoll erwiesen. Sie bieten einen idealen Container für die kollektive Intelligenz der Beteiligten und ermöglichen eine simultane, abteilungsübergreifende Zusammenarbeit bei der Maßnahmenplanung. Eine gut gewählte Methode unterstützt die Teilnehmer darin, die Aufgabenstellung zu verinnerlichen und ihren eigenen Beitrag dazu zu leisten. Gerade in komplexen Aufgabenstellungen ermöglichen selbstorganisierende, partizipative Konferenzen den Teilnehmern, sich zur Umsetzung der anstehenden nächsten Schritte eigenverantwortlich zusammen zu tun und auch schwierigste Herausforderungen eigenständig zu meistern.

Vorbei sind die Zeiten, in denen die Führung alles weiß und Anweisungen gibt. Der Paradigmenwechsel besteht in dem Verständnis, dass die heutigen Herausforderungen ohne Kooperation, Netzwerken und Nutzung der kollektiven Intelligenz kaum zu bestehen sind.

Auch im Fortgang der Umsetzung von Prozessen, neuer Strukturen und unterstützender Maßnahmen sollten immer wieder auch die Betroffenen in die Planung einbezogen werden.

6. Die Beziehungen untereinander und das Umfeld

Schlussendlich gehört zur vollständigen Kompass-Runde die Diagnose der Beziehungen und des Umfeldes, die wiederum von allen Mitarbeitern gemeinsam unternommen wird oder von denjenigen, die im Laufe der Kompass-Arbeit dafür auserwählt wurden.

Mit Beziehungen sind sowohl die Beziehungen der Kompassfelder miteinander als auch die Beziehungen zwischen den beteiligten Personen gemeint. In dieser Untersuchung wird mit der Fragen gearbeitet: »Gibt es Besonderes zu berücksichtigen in den Beziehungen zwischen Führung und Management, zwischen Management und Gemeinschaft oder der Führung und der Gemeinschaft. Wie stehen Management, Führung und Gemeinschaft zur Vision? Wo finden sich Sinn und Zweck und die Werte in den unterschiedlichen Quadranten wieder?«

Diese Untersuchung kann schnell gehen, wenn festgestellt wird, dass alle Beziehungen in Ordnung und alle notwendigen Kommunikationskanäle bewusst sind und effektiv genutzt werden. Wenn entdeckt wird, dass bestimmte Beziehungen und Kommunikationskanäle Optimierungsbedarf haben, kann das weitere Maßnahmen nach sich ziehen. Zum Beispiel kommt es vor, dass die Kommunikation zwischen der Führung und der Gemeinschaft oder einzelnen Gruppen daraus als unzureichend bewertet wird. Oder dass das Management die Vision nicht angemessen berücksichtigt oder dass Führung und Management nicht im Einklang arbeiten. Hierzu einen kompetenten Berater hinzuzuziehen ist sinnvoll, da man als Führungskraft mitten zwischen all diesen Beziehungsfeldern steht und oft den Wald vor lauter Bäumen nicht mehr sehen kann.

Das Umfeld betrifft die Außenwelt. Hier befinden sich zum Beispiel der Wettbewerb, die Veränderungen in der Branche und durchaus wörtlich auch die Umwelt. Hier kann zum Beispiel die Frage gestellt werden: »Welchen Einfluss hat unser Prozess, unser Projekt oder unser Unternehmen auf die Umwelt?« Oder umgekehrt: »Inwieweit berühren Einflüsse von außen unsere Unternehmen/unser Projekt/unseren Prozess? Gibt es etwas, das wir im Auge behalten müssen?«

Die Arbeit mit dem Organisationskompass

Sicher ist deutlich geworden, dass für die wirkungsvolle Arbeit mit dem Organisationskompass genau diese Reihenfolge sinnvoll ist. Wie kann sonst ein Projekt zum Erfolg geführt werden, wenn die Beteiligten den Sinn und Zweck nicht verstanden haben oder die Ziele unbekannt sind. Oder wenn nicht klar ist, wer führt und wer in das Projekt involviert sein wird. Aber wie oft habe ich es erlebt, dass Verantwortliche – sobald sich ein neues Projekt abzeichnet, ein Prozess aufgesetzt werden soll oder Änderungen im

Unternehmen vorgenommen werden sollen – als erstes anfangen darüber nachzudenken, was getan werden muss. Eine plötzliche Aktionitis bricht aus, ohne dass die Beteiligten genau wissen, worum es geht. Wie sollen sie sich dann mit vollem Einsatz einbringen, wenn sie noch nicht verstehen können, wofür sie sich ins Zeug legen sollen, was genau dabei herauskommen soll oder wer mit von der Partie ist. Missverständnisse, Machtspielchen und gut gemeintes Over-acting setzen ein. Chaotische Zeitverschwendung, die wenig Kreatives hat. Deshalb hat sich diese Reihenfolge als sehr wertvoll und effizient erwiesen und meine Klienten wenden dieses unterstützende Tool bei all ihren Projekten an.

Eine regelmäßige Tour durch den Kompass ermöglicht eine schnelle Diagnose und Evaluierung Ihrer Projekte und Prozesse. Sie macht Veränderungen schnell sichtbar und handhabbar.

Wenn Sie mehr über die Arbeit mit dem Organisationskompass erfahren möchten, empfehle ich Ihnen das Buch *Der Organisationskompass in Coaching und Beratung* (Beltz Verlag 2019) von Isabella Klien. Darin beschreibt die Autorin die Sinfonie der Lebendigkeit. Ihr Herzstück ist der Organisationskompass, den sie als Multitalent bezeichnet. Ob für die Auftragsklärung, die Diagnose, die Entwicklung oder Evaluierung: Die Anwendungsformen sind mannigfaltig. »Je vielfältiger ein Instrument einsetzbar ist, desto wichtiger ist es, die Kunst des Komponierens zu beherrschen, um danach umso virtuoser auf ihm zu spielen.«

Partizipative Großgruppen-Methoden als kreative Intervention

Besonders wenn es um die Partizipation der Mitarbeiter in der Unternehmensentwicklung und in einzelnen Projekten und Prozessen geht, ist der direkte Kontakt und die unmittelbare Interaktion zwischen Mitarbeitern und Führung ein Erlebnis, das Vertrauen schafft, Energien und Zusammengehörigkeitsgefühle verstärkt und damit ein lebendiges Klima nährt, in dem Inspiration und Leistungsbereitschaft wachsen können. Ebenso wie ein Konzertbesuch, bei dem man mit dem Orchester, der Band oder dem Künstler die gleiche Luft atmet, wo man mitgerissen wird von der Stimmung im Saal oder der Begeisterung der anderen Fans, wirkt eine Konferenz mit allen Beteiligten in einem Raum belebend und inspirierend wie eine Energiedusche.

Partizipative Großgruppenkonferenzen mobilisieren die notwendige Energie und Bereitschaft, die für die Umsetzung komplexer Themen notwendig ist. Sie schaffen Klarheit und Vertrauen, womit der Weg zur späteren Realisierung geebnet wird.

Selbstverständlich gibt es Entscheidungen, die in letzter Konsequenz von der Führung zu treffen sind. Wenn die Verantwortlichen bei der Entscheidungsfindung jedoch die Perspektiven der Mitarbeiter einbeziehen, derjenigen, die täglich unmittelbar mit dem zu tun haben, worüber entschieden wird, erweitert das die Perspektive, bringt wesentliche Aspekte in die Entscheidungsfindung und holt damit diejenigen, die letztendlich für die Realisierung zuständig sind, von Beginn an mit ins Boot.

Was macht Großgruppen-Interventionen besonders?

Diese Konferenzarten, in denen mit fünfundzwanzig bis über tausend Menschen simultan über ein bis drei Tage gearbeitet wird unterscheiden sich von den klassischen Konferenzarten dadurch, dass die Facilitatoren den Hauptpart ihrer Arbeit in die Vorbereitung und ein sinnvolles Design investieren, um den Teilnehmern während der Konferenzen das Feld weitestgehend zu überlassen. Aufgabe der Verantwortlichen und damit der Happy Leader ist, der kollektiven Weisheit einen weiten Raum maximaler Gestaltungsfreiheit zu schaffen, in dem sie sich entfalten, verbinden und verweben und damit Neues entstehen lassen kann.

Derartige Großeventformate tragen auch wirkungsvoll dazu bei, dass die Hauptverhinderer in Change-Prozessen ausgeräumt werden. Es ist der Widerstand der Mitarbeiter, die sich gegen Neues sträuben besonders wenn sie sich überrumpelt fühlen. Aber auch der oft herrschenden mangelnden Kommunikation, die Change-Prozesse oft zu Fall bringt, wird wirkungsvoll entgegengewirkt.

Richtig angewandt und durchgeführt, lassen diese Konferenzen Dimensionen menschlichen Miteinanders auftauchen, in denen der Respekt vor der Würde des Menschen und der Vielfalt der menschlichen Gemeinschaft zu spüren ist. Hier bekommen die Teilnehmer das berechtigte Gefühl, sie haben die Arbeit selbst gemacht. Die dadurch entstehende Begeisterung, das Engagement und der Wille, die gefundenen Lösungen realisieren zu wollen, dienen einer unvergleichlichen Umsetzungsenergie.

Bei allen Großgruppen-Interventionen, die für unterschiedlichste Themen eingesetzt werden, ist ein Aspekt immer gleich: Die Tatsache, dass viele Leute eines Systems gleichzeitig in einen Entwicklungsprozess einbezogen werden, so dass alle simultan an einem Thema arbeiten können.

Zu einem klar definierten Thema entwickeln die Führung und die Mitarbeiter eines Unternehmens, einer Stadt oder einer Organisation beispielsweise gemeinsam ihre Ziele, Lösungen, Maßnahmenpläne und nächsten Schritte. Das individuelle Design, das für jede Konferenz vom Facilitator zusammen mit einem Planungsteam erarbeitet wird, bietet den Teilnehmern die idealen Voraussetzungen, um mit fokussierter Energie, Leichtigkeit und Engagement an den jeweiligen Aufgaben zu arbeiten. Wenn es dem Thema dient, können auch Lieferanten, beteiligte Banken, Bürger und alle, die zu einem System gehören, dazu eingeladen werden, um sich für ein von allen gemeinsam erschaffenes Zukunftsszenario einzusetzen. Großgruppen-Methoden können sogar dafür genutzt werden, Vorurteile und Widerstände abzubauen, so dass Führungskräfte in der Umsetzung großartiger Zukunftsentwürfe künftig auch auf die Unterstützung eines vormals eher bremsenden Systems zählen können.

Angemessen vorbereitet, durchgeführt und mit einem gut durchdachten Follow-up vermögen solche Großgruppen-Interventionen ganze Systeme in kürzester Zeit zu informieren, zu instruieren, zu mobilisieren und zu transformieren.

Großgruppenkonferenzen bieten die Möglichkeit, jeden einzelnen Teilnehmer freiwillig aktiv mitgestalten zu lassen, so dass jeder das berechtigte Gefühl hat, gefragt worden und damit Teil der gemeinsam generierten Zukunft zu sein. So hat jeder die Sicherheit, an »seinem« Ziel mitzuarbeiten. Der Sinn der eigenen Arbeit wird erkannt sowie der eigene erforderliche Beitrag für die Schaffung der von allen gewünschten Zukunft. So können Happy Leader auf verantwortungsbewusste, eigenverantwortliche und auf das gemeinsame Ziel fokussierte Co-Produzenten der gewünschten Zukunft zählen.

Vertrauen, Inspiration, Kreativität und ein hohes Maß an Energie sind die zu erwartenden Begleiterscheinungen, wenn Happy Leader bereit sind, den beteiligten Menschen ihres Systems ihrerseits zu vertrauen und sie zur gemeinsamen Planung der Zukunft einzuladen. Richtig eingesetzt und mit kompetenter Begleitung können Großgruppen-Methoden das kollektive Wissen offen legen und in nachhaltige Konzepte verwandeln. Da sie von den Betroffenen selbst entwickelt oder mitentwickelt wurden, lösen sich Widerstände gegen das Neue und Ja-Aber-Mentalität meist automatisch auf.

Die richtige Großgruppen-Methode identifizieren

Im sogenannten *Change Handbook*, das 2007 von der US-amerikanischen Beraterin Peggy Holman herausgebracht wurde, sind über sechzig verschiedene Großgruppen-Methoden beschrieben, die in die Kategorien »anpassungsfähig« – also vielfach einsetzbar, in »Planung«, »Strukturierung«, »Optimierung« und »Unterstützung« eingeteilt werden.

Alle sind erst seit den Achtzigerjahren entstanden und damit recht junge Gruppenprozessmethoden. Sie unterscheiden sich in ihrer Dauer, im Design, in der möglichen Gruppengröße und sind jeweils für unterschiedliche Aufgabenstellungen geeignet.

Alle zu kennen, geschweige denn zu beherrschen, ist niemandem möglich. Sicher haben Sie bereits von der ein oder anderen Methode gehört wie zum Beispiel
- Open Space Technology Konferenz,
- Zukunftskonferenz,
- World Café oder
- Appreciative Inquiry.

Jede Aufgabenstellung hat eine andere Ausgangssituation und mit jeder Konferenz sollen unterschiedliche Resultate erzielt werden. Der sich daraus ergebende Spannungsbogen gibt Aufschluss darüber, welche Methode oder welcher Methoden-Mix sich eignet.

Tipp: Ziehen Sie zur Auswahl und Vorbereitung einen erfahrenen Berater hinzu, der ausgebildet ist und nicht nur eine oder wenige Großgruppen-Methoden anzubieten hat. Als Happy Leader wollen Sie von den Ergebnissen profitieren, Sie müssen die Methodiken dafür nicht selbst beherrschen.

Wann machen Großgruppen-Interventionen Sinn?

Wenn es darum geht, nachhaltige Veränderungen zu bewirken, die intelligent geplant und weitgehend reibungslos implementiert werden sollten, sind nach meiner Erfahrung Großgruppen jeder anderen Art der Interaktion mit den Beteiligten vorzuziehen.

Großgruppen-Interventionen bringen den größten Nutzen, wenn

- Sie simultan alle Mitarbeiter und andere am Thema Beteiligte über Veränderungen und neue Entwicklungen informieren und einbeziehen wollen.
- Strategien, Prozesse, Projekte oder generell komplexe Themen im Unternehmen von dem größtmöglichen Potenzial an kollektiver Intelligenz optimiert werden und Beteiligte eingebunden und für eine rasche Implementierung mobilisiert werden sollen.
- Lösungen oder die notwendigen nächsten Schritte für dringende Themen innerhalb kürzester Zeit gefunden und umgesetzt werden müssen.
- Sie Engagement, Begeisterung und Gemeinschaftsgefühl mobilisieren wollen.
- bereits vor der Konferenz ein positives Unternehmensklima herrscht, das von gegenseitigem Vertrauen geprägt ist ... andernfalls gilt es, sinnvolle Vorarbeit zu leisten.

Großgruppen-Interventionen funktionieren, wenn Sie als Verantwortlicher den Mut und die Bereitschaft haben, Ihre Führung für einige Stunden oder Tage loszulassen und sich zutrauen, dem manchmal chaotisch verlaufenden Prozess und damit auch ihren Mitarbeitern vollkommen zu vertrauen. Wenn Sie bereit sind, Ihre Versprechen zu halten, die sich zum Beispiel auf die (finanzielle) Unterstützung bei der Umsetzung der erarbeiteten Maßnahmen nach einer Konferenz oder auf die Förderung von Mitarbeitern in ihrer Weiterentwicklung beziehen können.

Aus diesem Grund gilt meine besondere Aufmerksamkeit bei der Vorbereitung einer Großgruppenkonferenz immer den Führungskräften, denn es gehört Mut dazu, loszulassen und den Mitarbeitern zuzutrauen, die besseren Lösungen zu liefern. Dabei ist es im Grunde nachvollziehbar, dass die vielen Mitarbeiter, sowie in bestimmten Fällen auch Lieferanten und Kunden, die einbezogen werden, weit mehr beitragen können, als wenn nur eine einzelne Führungskraft oder eine Gruppe von Verantwortlichen nach neuen Lösungen sucht. Dem kollektiven Wissen Raum zu geben ist intelligent.

Wie ist der Nutzen zu messen?

Oft werde ich zuerst nach den messbaren materiellen Ergebnissen von Großgruppen-Interventionen gefragt: »Was kommt denn nun unterm Strich für das Unternehmen dabei heraus? Wird sich unser Umsatz, unser Gewinn steigern? Sind die Resultate hinterher in der Praxis brauchbar? Wie können die praktischen Ergebnisse festgehalten werden? Was hat das Unternehmen praktisch davon?«

Ich kann diese Fragen selbstverständlich verstehen. Darum geht es letztendlich. Natürlich können langfristig auch materielle Ergebnisse von Großgruppen-Interventionen dargestellt werden. Die unmittelbaren Ergebnisse sind jedoch neben neuen Produktideen, neuen Strategien oder konkreten Maßnahmenplänen eher die Ergebnisse immaterieller Art. Das heißt, es können keine vergleichbar harten Fakten wie bei einer Umsatzbetrachtung angegeben werden.

Messbare Ergebnisse sind aber immer das Resultat der immateriellen Wirkungen solcher Maßnahmen. Eine gelungene Open Space Konferenz oder ein gelungenes World Café wirken wie Öl im Getriebe, wie ein kraftvoller Treibstoff um das Engagement und die Leistungsbereitschaft ganzer Unternehmensmannschaften zu erhöhen.

Für analytisch denkende Menschen, in deren Werteskala nur messbare Ergebnisse zählen, scheint dies unbefriedigend. Nachvollziehbar ist vielleicht, dass Menschen erst dann kreativ, motiviert, fokussiert und damit erfolgreich arbeiten können, wenn Unternehmen diese Voraussetzungen schaffen und vor allem die Bedürfnisse des Einzelnen auch befriedigt sind.

Alle Großgruppen-Methoden tragen grundlegenden Bedürfnissen des Menschen Rechnung. Auf der viel zitierten Bedürfnispyramide von Abraham Maslow finden wir auf Platz zwei Zugehörigkeitsbedürfnisse und Platz fünf das Bedürfnis nach Sinnerfüllung. Beiden werden die Großgruppen-Interventionen gerecht. Die Teilnehmer spüren nachhaltig, dass sie in einem Boot sitzen. Jeder einzelne ist eingeladen, in dem gemeinsam geschaffenen Zukunftsentwurf seinen Platz zu erkennen und einzunehmen. Die Sinnhaftigkeit des Beitrages eines jeden einzelnen wird sichtbar. Die daraus entstehenden Energien, das frei gewordene Potenzial und die neue Lust der Beteiligten, ihren Beitrag zu leisten, ermöglichen erst praktisch jedes realistische, gewünschte, materielle Ergebnis.

Welche Fallstricke lauern?

Nicht in jeder Organisation ist eine Großgruppen-Intervention möglich oder sinnvoll. Ist die Führung nicht fähig oder bereit, den Menschen des Systems zu vertrauen, ihnen den Raum zur eigenen Entfaltung zu geben und sie ehrlich mit einzubeziehen, kann eine solche Intervention mehr Schaden anrichten, als nutzen.

Es liegt weiterhin weniger an einer bestimmten Organisationsform als vielmehr an den Führungskräften, ob solche Arbeitswerkzeuge moderner Führung wirken können. Wenn kein sicherer Raum entstehen kann, in dem Spirit – also Inspiration und Begeisterung – plötzlich sichtbar und spürbar werden, dann scheitert die Methode.

Auch wenn eine Großgruppen-Intervention nur vordergründig Menschen einbinden, tatsächlich aber die Teilnehmer in eine nicht offen kommunizierte, bereits feststehende Richtung drängen soll, wird der Aufwand umsonst sein. Es droht sogar das Gegenteil. Wird die Manipulation bemerkt, entstehen Misstrauen, Widerstand und innere Verweigerung.

Attraktiver Arbeitgeber sein

Als attraktive Arbeitgeber gelten jene Unternehmen und Organisationen, bei denen Happy People arbeiten, Menschen, die sich entfalten und ihr Bestes geben können und wollen.

Unternehmen mit Happy Leadern haben alle Voraussetzungen, beliebt und sich der Loyalität und des Vertrauens ihrer Mitarbeiter sicher zu sein. Sie werden weniger Probleme als andere haben, wenn es darum geht hochkompetente Spezialisten anzuziehen, die sie für eine erfolgreiche Zukunft brauchen.

Doch in diesem Kapitel geht es um Rahmenbedingungen für gut funktionierende Unternehmen und Teams. Es geht um die Frage, was Unternehmen neben tollen Chefs noch bieten können.

Umfragen haben gezeigt, dass die Höhe des Gehaltes zwar nicht unwichtig, aber nicht das ausschlaggebende Kriterium für die Wahl eines Arbeitgebers ist. Mit einem attraktiven Gehalt alleine sind gesuchte Fachkräfte und hochbegehrte Spezialisten nicht zu bekommen. Sie können es sich leisten, sich ihren potenziellen neuen Arbeitgeber ganz genau anzusehen. Dabei achten sie auf den Unternehmenssinn, die Führungskultur und ihre Werte, die Vision des Unternehmens und stellen sich die Frage, ob sie sich darin wiederfinden. Menschen interessiert die Frage, wie sie sich fühlen, wenn Sie für ein bestimmtes Unternehmen arbeiten. Sie interessiert das Betriebsklima und die Möglichkeiten, die ihnen geboten werden. Neben den eigenen Karrieremöglichkeiten zählen immer mehr die immateriellen Qualitäten des potenziellen Arbeitgebers.

Dazu zählen auch die Arbeitsräume. Sitzen die Mitarbeiter in verstaubten Amtsstuben, haben sie helle, moderne oder gar flexible Arbeitsbereiche? Die Arbeitsplätze der erfolgreichsten Unternehmen der Welt sind als solche heute kaum noch zu erkennen. Die Unternehmen gleichen eher Spielwiesen für Erwachsene. Als ich mir in Silicon Valley Unternehmen wie Apple und Facebook ansah, konnte ich zu jeder Tageszeit draußen vor den Unternehmen Mitarbeiter Volleyball oder Handball spielen sehen. Im Unternehmen selbst saßen die Mitarbeiter in gemütlichen Ecken zusammen und tauschten sich aus. Oft mit ihren Laptops auf den Knien, oft aber auch nur mit einer Tasse Kaffee in der Hand. Sie schienen gar nicht zu arbeiten.

In solchen Unternehmen gibt es Chief Happiness Officer, die ausschließlich für die Happiness, den Wohlfühlfaktor der Mitarbeiter zuständig sind. Ebenso, wie der Landwirt den Boden bereitet, ihn düngt und wässert, damit die Saat unter gesunden Bedingungen aufgehen und reiche Ernte erbringen kann, sorgen die Chief Happiness Officer dafür, dass die Mitarbeiter sich unter besten Bedingungen entfalten und gewinnbringenden Output liefern können. Wie Trendscouts sind sie auf der Suche nach den besten Entwicklungsmöglichkeiten für die Mitarbeiter, nach neuen Entspannungstechniken, Retreats und Workshops zur Erbauung ihrer Kollegen. Ihre Aufgabe besteht darin, Trainings, Weiterbildungsmaßnahmen, Gesundheitsangebote, Events und ähnlichen Aktivitäten zu organisieren, die den Mitarbeitern helfen, sich wohl zu fühlen. Diese Unternehmen haben schon sehr früh erkannt, dass zufriedene Mitarbeiter motivierter, innovativer und kreativer sind.

Andere Unternehmen bieten eigene Kindergärten an, weil Sie erkannt haben, dass viele Mitarbeiter Karriere und Familie nicht mehr als Gegensatz akzeptieren. Wer Familie möchte, kann sich nur in einem Job entfalten, der auch eine Verbindung von Familienbedürfnissen und Arbeit ermöglicht.

Die Liste an möglichen Rahmenbedingungen ließe sich beliebig fortsetzen, doch empfehle ich hier genau zu überlegen, was wirklich wichtig ist. Wirklich wichtig dürfte für Happy Leader sein, auf den Faktor Gesundheit der Mitarbeiter zu achten.

Als Happy Leader haben Sie im Rahmen der Happy-Leading-Formel verstanden, dass Gesundheit, Ausgeglichenheit und Lebendigkeit für jeden Happy Leader eine Grundvoraussetzung für seinen Erfolg sind. Ich hoffe auch sehr, dass Sie bereits den einen oder anderen Tipp ausprobieren, den Sie zu Beginn des Buches lesen konnten und seine positiven Wirkungen spüren können. Gesundheit hilft dem Happy Leader zu dem zu werden, der er vielleicht immer schon sein wollte.

Für Happy Leader ist daher selbstverständlich, dass auch die Mitarbeiter auf ihre Gesundheit und auf ihre Leistungsfähigkeit achten. Das ist nicht nur eine Frage der Haltung, sondern auch eine Frage von Angeboten, die es Menschen erleichtern oder überhaupt erst erlauben gesundheitlich fit zu sein.

Beispiel: Meine Mitarbeiter sind mir ans Herz gewachsen

Auf einer Netzwerkveranstaltung eines Mittelstands-Verbandes besuchte ich vor kurzem mit einer Gruppe ein mittelständisches Unternehmen, das seit circa siebzig Jahren in Familienbesitz ist. Der Geschäftsführer, Ehemann der Besitzerin, deren Großmutter dieses Wäschereiunternehmen gegründet hatte, präsentierte die Entwicklung von dieser Ein-Frau-Initiative zu einem hochmodernen Unternehmen: Eintausendfünfhundert Quadratmeter mit modernsten Maschinen und hundert Mitarbeitern. Als dieser Mann sprach, war ihm anzumerken, dass er seine Mitarbeiter schätzte, sie förderte und ihm bewusst war, wie wertvoll sie für ihn in einer Branche sind, in der es kaum Nachwuchskräfte gibt. Vertrauen, Wertschätzung und Einfühlungsvermögen sprachen aus all seinen Schilderungen. Er hatte es geschafft, zusammen mit seinen loyalen Mitarbeitern in einer Branche erfolgreich zu werden und zu bleiben, in der der Konkurrenzkampf hart ist und nationale und inter-

nationale Wäschereiketten mit ihrer zunehmenden Wirtschaftsmacht es den mittelständischen Einzelunternehmen schwer machen.

Als ich ihn nach der Präsentation fragte, was er seinen Mitarbeitern neben der fachlichen Förderung bietet, wunderte mich seine Antwort nicht: »Jede Woche kommt dreimal morgens eine Masseurin und meine Mitarbeiter können sich kostenlos massieren lassen. Außerdem findet hier in den Räumen zwei Mal in der Woche ein Pilates-Kurs statt, der sehr gut angenommen wird. Die Arbeit bei uns ist anstrengend und geht auf den Rücken. Die Mitarbeiter brauchen das nicht zu bezahlen, müssen das aber außerhalb ihrer Arbeitszeit, also morgens vor oder abends nach der Arbeit machen. Ich übernehme die Bezahlung und sie opfern dafür ihre Freizeit. Das finden sie auch fair. Meine Mitarbeiter sind mir ans Herz gewachsen, ohne sie hätten wir das nie geschafft und es hat sich herumgesprochen, dass wir ein guter Arbeitgeber sind.«

Haben Sie schon einmal darüber nachgedacht, Ihren Mitarbeitern Angebote zum Thema Gesundheit zu machen?

Sie brauchen Happy People. Es lohnt sich daher, spezielle Angebote zu machen. Im Grunde ist es für Arbeitgeber und Mitarbeiter eine Win-win-Situation. Ihre Mitarbeiter profitieren, weil sie mit mehr Gesundheit auch mehr Lebensqualität haben und Arbeitgeber profitieren von einer höheren Leistungsfähigkeit und der positiven Auswirkung, die solche Angebote auf das Image als attraktiver Arbeitgeber machen.

Ob es nun ein betriebliches Gesundheitsmanagement, wirklich gesundes Essen in den Firmenkantinen oder weitergehende Angebote für Fitness und Prävention sind. Es gibt viele Möglichkeiten. Die Kosten für die Gesundheitsangebote können Sie absetzen und sie sind unter dem Strich auch weitaus niedriger als die Kosten, die durch einen hohen Krankenstand, durch Kündigungen und Neueinstellungen qualifizierter Mitarbeiter entstehen.

Solche Angebote beweisen, dass Ihnen das Wohl Ihrer Mitarbeiter am Herzen liegt und das spricht sich herum. Und Ihre gesunden, zufriedenen Mitarbeiter, Ihre Happy People sind ein großartiges Aushängeschild.

Der Weg in mein Lieblingsleben: Mein Entwicklungsvertrag mit mir selbst

Haben Sie dieses Buch bis hierher gelesen und schon einige Anregungen daraus umgesetzt? Hat sich Ihre Lebensqualität schon verbessert, sind Ihre Mitarbeiter glücklicher und engagierter und erreichen Sie bessere Ergebnisse in Ihrem Unternehmen oder Ihrer Abteilung?

Großartig! Ich gratuliere! Dann haben Sie das Buch schon so genutzt, wie es gedacht war: als Anleitung zum Glücklicher-, Gesünder- und Erfolgreicher-Sein!

Jetzt wird Sie mein Vorschlag vermutlich nicht wundern: Bleiben Sie dran. Schließen Sie einen Vertrag mit sich selbst, in dem Sie sich verpflichten, Ihr Projekt Lieblingsleben umzusetzen.

Denken Sie daran, dass Sie eine wirklich gute und inspirierende Führungskraft vor allem dann sind, wenn Sie sich selbst so führen, dass es Ihnen gut geht. Es ist schon erstaunlich aber in einem Unternehmen führen dieselben Eigenschaften zum Erfolg, die auch das eigene Leben gelingen lassen: Disziplin, Kontinuität und Zuverlässigkeit.

Als Unternehmerin habe ich diese Qualitäten zunächst nur für mein Unternehmen eingesetzt. Meine eigenen Bedürfnisse existierten für mich nicht. Irgendwann habe ich aber für mich beschlossen, diese Fähigkeiten auch für mein Lieblingsleben einzusetzen. Ich fand, das macht Sinn. Vielleicht geht es Ihnen nun genauso.

Falls Sie noch zögern, gehen Sie für sich selbst noch einmal kurz durch die Happy-Leading-Formel.

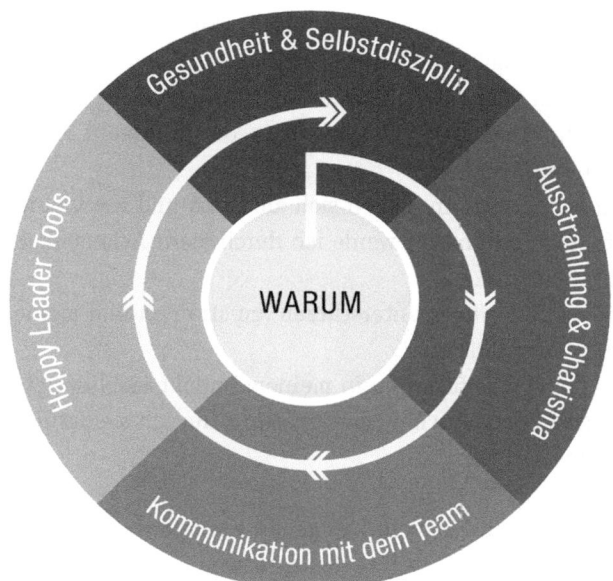

Abbildung 9: Gesamtbild der Happy-Leading-Formel © Sabine Bredemeyer (abgeleitet aus dem Organisationskompass© des Genuine Contact™ Program)

Fragen Sie sich:

- Warum sollte ich das machen? Was ist der Sinn und Zweck dieses Vertrags zum Projekt Lieblingsleben?
- Welche meiner persönlichen Werte unterstützen mich, welche meiner Bedürfnisse bewegen mich dazu, dieses Projekt erfolgreich durchzuführen?
- Wie würde mein Lieblingsleben sich anfühlen und wie viel mehr Lebensfreude und Energie werde ich durch mehr Achtsamkeit und Selbstdisziplin spüren?
- Wie wird mich das alles unterstützen, zu strahlen und meine Wirkung auf andere zu verstärken?
- Wer sind die Co-Produzenten in meinem Projekt Lieblingsleben? Welche Unterstützer brauche ich dazu? Und wie kann ich sie dafür gewinnen, mich zu unterstützen?

Und erst dann fragen Sie sich, wie genau werde ich es umsetzen? Welche Ressourcen brauche ich? Welche Schritte werde ich wann wie umsetzen und welche Aktivitäten werde ich ab sofort kontinuierlich in mein Leben integrieren?

Ihnen wird vermutlich deutlich werden , dass dieses Projekt nicht in kurzer Zeit mit einer klaren Deadline umzusetzen ist. Es wird Sie einige Monate oder Jahre begleiten. Das ist okay.

Die Herausforderung liegt darin, immer wieder aus seiner Komfortzone zu kommen. Ein guter Weg kann sein, sich gruppenpsychologische Phänomene zu Nutze zu machen. Wie wäre es, wenn Sie sich nicht alleine auf dem Weg machen ein Happy Leader zu sein, sondern sich in eine Mastermind-Gruppe einbringen. Eine Mastermind-Gruppe besteht aus vier bis sechs Menschen mit einem ähnlichen Projekt und kann Sie erheblich unterstützen. Es gibt Menschen, die nehmen mit Weight-Watchers-Gruppen erfolgreich ab. Es gibt andere Menschen, die profitieren von Sportgruppen, um sich fitzuhalten, warum also nicht den Gruppeneffekt für das Wichtigste nutzen, das gelingen soll: Das Bestehen in der Rolle als Führungskraft und die Gestaltung des eigenen Lieblingsleben. In guten Unternehmen gibt es ein Controlling um die Wirkung von Maßnahmen zu überprüfen. Das Feedback und der Austausch in einer Mastermind-Gruppe liefern eine ähnliche Funktion und schützen Sie vor Ihrem größten Feind: Sie wissen schon, Ihrem inneren Schweinehund.

Die fünf Arbeitsbereiche der Happy-Leading-Formel bieten viel Raum für Entwicklung. Idealerweise beginnen Sie mit dem Kern, der Frage nach dem WARUM und folgen der vorgeschlagenen Reihenfolge. Jedes der Themen in diesem Buch hat weitergehende Aspekte und das Internet und die Bibliotheken sind voll mit Informationen und Anleitungen zu jedem einzelnen. Wenn es Sie unterstützt, gehen Sie weiter und tiefer. Eine andere Reihenfolge ist möglich, wenn Sie sich in manchen Bereichen bereits als gut aufgestellt empfinden. Wichtig ist, dass Sie beginnen und dran dranbleiben. Ich kann Ihnen versprechen: es lohnt sich!

Und eines habe ich bisher noch gar nicht erwähnt. Eine wichtige Energiequelle: Feiern Sie Ihre Erfolge. Halten Sie von Zeit zu Zeit inne, reflektieren Sie, was Sie schon erreicht haben und feiern Sie. Belohnen Sie sich oder laden Sie diejenigen ein, die Sie unterstützt haben und tun Sie sich etwas Gutes.

Was also hält Sie noch ab?

Ich jedenfalls wünsche Ihnen von Herzen das schönste Leben, das Sie sich vorstellen können.

Ihre

Literaturliste

Barrett, Richard (2006): Building a Values Driven Organization. A Whole System Approach to Cultural Transformation. Butterworth Heinemann.

Barrett, Richard (2016): Werteorientierte Unternehmensführung: Cultural Transformation Tools für Performance und Profit. Springer Gabler.

Barrett, Richard (2017): The Values Driven Organization: Cultural Health and Employee Well-Being as a Pathway to Sustainable Performance. Second edition. Taylor & Francis.

Canfield, Jack (1996) Hühnersuppe für die Seele. Geschichten, die das Herz erwärmen. Goldmann.

Childre, Doc und Martin, Howard (2016): Die Herzintelligenz Methode. Gesundheit stärken, Probleme meistern – mit der Kraft des Herzens. VAK Verlags GmbH.

Enders, Julia (2014): Darm mit Charme: Alles über ein unterschätztes Organ – aktualisierte Neuauflage. Ullstein.

Holler, Ingrid (2010): Trainingsbuch Gewaltfreie Kommunikation. Abwechslungsreiche Übungen für Selbststudium, Seminare und Übungsgruppen. Junfermann.

Holman, Peggy, Devane, Tom Und Cady, Steven (Hrsg.)(2007) The Change Handbook. The Definitive Resource on Today's Best Methods for Engaging Whole Systems. Barrett-Koehler.

Hornung, Markus (2018): Der Abschied von der Sachlichkeit. Wie Sie mit Emotionen tatsächlich für Bewegung sorgen. BusinessVillage.

Kaplan, Robert S. und Norton, David P. (2004) Strategy Maps. Der Weg von immateriellen Werten zum materiellen Erfolg. Schäffer-Poeschel.

Peck, Scott M und Brase, Götz (2014): Gemeinschaftsbildung: Der Weg zu authentischer Gemeinschaft. eurotopia.

Rosenberg, Marschall B. (2016:) Gewaltfreie Kommunikation: Eine Sprache des Lebens. Junfermann.

Secretan, Lance (2006): Inspirieren statt Motivieren! Mit Leidenschaft zum Erfolg – so leben und führen Sie besser. Kamphausen.

Sinek, Simon (2018): Finde dein Warum: Der praktische Wegweiser zu deiner wahren Bestimmung. Redline.

Sprenger, Reinhard (2014): Mythos Motivation. Wege aus einer Sackgasse. Campus.

Williams, Birgitt (2014) The Genuine Contact Way. Nourishing a Culture of Leadership. DALAR.

Williams, Birgitt (2007), The Genuine™Contact Program, in: Holman, Peggy, Devane, Tom Und Cady, Steven (Hrsg.)(2007) The Change Handbook. The Definitive Resource on Today's Best Methods for Engaging Whole Systems. Barrett-Koehler.

Der Weg in Ihr Lieblingsleben –
Sie brauchen ihn nicht alleine zu gehen!

Wenn Sie ein **Happy Leader** werden wollen und der Empfehlung dieses Buches folgen möchten, Ihr **Projekt »Lieblingsleben«** jetzt endlich umzusetzen, hier eine gute Nachricht für Sie:

Sie müssen es nicht alleine machen!

Schließen Sie sich einer Gruppe von Menschen an, die wie Sie jetzt loslegen wollen und ahnen, dass ihnen dieses Projekt zusammen mit anderen leichter fallen wird.

Eins ist sicher: Sie werden auf diesem Weg zeitweise Ihre Komfortzone verlassen müssen, wenn Sie sich Ihrer blinden Flecken bewusst werden.

Wenn Sie an Ihre Grenzen kommen oder darüber hinaus, wird Sie ein sicheres Unterstützungsgeflecht auffangen: die anderen Teilnehmer, Ihre Mastermind-Gruppe, zahlreiche Online-Module und das persönliche Mentoring von Sabine Bredemeyer und ihren erfahrenen Kollegen.

Wählen Sie, ob Sie alle fünf Bereiche der Happy-Leading-Formel mit einer vertrauten Gruppe im Happy-Leaders-Jahresprogramm durchlaufen oder nur einzelne Module und Workshops buchen möchten.

Starten Sie jetzt. Worauf warten Sie noch?

Nehmen Sie gern Kontakt auf.

Weitere Informationen unter:
www.happy-leaders.de

Entfessle dich

Heike Henkel, Anke Precht
Entfessle dich
Wie du aus dir machst, was in dir steckt
1. Auflage 2018

232 Seiten; Broschur; 24,95 Euro
ISBN 978-3-86980-414-9; Art.-Nr.: 1046

Wir leben in dem Irrglauben, durch permanentes Optimieren erfolgreich zu werden. Wir trainieren, üben und arbeiten ständig an uns. Gleichzeitig lassen wir aber das größte Potenzial zwischen unseren Ohren weitgehend ungenutzt. Denn der Hauptgrund, warum wir so oft trotz unseres Könnens scheitern, ist, dass es uns nicht gelingt, unser Können zuverlässig und auf den Punkt abzurufen.

Warum nutzen wir das Potenzial unseres Gehirns so wenig? Wie können wir im Alltag dieses Potenzial ausschöpfen? Wie holen wir das Beste aus uns heraus, und zwar dann, wenn es wirklich darauf ankommt?

Antworten darauf liefern Heike Henkel und Anke Precht in ihrem neuen Buch. Sie schlagen die Brücke vom Leistungssport zu den täglichen Herausforderungen im Beruf, in Lern- und Prüfungssituationen. Sie zeigen, wie das im Spitzensport etablierte Mentaltraining jedem helfen kann, Ziele zu erreichen und Erfolge zu verwirklichen sowie langfristig gesund und belastbar zu bleiben. Denn erst mit diesem Wissen können wir schon morgen mehr aus unseren Fähigkeiten und Talenten machen.

Schlau statt perfekt

Stefan Fourier
Schlau statt perfekt
Wie Sie der Perfektionismusfalle entgehen
und mit weniger Aufwand mehr erreichen
2. Auflage 2016

208 Seiten; Broschur; 19,80 Euro
ISBN 978-3-86980-328-9; Art.-Nr.: 983

Überforderung im Job und im Privatleben ist allgegenwärtig und eines der drängendsten Probleme unserer Zeit. Es gibt immer Menschen, die diesem Druck mit Leichtigkeit standhalten. Was ist das Geheimnis dieser Menschen? Ganz einfach: Sie vermeiden Perfektionismus und folgen der 80-Prozent-Regel. Sie schaffen mit 80 Prozent ihrer Ressourcen 100 Prozent Leistung und mehr.

Dr. Stefan Fourier liefert in seinem neuen Buch Denkanstöße, wie Sie mit der 80-Prozent-Regel erfolgreich Ihr Lebens- und Arbeitsumfeld gestalten. Der Schlüssel besteht darin, die Funktionsweisen Ihres sozialen Umfelds genauer zu verstehen und deren Möglichkeiten effektiver zu nutzen. So werden Sie immer besser. Nicht perfekt, aber immer besser!

Der Autor weiß aus eigenem Erleben, wovon er spricht und untermauert seine originellen Vorschläge mit zahlreichen Beispielen und konkreten Handlungsanleitungen. Er bricht mit Klischees und bietet interessante und pragmatische Alternativen. Schlau statt perfekt!

www.BusinessVillage.de

Master of Desaster

Sabine Zehnder
Master of Desaster
Weil Aufgeben keine Option ist
1. Auflage 2018

208 Seiten; Broschur; 19,95 Euro
ISBN 978-3-86980-440-8; Art.-Nr.: 1056

Das Böse lauert immer und überall. Sicher ist nur, dass nichts sicher ist. Und meistens kommt kein Unglück allein, die Ereignisse überschlagen sich in einem erschreckenden Automatismus. Und wir stehen mittendrin und hadern mit uns und mit der Lösung.

Doch wie gehen wir mit kleinen und größeren Desastern um? Wie können wir uns vor neuen Katastrophen schützen? Wie erlangen wir die Handlungshoheit wieder zurück?

Antworten auf diese Fragen gibt Sabine Zehnders Buch. Es zeigt, wie wir in der Gemengelage aus Schicksal und selbst verschuldeten Katastrophen den Überblick behalten. Denn erst dann können wir kluge Entscheidungen treffen und als cleverer Opportunist das Beste für uns herausholen. Tiefgründig und pointiert inspiriert es, zu einem widerstandsfähigen und guten Leben zu finden und das Leben nicht mehr willkürlich laufen zu lassen.

Die ersten Schritte auf diesem Weg sind dabei ganz einfach: Lass den Kopf nicht hängen, finde heraus wo es eigentlich hakt, übernimm Verantwortung für dein Handeln.

Denk klar

Ingo Radermacher
Denk klar
Klug entscheiden in digitalen Zeiten
1. Auflage 2018

272 Seiten; Broschur; 24,95 Euro
ISBN 978-3-86980-438-5; Art.-Nr.: 1055

Digitalisierung, Disruption, Transformation, Globalisierung, Big Data – unsere Gegenwart wandelt sich schnell und fundamental. Und dieser Wandel ist ubiquitär: Er berührt sämtliche gesellschaftlichen, wirtschaftlichen und persönlichen Bereiche – ausnahmslos.

Scheinbar hilflos sind wir neuen Technologien, Zukunftsunsicherheiten und Manipulationsmaschinen ausgeliefert. Überfordert von der Fülle an Handlungsoptionen sind wir wie paralysiert und vertrauen eher Algorithmen als eigener Erfahrung und gesundem Menschenverstand. Wir überlassen Denken und Entscheiden lieber Anderen, im Zweifel sogar den Maschinen.

Doch wie gewinnen wir Entscheidungs- und Denkhoheit zurück? Woran können wir uns noch orientieren? Wie können wir Fake und Wahrheit unterscheiden? Wie kann uns kluges Entscheiden in allen Lebensbereichen gelingen – heute und in Zukunft?

Ingo Radermacher gibt Antworten. Sein Buch verbindet Zeitdiagnose und Sachinformation. Es zeigt unterhaltsam die Irrwege auf, die wir heute in Sachen »Entscheidung« einschlagen und bietet klare Lösungen an, wie es besser geht!

Seine Prämisse und Quintessenz: Zukunftsfähigkeit, Innovation und Erfolg haben ihren Ursprung im eigenen, klaren Denken.

Resilienz

Denis Mourlane
Resilienz
Die unentdeckte Fähigkeit
der wirklich Erfolgreichen
10. Auflage 2019

232 Seiten; Hardcover; 24,80 Euro
ISBN 978-3-86980-249-7; Art.-Nr.: 940

Erfolgreiche Menschen haben eine Eigenschaft, die sie von anderen unterscheidet und doch sofort wahrnehmbar ist: Gelassenheit. Sie meistern schwierige Situationen scheinbar mit Leichtigkeit, persönliche Angriffe prallen an ihnen ab und selbst unter hohem Druck büßen sie ihre Leistungsfähigkeit nicht ein.

Was machen diese Menschen anders? Sie beherrschen die Gelassenheit im Umgang mit sich, mit ihren Mitmenschen und mit den Herausforderungen, die das Leben und ihre tägliche Arbeit für sie bereithalten. Eine Eigenschaft, nach der sich immer mehr Menschen sehnen und die in der heutigen Zeit immer bedeutender wird. Resiliente Menschen verbinden diese Fähigkeit mit einer erstaunlichen Zielorientierung, Konsequenz und Disziplin in ihrem Handeln und erreichen dadurch etwas, was sie von vielen anderen unterscheidet: persönlichen Erfolg UND ein sehr großes Wohlbefinden.

In einer der wahrscheinlich spannendsten Reisen, der Reise zu Ihrem eigenen Leben, bringt Ihnen Dr. Denis Mourlane das Konzept der Resilienz näher und zeigt Ihnen, wie Sie es in Ihren Alltag integrieren.

Buch der Woche im Hamburger Abendblatt am 23./24. März 2013!